江苏省太湖流域
水生态环境功能分区
技术及管理应用

陆嘉昂／主编

中国环境出版社・北京

图书在版编目（CIP）数据

江苏省太湖流域水生态环境功能分区技术及管理应用/陆嘉昂主编. -- 北京 ：中国环境出版社，2017.7
ISBN 978-7-5111-3262-8

Ⅰ. ①江… Ⅱ. ①陆… Ⅲ. ①太湖－流域－区域水环境－区域生态环境－环境功能区划－研究 Ⅳ. ①X321.25

中国版本图书馆CIP数据核字(2017)第156054号

地图审图号：苏S（2017）017号

出 版 人　武德凯
责任编辑　黄　颖
责任校对　尹　芳
装帧设计　宋　瑞

出版发行　中国环境出版社
（100062　北京市东城区广渠门内大街16号）
网　　址：http://www.cesp.com.cn
电子邮箱：bjgl@cesp.com.cn
联系电话：010-67112765（编辑管理部）
010-67175507（科技图书出版中心）
发行热线：010-67125803，010-67113405（传真）
印装质量热线：010-67113404

印　　刷　北京中科印刷有限公司
经　　销　各地新华书店
版　　次　2017年7月第1版
印　　次　2017年7月第1次印刷
开　　本　787×1092　1/16
印　　张　9.5　彩插　44面
字　　数　240千字
定　　价　58.00元

编委会

主　编　陆嘉昂

副主编　李　冰　常闻捷

编　委　程　炜　黄　卫　王伟霞　吴俊锋　于　洋

王　水　高永年　毕　军　凌　虹　公彦猛

朱　迟　胡开明　宛文博　田学鹏

前言

目前，执行地表水（环境）功能区划和国家地表水环境质量标准是我国区域性水环境管理的主要手段，以此为核心围绕水质目标、水环境功能区达标制定水环境管理的策略和方法，在解决我国水资源管理、水污染控制等方面发挥了重要作用，却难以满足恢复和保护流域生态系统健康的需求，特别是对物种和种群的保护、栖息地的恢复、湿地的保护、生态容量、水陆统筹管理等，缺乏行之有效的管理手段。

2015 年 9 月，中共中央、国务院印发《生态文明体制改革总体方案》，明确提出要树立山水林田湖是一个生命共同体的理念，按照生态系统的整体性、系统性及其内在规律，统筹考虑自然生态各要素，进行整体保护、系统修复、综合治理，增强生态系统循环能力，维护生态平衡。2015 年 4 月，国务院出台《水污染防治行动计划》，其中第二十五条“深化重点流域污染防治”明确提出“研究建立流域水生态环境功能分区管理体系”。

水生态环境功能分区，是依据河流生态学中的格局与尺度理论，反映流域水生态系统在不同空间尺度下的分布格局，基于流域水生态系统空间特征差异，结合人类活动影响因素而提出的一种分区方法。它是水环境管理从水质目标管理向水生态健康管理拓展的基础管理单元，是确定流域水生态保护与水质管理目标的基础。国家“水体污染控制与治理科技重大专项”在“十一五”期间开展了水生态环境功能分区研究，完成了全国十大流域水生态一级、二级分区的划分，并重点划分了太湖、辽河两大流域三级分区；“十二五”期间在太湖流域又进一步开展了三级水生态功能分区的示范与应用研究。

为了推进江苏省生态文明建设，改善流域水环境质量，加强流域水生态环境保护，保障流域水生态系统健康，在之前研究成果基础上，进一步结合江苏省实际情况，通过对太湖流域水文—水质—水生态的系统调查、水生态健康指数指标体系的建立、流域重要保护物种的研究，在太湖流域（江苏）划分了 49 个水生态环境功能分区，对各生态分区的生态功能与服务功能的判别，制定了三类四级水生态管控目标，初步构建了太湖流域（江苏）分区、分级、分类、分期水生态健康管理体系，进而推进江苏省环境管理实现“四个转变”：从保护水资源的利用功能向保护水生态服务功能转变，从单一水质目标管理向水质、水生态双重管理转变，从目标总量控制向容量总量控制转变，从水陆并行管理向水陆统筹管理转变，促进流域水生态系统健康与社会经济协调可持续发展。

该项工作始于“水专项”研究，但也受到了江苏省环保厅领导的高度重视，研究成果多次征询了环保部原污防司、江苏省各相关部门、太湖流域各地市政府、太湖流域各地市环保系统以及江苏省太湖流域水污染防治办公室相关领导和专家的意见和建议，目前已融入江苏省环保厅的行政管理工作之中。成果为地方政府建立了一套基于水生态环境功能分区的流域水生态健康管理体系，实现了与现有水环境管理日常工作的并轨运行。研究形成的水生态管理、空间管控和物种保护三大类目标将分为分近、远期实施，指导地方政府对水生态环境功能分区进行考核与管理，进而为江苏省太湖流域的水环境、水生态管理、各区域制定社会经济发展规划、环境管理制度等工作提供基础依据，为江苏省太湖流域水环境管理决策提供基础支撑，促进环境与经济发展相协调，保障生态系统健康与经济可持续发展，最终实现推动流域污染物总量减排，水质改善、水生态健康的目标。

本书是国家水体污染控制与治理科技重大专项“太湖流域（江苏）水生态功能分区与标准管理工程建设”课题“太湖流域（江苏）水生态功能分区管理示范”子课题（编号：2012ZX07506-001-001）研究成果的总结。感谢江苏省环境保护厅、中国科学院南京地理与湖泊研究所、中国环境科学研究院、江苏省环境监测中心等单位领导与同行的帮助，在此一并表示感谢。

由于编者学术水平有限，书中难免存在差错、遗漏等诸多不足之处，敬请学术界同行与广大读者批评指正。

编者
2017 年 3 月

目
录

1 绪 论

1.1 流域水环境管理的现状

1.1.1 国外水环境管理现状

（1）欧盟

由于欧洲高度发达的社会经济和独特的自然地理条件，欧洲水资源与水环境问题相对较少，但随着人群对环境质量的需求越来越高，区域内河流、湖泊受工业企业排水、居民生活污染、农业面源污染及港口航运等人类活动的影响非常大，提升水环境质量仍存在很大压力。众所周知，整个欧洲面积比中国略大，约 1 016 万 km^2，有 47 个国家和地区，各国国土面积相对不大，一些河流往往跨越多个国家（如多瑙河，流经奥地利、匈牙利、罗马尼亚、捷克等 9 个国家），跨界河流又有两类，一是流域范围全部位于欧盟成员国之间的，另一类是属于欧盟成员国与非欧盟国家的。而且不同国家面临的水环境问题也各不相同，在流域管理问题上虽共同协调开展，但管理起来却复杂得多，极易造成分歧。因此，如何对跨国流域进行有效的管理就成为欧洲各国之间需要讨论的问题。[1][2]

为了逐步降低和减少人类活动对水体的影响，保障人群及环境健康，促进环境资源的可持续发展，20 世纪 70—80 年代，欧盟相继出台了《游泳水指令》《饮用水指令》《控制特定危险物质排放污染水体指令》等一系列政策，目的是针对人体健康有影响的物质建立强制性或指导性标准。20 世纪 90 年代，欧盟先后颁布《市政污水处理指令》《硝酸盐指令》及《综合污染防治指令》，对市政污水、农业有机及矿物肥料、污染物排放控制标准等进行控制。

随着经济政治发展不断涌现出新的环境问题，各项指令的实施难以有效解决水资源与水环境管理遇到的问题。21 世纪初，在欧洲议会和理事会的促进下，欧盟正式颁布了最著名的、同时也是最有成效的《水框架指令》（Water Frame Directive, WFD），该指令是近几十年来，欧盟在水资源领域颁布实施的最重要的指令，所有欧盟成员国及准备加入欧盟的国家都必须使本国的水资源管理体系符合《水框架指令》的要求，并引入共同参与流域管理的制度。WFD 以流域区域为尺度，强调水管理要综合所有水资源、水利用方式及价值、不同学科及专家意见、涉水立法、生态因素、治理措施、利益相关者意见和建议及不同层次决策等诸多因素，要加强政策、措施制定及实施的透明度，鼓励公众参与，并给出了流域水管理的基本步骤和程序。WFD 共有 26 个条款和 11 个附件，总体目标是保护水生态良好，进而从根本上满足动植物保护及水资源和环境的可持续利用，所有水体于 2015 年实现良好的水生态状况。该指令确立了水环境及资源全方位综合管理的政策，明确了水环境保护及水资源管理的总体目标，也为水环境及水资源的管理提供了一个基本框架，引导其水环境保护工作进入全新的阶段。同时在水管理范畴、工作开展方式及任务实施上都实现了新的突破，这对我国的水环境管理尤其是跨界流域管理有重要的借鉴意义。[3][4]

（2）美国

美国是一个国土面积辽阔、水资源丰富的联邦制国家，有密西西比河流域和田纳西河流域及 5 大湖在内的众多河流、湖泊，历史上也曾出现过由于工业、农业和人口的飞速发展导致的环境污染事件，经过漫长的探索与协同治理，在流域环境管理方面积累了宝贵经验，具有一定的借鉴意义。美国在水环境管理方面主要以州为基本单元，对水资源实行分散性管理。美国国会通过法案，授权联邦政府参与国家水资源的规划、开发和管理工作，由农业部自然资源保护局担负农业上水资源的开发、利用和环境保护的职责；国家地理调查局水资源处负责全面收集、监测、分析和提供全国所有水文资源，为水资源开发利用提出政策性建议；美国国家环保局根据环保需求制定相应的规定，调控和约束水资源的开发利用，防止水资源被污染。在联邦政府的统一领导下各部门职责明确，既分工又协作，既相互配合又相互制约。[5][6]

美国国家环保局从 20 世纪 90 年代开始运用流域管理方法管理水环境，强调通过多方合作来治理水污染，倡导多方参与划定流域管理范围、评估流域保护优先问题及制订管理计划，最终目标是使流域水质达标，水资源得到保护。美国的水环境管理具体事物主要由各州承担，各州均设有环境质量委员会和环境保护局。州以下分成若干个水务局，对供、排水和污水处理等诸多水务统一管理，建立了完善的流域水质管理机构，经费来源于联邦政府、州政府和排污许可证收费。[7-9]

美国水环境管理立法工作开展较早，可以追溯到 19 世纪中叶制定的《联邦水污染控制法》。之后的近一个世纪，联邦政府也相继制定了一些关于水环境管理的法律法规，其中以 1997 年制定的《清洁水法》最为全面。它是整个水污染控制的基础，相关政策均包含其中，《清洁水法》中指明，水环境管理的最终目标即“恢复和保持国家水体化学的、物理的和生物方面的完整性”。其囊括了水质标准的制定、防止水质恶化的政策规定、水体监测和评价、每日最大总负荷、排放许可证制度、排放标准与监测、面源计划与管理、湿地保护以及各州水质认证等一系列实施过程。此外，各州可以通过制定一系列标准、行动计划来具体执行联邦和州的法律法规。[3-4，10-11]

随着社会经济的不断发展和对环境保护的日渐重视，人们逐渐认识到对生态系统的保护需求越来越迫切，20世纪后期美国开始意识到流域本身是有生命的，只有一个自发可以进行良性循环的流域体系才能发挥其生态服务功能，水质管理必须要与生态系统健康相结合，由此逐渐将水质管理的着眼点转向水体生态系统健康管理，并提出在流域尺度上以生态系统管理理念为指导，将修复和保持水域的化学完整性（水质）、物理完整性（水量和栖息地环境）和生物完整性作为目标，采用流域保护和流域分析方法，综合考虑水生态系统完整性评价和生态需水理论，通过对化学、物理完整性的保护，最终达到对生物完整性的保护。因此，流域水生态功能分区管理成为流域水环境综合管理的发展趋势，也是流域水环境管理的理论基础。

为了更好地保护高生态功能区，修复和恢复低生态功能区，美国国家环保局首先提出了水生态分区体系，根据地形、土壤、植被、土地利用等自然地理要素进行了水生态一级分区至四级分区的划分，其中，四级层次是在三级生态区基础上由各州进行划分，五级层次是区域景观水平的水生态区划分。该分区体系目前已成为美国河流管理的基础，进行河流生物监测和评价；制定河流、湖泊、近海的营养物基准，从而科学合理地控制营养物污染；用于对湿地特征的描述，以及评价人类活动对湿地的影响；对水生大型无脊椎动物和鱼类区系的分布特点与生存状况进行研究与保护。[12][13]

（3）**日本**

日本是一个位于东亚地区人口稠密的岛国，国内水资源以短程河流为主，单条河流的流域面积小，但全国的总流域面积较大。自20世纪60年代以来，由于日本经济快速发展导致水污染范围扩大和程度加剧，公民对环境科学知识和政治素质大大提高，促使日本政府将环境管理纳入了国家职能管辖范畴，并于1971年设置了环境厅，有效促进环境行政和立法，从法律层面来遏制水污染的蔓延趋势。[14]

1970年日本颁布《水污染防治法》，首次发布了环境水质标准和水污染物排放标准，环境水质标准分为保护人体健康和保护生存环境的标准，排放标准也相应分为两类，一类是为保护人体健康，另一类则是为了保护生存环境。同时，为了保护公共水域的水环境，日本政府严格实施污染物限值排放法规与措施，对排放物排入公用水域的特殊设施规定了统一的国家排放标准，对于国家标准的不足及难以达到环境质量标准的水域，该法律授权县级政府规定更加严格的排污标准。1978年颁布《濑户内海环境保护特别措施法》，明确提出了污染负荷量总量削减和化学需氧量总量的概念，同时提出了指定物质削减指导方针，授权环境厅长官在认为必要时可以根据政令的规定，要求有关府、县知事削减向公共流域排放磷及其他政令规定的污染物。1993年颁布《环境基本法》，其规定了有关制定政策的指针，包括环境基本计划、环境质量标准、防止特定地域的公害、国家为环境保全所采取的措施、关于地球环境保全的国际协作、地方公共团体的措施、费用负担及财政措施等方面。《环境基本法》以实现确保资源和环境能够维持现在、将来公民的健康和高品质的生活为基本任务，以保持环境持续造福于人类的生态功能为根本目标，它的诞生是日本环境法律走向成熟、完善的标志，是可持续发展环境法律化、制度化的优秀样板。[15-20]

（4）澳大利亚

澳大利亚地处南半球大洋洲，国土面积 770 万 km^2，位居世界第 6，但水资源总量十分有限。由于其对水资源采用粗放利用，造成了诸如地表水质恶化、藻类泛滥等一系列生态环境问题。为此，澳大利亚政府从 1994 年起逐步启动了以控制水需求为主的水改革，澳大利亚政府制定了一系列行之有效的法律、政策，先后出台了《环境保护法》《海洋石油污染法》《大陆架（生物自然资源）法》等 50 多部环境法律与 20 多部行政法规，在环境污染控制方面起到了重要作用，很大程度上缓解了国内的水资源与水环境危机。经过多年的努力，澳大利亚已成为当今世界上环境保护工作最富有成效的国家之一。[21][22]

澳大利亚在水环境管理上不仅通过制定一系列法律、政策，而且在其他方面也做出了诸多努力，主要包括：①多元化的政策机制。一是完善的水资源管理政策和水环境保护机制，其根本目的是长期有效地利用水资源并保护水环境；二是采取政府投资建设集中式污染处理设施开展环境污染治理，充分利用市场机制；三是多样化的环境保护主体，在行政上，无论是联邦政府还是地方政府，环境保护都是它们的基本职能；四是健全的协商机制，在核定水权水责问题上坚持充分协商、分水分责到州，这也是有效解决上下游跨行政区污染问题的关键。②健全的组织架构。政府在流域水资源和水环境综合管理的机构分联邦、州和地方 3 级，联邦政府提供水资源、水环境信息和管理的政策指导，并通过流域机构对其流域内的各州水资源利用进行协调；州政府实施水管理、开发建设和供水分配，并根据联邦政府确定的各州水资源分配额，对州内用户按一定年限发放取水许可证，同时收取费用；地方政府是执行机构，主要执行州政府颁布的水法律、法规，地方水务部门具体负责供水、排水及水环境保护。各级政府分工明确，分级管理收到较好的效果。③管理技术的综合应用。一是水环境信息管理系统。完善的水环境信息监测管理系统能可靠地预测年内、年际水资源、水环境状态和可分配总量，增加了管理的可操作性和有效性。二是水环境监测。澳大利亚政府重视水质监测工作，监测点布设很多，设备先进且数据处理快，对不同的排水用户，制定不同的化验标准，根据监测结果确立整改措施。三是污水处理和节水。联邦和州的环保部门制定了严格的污水排放标准，这些标准除了考虑污染物指标，同时也考虑了排放水域的纳污能力。四是雨污分流技术。澳大利亚大多地方建立了雨污分流管网，对溢污进行收集、储存，并通过立法、教育等形式，引导居民对雨水管网的正确使用，通过这些措施，一方面减少了污水处理量和处理难度，另一方面强化了节水和雨水的综合利用。五是大力发展循环经济。联邦政府每年投入大量资金用于污水和垃圾的处理利用，还积极开发太阳能、风能等新型环保能源。[23]

1.1.2 国内水环境管理现状

（1）重点流域水环境管理现状

1）长江流域

长江流域横跨我国东部、中部和西部 3 大经济区，共计 19 个省、直辖市、自治区，流域总面积 180 万 km^2，占我国国土面积的 18.8%，是世界第 3 大流域，拥有丰富的自然资源和高度发达的社会经济。由于部分资源的不合理开发、利用，加之人口的急剧增长，工业废水和居民生活污水排放量不断增加，同时农业面源污染、航运流动源污染和酸雨污染也在持续加重，使整个长江流域水环境处于“亚健康”状态，流域水污染、洪涝灾害和水生态系统功能退化。[24][25] 干流近岸水域污染趋势未能得到有效控制，中下游水质由原先的Ⅲ类下降到Ⅳ类，部分支流污染严重，中下游湖库富营养化仍在发展。太湖、滇池、巢湖都曾暴发过大面积蓝藻水华，太湖和滇池总体水质均为劣Ⅴ类，湖体总体处于中度、轻度富营养状态；巢湖总体水质为Ⅴ类，处于中度富营养状态。沿江农村地区水环境恶化，地下水污染严重，突发性水污染事故不断和风险增大等，导致城市和农村饮用水水源频繁受到威胁和损坏。[26]

长江流域水资源是一个完整的系统，构建长江流域水环境综合治理技术支撑体系是一个复杂的系统工程。1950 年水利部成立长江水利委员会，根据国家有关法律法规和水利部的授权，长江委主要负责区域内的水行政执法、水资源统一管理、流域规划、防汛抗旱、河道管理、水土保持等工作。而水污染治理不属于长江委的工作范畴，因此亟须建立长江流域水环境综合治理的协同管理机制，以水资源管理和水污染控制一体化为目标，完善长江流域水环境保护规划，制订全流域的水资源、水环境和生态保护计划。

2011 年 9 月，环境保护部、国家发展和改革委员会、财政部、住房和城乡建设部、水利部联合印发《长江中下游流域水污染防治规划（2011—2015 年）》，提出加强饮用水水源地保护，提高工业污染防控水平，推进污水治理设施稳定运营，控制船舶流动源污染，加强水生生物资源养护，强化洞庭湖和鄱阳湖生态安全体系建设，加强长江口及近岸海域污染防治及生态建设等措施。2016 年，国务院印发《长江经济带发展规划纲要》，提出了多项主要任务，其中明确保护和修复长江生态环境，建设生态文明先行示范带。

2）珠江流域

珠江流域由西江水系、北江水系、东江水系，以及珠江三角洲诸河组成，全长 2 320 km，覆盖云南、贵州、广西、广东、湖南、江西等省（区）、我国港澳地区和越南社会主义共和国的东北部，流域总面积约 45 km^2，我国境内流域面积约 44 km^2。珠江流域水资源丰富，但是近些年随着经济发展开发力度不断加大，水环境状况不容乐观。流域水资源短缺、水污染日趋严重、生态环境不断恶化、部分地区水质性缺水等问题开始出现，直接威胁到流域水环境安全，继而影响人们的日常生活。[27] 珠江流域废污水排放突出，已占总量的 60% 以上，城市饮用水水源水质达标率偏低，污染已造成沿江地区严重的水质性缺水。此外，来自农业方面的面源污染已经成为流域水污染的一个重要特征，农业面源污染在各类环境污染中的比重已经达到 30% ～ 60%，污水中化学需氧量排放超过了城市和工业污染的排放总量。近年来，珠江流域从局部的点源污染逐渐变成全流域的污染，并且污染从河流下游向上游转移，从干流向支流转移，水污染问题早已超越局部和“点源”的范围，发展成为不可忽视的流域性问题。

1979 年水利部组织成立珠江水利委员会。根据中央新时期的治水理念，提出“维护河流健康，建设绿色珠江”的治水思路，绿色珠江以“环保、高效、协调”为核心理念，正确处理人与自然的和谐关系，使流域经济社会活动对河流生态环境的影响最小化，资源利用效率最大化，最终实现流域水资源的可持续利用。但在水污染治理方面缺乏有效的法律支撑，我国现有的《环境保护法》《水法》《水污染防治法》等相关法律法规缺乏完整的流域性水污染治理条款，对珠江流域水污染问题的统筹治理无法起到有效的约束和规范作用。不仅如此，政府在关于流域性水环境管理的政策上不够完善、不够具体，如缺乏对上下游地区水权划分和界定的政策，缺乏有效的水质保障政策，以及缺乏流域水环境实行统一规划、统筹兼顾、综合开发利用等具体政策等。珠江流域现行的水环境管理体制是垂直型科层结构，即按政府层级构成的垂直领导，这种管理体制是在计划经济体制下形成的。实践证明，这种管理体制已经不适应现阶段的发展需要。珠江流域的水污染治理是一项复杂的系统工程，依靠现有的单一的行政管理手段，远不能满足水污染治理的要求。此外，由于我国水资源的所有权主体具有唯一性，而使用权主体多元化，导致水资源与水环境管理之间责任、权力和利益的关系界定不清，使水资源利用和水环境治理的管理不协调。因此，随着珠江流域内水资源供需矛盾的加剧和社会主义市场经济体制的逐步深化，必须要运用行政、经济、法律、技术等手段进行统一、综合管理。

3）淮河流域

淮河源头位于河南省南阳市桐柏山太白顶北麓，流经河南、湖北、安徽、江苏 4 省，全长约 1 000 km，流域面积约 27 万 km^2。[28] 随着国家实施中部发展战略和经济社会的飞速发展，淮河流域已进入快速发展期，也是水资源和水环境新问题和新矛盾的频发期，水环境、水生态系统承受的压力越来越大，流域整体上面临越来越大的缺水和污染的压力，表面上看是工业废水、生活污水污染，深层次的原因是生态系统遭到破坏，生态功能退化、恶化。流域水资源开发利用过度，内陆河流开发利用率远超国际标准。淮河也是一条人工控制程度很高的河流，全流域有大大小小5 000多个闸坝，大量水资源拦蓄后，水环境容量大大降低。[29][30]

淮河流域水污染治理是中国半个世纪以来水污染防治历程的一个缩影，[31] 近几十年来，国家和地方政府投入了大量资源对沿淮流域水环境污染问题进行整顿治理，采用防控与治污相结合的方法，水污染控制处理也取得了一定进展，有效控制了污染情况。淮河流域也是第一个由国家调控，依法进行治理的流域，1995 年国务院发布首个流域性水污染防治法规——《淮河流域水污染防治暂行条例》，并于 2011 年进行修正，提出执行关停“十五小”政策、实施达标排放和“零点”行动、加快城市污水处理厂建设、对用水采取取水许可管理、推广节水管理，促进节约用水等措施。淮河流域成为我国在水环境污染防治工程中的典型案例。1996 年 6 月国务院批准了《淮河流域水污染防治规划及“九五”计划》，并将淮河流域的水污染防治工作纳入国家“九五”期间“三河三湖”治理的重点。因此，淮河也成为第一个依法进行全面综合治理的流域。但由于流域长期的污染积累和沿淮各城市经济发展的迫切需要，流域污染速度远远大于治理速度，同时，污染重点也从以前的点源为主转移到面源，流域水污染治理形势依然严峻。[32-34]

4）辽河流域

辽河流域发源于河北平泉县，流经河北、内蒙古、吉林和辽宁 4 省（区），全长 1 430 km，流域面积 22.9 万 km^2。[35] 其在辽宁省境内流域主要由两个水系构成，即辽河水系和大辽河水系，流经区域为经济较为发达的工业聚集区和都市密集区，区域内城市河段污染问题突出，污染物排放总量远大于水环境容量，此外流域内河流多属受控河流，流量季节变化明显，过度的水资源开发也严重影响了水生态环境。[36][37]

辽河流域水环境管理仍以行政区域管理为主，人为地割裂了污染物从源到汇的传输过程，流域层面缺乏统筹规划和协调、监管。近年来，辽宁省相继出台了《辽宁省辽河流域水污染防治条例》《辽宁省环境保护条例》《辽宁省大伙房水库水源保护管理暂行条例》《辽宁省辽河流域水污染防治条例》等地方性法规，针对辽河流域环境特色，在全国首家立法明确生态用水等问题。另外，自 2008 年开始国家重大专项实施 3 个“五年计划”，在辽宁省开展了大量研究与示范工作，针对各类区划的局限性、辽河流域水环境问题与水生态系统特征，初步建立辽河流域水生态环境管理体系，开展以水生态环境分区为基础的水环境功能区划研究。根据流域不同区域主要污染问题和生态承载力，建立了辽河流域水生态环境综合管理体制，促进流域协调发展，进一步完善了水环境质量标准，适应我国流域污染物总量管理的需要。优化调整了国控、省控、市控水质监测断面，建立和完善流域“污染源—入河排污口—水环境质量”的总量监控体系，“预防、预警、应急”三位一体的应急管理体系及流域水环境监测管理信息系统，实现对污染源的有效监督管理，及时掌握河流水质变化情况，消除水环境安全隐患，对水环境突发事

件进行有效预警，为流域整治提供科学支撑。[38-41]

5）海河流域

海河流域地处华北平原，流域内包含天津、北京、河北、山西、山东、河南、内蒙古和辽宁8个省、自治区和直辖市，由海河水系、滦河水系及徒骇河、马颊河水系共同组成，流域总面积32万km^2，是我国政治、经济和文化中心，同时又是我国重要的工业和高新技术产业基地，地理位置十分重要。但海河流域又是我国七大流域中水资源最紧缺、生态环境最脆弱的地区，近20年来的水资源短缺和水环境恶化已严重影响了流域经济社会发展。[42] 整个海河流域10 000 km的河长中，已有75%受到污染，尤其是下游平原区域水污染状况更为严重。经济的快速发展造成了水资源供求差距日益扩大，部门之间、上下游用水者之间竞争加剧，加强流域水资源与水环境综合管理已迫在眉睫。[43]

1980年海河流域设立水利部海河水利委员会，负责管理区域水资源，而水环境监管则由环保部华北环境保护督查中心负责。各级水行政管理机构在水资源管理中发挥了重要作用。但这两个机构在权力级别和组织层级上低于省级行政区，海河水利委员会缺乏水污染防治监管的法定职权，环保部门也难以适应海河流域水资源与水环境综合管理的需要。另外，流域管理机构与地方政府行政主管部门的职责权限尚缺乏明晰，流域管理与行政区域管理结合点和结合方式不清；海河水利委员会、华北环境保护督查中心作为流域管理机构，代表的是流域整体利益，而地方政府行政主管部门代表的则是地方利益，由于地方利益与流域整体利益并不是完全一致，有时甚至是冲突的，造成了部分地区的水源地保护、供水管理、水污染协调治理的难度，制约了水资源优化配置和水污染防治工作的开展。[42]

6）太湖流域

太湖流域地处中国东部的长江下游三角洲，涉及江苏、浙江、上海、安徽4省（市），流域面积3.69万km^2，流域河网密布，湖泊众多，水域面积6 134 km^2，“江南水网”有0.5 km^2。[44] 凭借着得天独厚的地理位置和自然地理环境优势，太湖流域逐渐成为我国人口密度最大、大中型城市最集中、工农业生产发达、国内生产总值和人均收入增长最快的地区之一，但流域社会经济高速发展和城市化进程加快的背后却是太湖水质的逐年恶化。2007年5月太湖蓝藻事件即是多年来流域水环境恶化的集中体现。[45-47]

太湖流域内市、县环保部门代表政府负责水环境管理、相关政策实施和辖区内水环境保护的统一规划和监督，同时水利、建设、农业、国土资源等部门根据国家的相关法律要求，行使相应的水环境保护管理职责。在流域管理层面上，江苏省于1996年成立了由省、市和省相关部门主要领导担任主任或委员的太湖水污染防治委员会，负责协调部门职能、推进上下游区域合作、督促各有关部门和地区落实国家太湖流域水污染防治计划等。国务院2008年批复的《太湖流域水环境综合治理总体方案》以确保饮用水安全为优先目标，以控污减排、生态恢复、提高环境容量为治理重点，为水环境管理提出长效的思路。为进一步调整充实江苏省太湖水污染防治委员会，成立了正厅级省太湖水污染防治办公室，其不承担任何具体的太湖治污任务，而是行使监督的职能，以保证江苏省委、省政府确立的各项太湖治污目标得到切实的落实和督办。为加强跨区域、跨流域环保统一监督管理，江苏省还组建了苏南环保督查中心，加强了对沿太湖地区污染减排的督察，针对个别区域污染减排推进不力的情况，可以上门进行现场督办。此外，太湖流域的涉水管理部门还包括水利部的太湖流域管理局，主要负责流域水资源保护工作。[46-49]

综观全国流域的大局，目前我国主要面临水污染、水资源短缺和洪涝灾害3大问题。我国传统的粗放型经济增长方式造成了水资源、水环境的高消耗、高浪费、高污染，加剧了经济发展与水环境的矛盾。尤其是改革开放以来，工业、农业用水量和污（废）水排放量显著增加，1998—1999年短短两年，就出现了大面积的河段污染，长江水系的洪涝灾害、长江以北大部分地区严重干旱、城市与地区水位下降等诸多问题，促使我国开始重视对流域水环境的管理。[50]

从20世纪50年代开始，我国就已经开始开展流域水环境保护的管理工作，曾先后恢复并成立了长江、黄河、淮河、珠江、海河、松辽6大水利委员会和太湖流域管理局[51][52]，我国相继出台了《中华人民共和国水污染防治法》《长江流域综合利用规划要点报告》等有关水资源利用的法律法规和政策规划，并在传统的流域水环境管理领域引入科学的手段和方法，旨在建立科学、合理的水资源保护体系，逐步采用水资源与水环境生态模拟等新型互联网技术，以此合理配置流域水资源，提高流域水环境管理水平。80年代以前，这些流域机构主要负责本流域内水资源的规划和管理，侧重于水量方面。80年代以后，我国的水污染日趋严重，引起社会各界的关注，也成为流域水管理的新问题。长江、黄河等7大流域机构成立了水资源保护局后，并自1983年起与国家环保部门实行双重领导。这是流域管理工作新的发展，把水环境保护的任务列入流域管理的内容，进入了既管水量、又管水质的新阶段。[53-56]

随着经济的发展，流域水环境污染问题日益严重，这7大流域机构开始注重水环境保护，将其列为管理工作的重点。除此之外，水利部及国家环保总局也分别成立了相关部门来进行管理。国情和水情，决定了我国必须在流域管理中依法治水、科学管水。到目前为止，国家已经颁布了水资源与水环境方面的法律法规及部门规章80余件，地方性法规、省级政府规章及规范性文件近700件。其涉及范围包括了相关流域的水资源管理、水环境保护等各个方面。一个比较科学和完善的水的法律法规体系正在初步形成。[51, 57-58] 近年来，我国在流域水环境管理中制定了一系列的流域规划，并将现代科学技术也应用于管理之中，以科技进步来促进流域水资源与水环境管理工作。《淮河流域规划报告》《长江流域综合利用规划要点报告》《海河流域规划》《辽河流域水污染防治“九五”计划和2010年规划》的制定，对指导流域水资源与水环境的综合管理发挥了重要作用。[52, 59-60]

目前，我国也有不少研究者采用博弈、统计分析、实证分析等数据建模方法对湖泊保护的相关社会科学问题，如水权分配、水资源管理、水污染生态补偿等进行研究，也取得了不少的成果。但这些研究大多采用单一的视角，往往对关键问题进行了概念化和抽象化，并采用相对简单的数学公式或物理方程描述各种社会主体及其交互过程，同时，对湖泊流域中自然系统、社会系统多元参与主体的相互作用、动态的外部环境，以及各成员的异质性等特征没有实现较为切合实际的刻画，使得研究成果很难向实践转化，理论与实践“两张皮”现象极为突出。更需要指出的是，目前湖泊流域水环境治理的研究与我国管理实际的结合还不够深入，与之相关的跨部门、跨行政区等系统性管理问题并没有得到研究者的足够重视。[61-63]

我国的水环境管理在理论上是流域管理与行政区域管理相结合的管理体制，同时在传统的水管理领域引入数字化、信息化手段，逐步采用计算机网络技术、水资源与水环境模拟技术、生物及生态修复技术等实现流域水资源的合理配置及水环境的有效治理，提高流域水环境管理水平。同时，我国还将生物技术、数字化技术等引入水环境保护管理工作中，使其变得更加有效化科学化。[64]

（2）流域水污染管控体系

1）水环境功能区管理

目前，执行水利部与环保部联合制定的《地表水（环境）功能区划》是我国区域性水环境管理的主要手段，以此为核心围绕水质目标、水环境功能区达标制定水环境管理的策略和方法。水环境功能区是依照《中华人民共和国水污染防治法》和《地表水环境质量标准》（GB 3838—2002），综合水域环境容量、社会经济发展需要，以及污染物排放总量控制的要求而划定的水域分类管理功能区，按功能高低依次划分为5类，①Ⅰ类水环境功能区主要适用于源头水、国家自然保护区；②Ⅱ类水环境功能区主要适用于集中式生活饮用水地表水源地一级保护区、珍稀水生生物栖息地、鱼虾类产卵场、仔稚幼鱼的索饵场等；③Ⅲ类水环境功能区主要适用于集中式生活饮用水地表水源地二级保护区、鱼虾类越冬场、洄游通道、水产养殖区等渔业水域及游泳区；④Ⅳ类水环境功能区主要适用于一般工业用水区及人体非直接接触的娱乐用水区；⑤Ⅴ类水环境功能区主要适用于农业用水区及一般景观要求水域。

全国水环境共划分了12 876个功能区（不含港澳台地区），其中河流功能区12 482个、湖泊功能区394个，基本覆盖了全国环境保护管理涉及的水域。各功能区都设置了相应的控制断面，共涉及监测断面 9 000 余个，其中大部分功能区有常规性的国控、省控、市控监测断面，随着环境治理工作的不断发展，近年来，监测断面也在不断地调整完善。《地表水（环境）功能区划》以水环境功能区为基础单元，是水环境分级管理和落实环境管理目标的重要基础，为环保行政主管部门在水环境规划、管理、监测、总量控制、水质评价、统一监督管理等方面提供了重要依据，长期以来，在解决国家水资源管理、水污染控制等方面发挥了重要作用，全面推进全国水环境管理上一个新台阶。

伴随着水环境治理的长期性与复杂性，《地表水（环境）功能区划》日渐难以满足恢复和保护流域生态系统健康的需求，主要体现在：①依据用水需求即水体的使用功能划分地表水环境功能，未考虑水体生态系统的完整性；②管理目标单一，仅以单纯的化学指标为主，忽略了对河流物理完整性和生物完整性的保护，水污染控制与生态系统保护相互脱节；③较少考虑水生态系统的区域特征和空间差异，执行“一刀切”标准；④割裂了水体与周围陆地生态系统的整体关系，缺乏流域上下游、左右岸、河湖、水陆一体统筹考虑。虽然水污染控制仍是我国水环境保护的主要任务，但仅仅依靠《地表水（环境）功能区划》，难以从根本上认识到水生态系统破坏的形成原因与机制，难以满足未来水环境管理的需求，特别是对物种和种群的保护、栖息地的恢复、湿地的保护、生态容量、水陆统筹管理等方面显得力所不及。[65]

2）总量控制管理

我国的总量控制管理起步较晚，1985 年上海市开始探索实施污染物排放总量控制，用于保护黄浦江上游水资源。1995 年全国人大常委会通过对《中华人民共和国水污染防治法》的修改，增加“省级以上人民政府对实现水污染物达标排放仍不能达到国家规定的水环境质量标准的水体，可以实施重点污染物排放的总量控制制度，并对有排污量削减任务的企业实施该重点污染物排放量的核定制度”。1996 年，全国人大通过《国民经济和社会发展“九五”计划和 2010 年远景目标纲要》，把污染物排放总量控制正式定为中国环境保护的一项重大举措，提出“要实施污染物排放总量控制，抓紧建立全国主要污染物排放总量指标体系和定期公布制度”，这标志着我国开始进入总量控制、强化水环境管理的新阶段，总量控制正式作为我国环境保护的一项重大举措。

进入“十五”以后，国家环保总局根据水环境质量和水污染物结构变化实际情况和发展趋势，重点确定 COD 和氨氮为主要污染物总量控制因子，提出了“十五”期间的削减任务和控制计划指标量。“十一五”期间，继续将总量控制纳入可持续发展的能力目标，并将总量控制目标列为约束性指标，进一步明确并强化了政府责任的指标。总量控制指标作为约束性指标首次列入国家五年计划，标志着全国总量控制乃至整个环境保护进入了一个新阶段。[66][67]

目前，我国采用的总量控制技术方法为目标总量控制，即是把允许排放污染物总量控制在管理目标所规定的污染负荷范围内，即目标总量控制的“总量”是基于污染源排放的污染不能超过管理上能达到的允许限额。该技术具有目标制定简单、便于操作和易分解落实的特点，能在短期内有效减少污染物排放量，在很长一段时间内成为我国环境管理的重要手段。随着我国环境管理的不断深化，我国水污染控制基本经历了浓度控制和目标总量控制，目前又在转向容量总量控制方向，并从化学污染控制向水生态管理方向转变。美国 TMDL 计划经实践证明是一个先进的、有效的水环境总量管理技术，其充分体现了恢复和维持水体的物理、化学及生物完整性，注重对水生态系统健康保护的目标要求，是国际水环境管理技术的发展趋势。我国虽然也提出了容量总量控制技术方法，但是与美国 TMDL 计划相比仍然存在一定的缺陷，主要表现在管理理念落后，更多地关注水污染物的削减，缺乏体现水生态系统保护目标，水质目标与水体保护功能关系并不明确。另外，技术手段仍然不够完善，不能对面向水生态安全的总量控制技术提供支持。[68-74]

3）排污许可管理

排污许可制度是点源排放控制的最基本、最核心的手段。1988 年国家环保局发布了《水污染排放许可证管理暂行办法》，要求向陆地水体排污的行为需申请排污许可证或者临时许可证，该办法的出台为我国的水污染物排放许可证提供了广义上的法律依据。1996 年修订的《水污染防治法》规定重点污染物排放总量控制制度和重点污染物排放核定制度。2000 年国务院修改发布的《水污染防治法实施细则》规定：“地方环境保护主管部门根据总量控制实施方案，发放水污染物排放许可证”，标志着水污染物排放许可证制度的法律地位以行政法规的方式加以确立。2008 年修订的《水污染防治法》提出：“直接或者间接向水体排放工业废水和医疗污水以及其他按照规定应当取得排污许可证方可排放的废水、污水的企业事业单位，应当取得排污许可证；城镇污水集中处理设施的运营单位，也应当取得排污许可证”。2013 年，《中共中央关于全面深化改革若干重大问题的决定》要求完善污染物排放制度，实行企事业单位污染物排放总量控制。2014 年新修订的《环境保护法》规定：“国家依照法律规定实行排污许可管理制度。实行排污许可管理的企事业单位和其他生产经营者应当按照排污许可的要求排放污染物；未取得排污许可证的，不得排放污染物”。对排污许可证制度做了原则上的规定，但仍存在与其他污染源管理核心制度衔接不够，未建立以固定点源为管理对象的污染源协同管理机制等问题。[75-82]

目前我国已有 20 多个省（市、县）共计向 20 多万家企业发放了排污许可证，由于该项制度还存在管理和制度缺陷，难以真正起到有效监管排污企业的目的。首先，排污许可制度尚未成为点源环境管理的核心制度。虽然法律对排污许可做出了原则规定，但程序不具体、可操作性不强，多数地方无法对违反证照的企业进行监管和处罚。此外，与现有环境影响评价、总量控制、排污收费、环境监测、环境统计、排污权有偿使用和交易等点源环境管理制度之间缺乏协调关联。其次，排污许可制度未能有效覆盖大部分污染源。在发放排污许可证的过程中没有统一规定发证范围、发证程序、证照样式与许可内容等关键要素，未能与环境功能区划挂钩，“重证轻管”现象普遍，对改善环境质量作用有限。最后，排污许可证的管理手段并未跟进，证照管理缺失。多数地方排污许可证的管理形式简单，仅起到排污资格证的作用，未对企业遵从环境影响评价、环境监测、信息公开等法律法规提出明确要求。

2015 年，国务院发布的《水污染防治行动计划》《中共中央 国务院关于加快推进生态文明建设的意见》《生态文明体制改革总体方案》等文件均明确提出全面推行并完善排污许可制、加强许可证管理等相关具体要求。2016 年年初，环保部印发《排污许可证管理暂行规定》，规范排污许可证申请、审核、发放、管理等程序。其从国家层面统一了排污许可管理的相关规定，主要用于指导当前各地排污许可证申请、核发等工作，是实现 2020 年排污许可证覆盖所有固定污染源的重要支撑，同时为下一步国家制定出台排污许可条例奠定基础。[83-87]

4）“河长制”管理

河长制是指对管辖范围内的河道（包括湖泊、水库等）逐条明确由各级党政领导担任河长，负责落实该河道的整治和管理等各项措施，以实现河道水质与水环境的持续改善，保障和促进经济社会的可持续发展。

2007 年江苏省无锡市率先提出：“实行属地行政首长负责制下的‘河（湖、库、荡、氿）长制’”，由各级党政负责人分别担任 64 条河道的河长，加强污染物源头治理，负责督办河道水质改善工作。经过一年的实践，2008 年 9 月正式做出《中共无锡市委、无锡市人民政府关于全面建立“河（湖、库、荡、氿）长制”全面加强河（湖、库、荡、氿）综合整治和管理的决定》，按照“河长公示制度”，各地在河道边醒目位置，竖立“河长”公示牌，写明河道名称、河道长度、“河长”姓名职务、联系部门、管治保目标任务、举报电话等信息，并及时更新，以随时接受群众举报、投诉、监督。“河长制”的实行，可以实现部门联动，发挥地方党委、政府的治水积极性和责任心。自 2008 年以来，“河长制”在太湖流域、江苏省全面推行，江苏省各级党政主要负责人担任“河长”，已遍布全省 727 条骨干河道 1 212 个河段。

“河长制”的逐步建立和推行给河湖管理工作注入了新的活力，其实践意义与收获表现在以下几个方面。第一，它是新时期加强河湖管理的创新举措。由地方党政主要领导担任河长，河长再将任务责任层层分解到河段长，主要领导站到河流防治责任的最前端，责任很明确，推责无弹性，追责无人替，履责变刚性，工作由虚变实。同时，各级“一把手”当河长增强了领导的统筹协调能力和责任担当，提高了行政管理效率。第二，增强了地方党政领导治水履责的自我约束力。各级党政“一把手”担当河长是对新《环境保护法》要求的“地方各级人民政府应当对本行政区域的环境质量负责”在水环境治理与保护方面领导责任的具体化。河长制如同一双“无形的手”，让党政负责同志无法逃避责任，积极履责。第三，调动了公众参与河流环境防治的积极性。河长制不仅让辖区乡、镇、村、居委会干部加入管理队伍，各地还利用印发宣传手册、河长标志牌公布河长手机号码、环保热线、手机随手拍、举报有奖等形式，让广大群众参与进来，与企业、第三方服务组织和社会力量汇聚成了一道河流环境防治的强大推力。第四，践行了河流流域环境治理的新路径。河长制就是通过制度设计的撬动，实现困局突破、履责约束、机制构建、公众参与的质的变化，实质性提升河流流域环境治理的综合决策、系统规划、流域联动、具体实施的科学性、可操作性和实效性，起到引领的效果。河长制的实施，实现了流域性联防、联控、联治大格局，走出一条河流治理、资源保护、生态修复的新路径。

为了进一步推广实施河长制，2016 年 10 月，中央全面深化改革领导小组第 28 次会议通过《全面推进河长制的意见》。该意见通过新的发展理念，为加强水资源保护、水污染防治、水环境改善和水生态修复，实现江河湖泊功能可持续利用，提供了重大制度保障。这也是全面贯彻习近平总书记关于“健康中国 2030”“实行最严格的生态环境保护制度，切实解决影响人民群众健康的突出问题”重要讲话精神的一项重大制度保障和行动，体现了新形势下人民群众对良好生态环境的新要求。[88-90]

5）水环境监控与预警

中国流域水环境监测以掌握流域水环境质量现状和污染趋势为目的，为流域规划中限期达标的监督检查服务，并为流域管理和区域管理的水污染防治监督管理提供依据，可分为流域水质监测、流域污染源监测和流域事故应急监测 3 种方式。[91] 我国环境监测系统成立于 20 世纪 70 年代中期，主要开展水、气、土、固废等各类环境介质的监测工作。环境监测工作是环境执法的依据，是环境管理的基础。我国的水环境监测经过 30 多年的发展，相对于其他领域，无论在分析方法、布点采样，还是在质量控制等方面都相对成熟，体系也比较完整，已经形成了以国控网站为骨干的监测网络体系。

现阶段我国地表水监测以流域为单元，优化断面为基础，连续自动监测分析技术为先导，以手工采样、实验室分析技术为主体，移动式现场快速应急监测技术为辅助手段的自动监测、常规监测与应急监测相结合的监测体系。重点污染源、重点考核断面采用自动在线监测为主，手工混合采样—实验室分析为辅助手段的浓度监测与总量监测相结合的方式。应急水质监测是判断水污染事件影响程度的依据，在已有资料的基础上，通过迅速查明污染物的种类、污染程度和范围及污染发展趋势，及时、准确地为决策部门提供处理处置的可靠依据。

总体上看，由水环境监测方法、质量标准、评价标准，以及污水排放标准等组成的水环境保护体系对我国的水环境监测监控起到了重要作用，但与发达国家相比还有较大差距，我国的监测机制、应用新技术实现监测的能力、环境监测与水环境质量发展趋势动态预测的能力等方面都存在明显的差异。尽管建立了国家、省、市、县4级环境监测机构，水环境监控设备与技术水平参差不齐，监测的目的、指导思想不够明确，水环境监测指标仅限于常规指标，对生物毒性、水生态等指标的监测方法与体系尚不具备，无法最大程度反映我国流域水环境污染、生态系统遭到破坏的基本事实。

近年来，以改善环境质量为核心的环境管理思路逐渐被认同，因此，水环境质量监测和评价是控制流域水污染、防止水环境退化最基本的手段。我国水环境监测工作也正逐步建立包括水文特征、水质理化指标和沉积物化学、水生生物种类数量，以及有机污染物等方面的指标，通过人工监测、连续自动监测和卫星遥感监测等技术采集数据，建立流域水环境信息平台，为实现流域水环境质量的评价、模拟和预警，可持续发展的流域管理提供决策依据。[92-96]

（3）流域水环境管理体制

我国对水资源与水环境实行双重管理体制。根据《中华人民共和国水法》第九条规定："国务院水行政主管部门负责全国水资源的统一管理工作。国务院其他有关部门按照国务院规定的职责分工，协同国务院水行政主管部门，负责有关的水资源管理工作"。而《中华人民共和国水污染防治法》第四条规定："各级人民政府的环境保护部门是对水污染防治实施统一监督管理的机关。各级交通部门的航政机关是对船舶污染实施监督管理的机关。各级人民政府的水利管理部门、卫生行政部门、地质矿产部门、市政管理部门、重要江河的水源保护机构，结合各自的职责，协同环境保护部门对污染防治实施监督管理"。形成了"统一管理与分级、分部门管理相结合"的管理体制。

就中央一级来说，除地质矿产部对地下水具有管理职能以外，我国对水资源保护和开发利用具有管理权的机关有水利部、环保部、农业部、国家林业局、国家发展和改革委员会、国家电网公司、住建部、交通部和卫生部等。水利部主要负责全国水资源利用与保护规划、防洪、水土保持、水功能区规划、统一管理水资源等。环保部负责全国水环境保护的监督管理，拟订和组织实施水体污染防治政策、规划、部门规章、标准及规范，建立和组织实施跨省（国）界水体断面水质考核制度，实施水污染物排污许可、总量控制等。住建部负责城市和工业用水、城市给排水、黑臭河道治理等有关工程规划、建设与管理。农业部负责面源污染控制、保护渔业水域环境与水生野生动物栖息环境等。发改委负责参与编制水资源开发与生态环境保护建设规划等。因此，在管理体制上形成了"九龙治水"的格局。

在流域管理方面，20世纪80年代，我国现代化建设进入了快速发展时期，经济的大发展，要求流域治理相应加快步伐。水利作为国民经济基础设施和基础产业的地位逐步提升，与之相适应，我国流域水资源管理逐步得到加强。1979 年恢复了治淮委员会（1989 年更名为淮河水利委员会），成立了海河水利委员会和珠江水利委员会，1982 年成立了松辽水利委员会，1983 年恢复了长江水利委员会称谓，1984 年又建立了太湖流域管理局，加上新中国成立后组建的黄河水利委员会，至此，我国 7 大流域均建立了流域管理机构。[51][52] 随后各流域机构逐步组建流域水资源保护局，接受水利部与环保部的双重领导，除履行本流域内水资源的规划和管理等原有职能外，还逐步增设了水质保护、水环境管理相关职能，同时，参与流域水资源的开发和国有资产的监督、管理和运营。这是水利部门与环保部门在流域层面合作的产物，成为当时流域水环境管理体制的核心部分。[53-56]

自 2004 年以来，淮河、沱江、松花江等诸多流域重大污染事故，给我国流域水环境管理敲响了警钟。环境保护部门根据环境污染跨界特征，全面调整行政组织体系以适应跨界管理之需要。2002 年开始，国家环保总局先后组建华东、华南、西北、西南、东北、华北 6 大环保督查中心，代表环境保护行政主管部门在地方行使监督管理权，对全国环境保护工作实施区域监察管理，处理跨区环境保护问题和环境应急问题等。这种改革创新了流域管理体制，强化了中央对地方的控制，加强了对跨界环境问题的处理力度，对流域水环境跨界问题的解决提供了新的契机，成为我国流域水环境管理进入强化阶段的显著标志。[52,63,97-103]

1.2 流域水环境管理存在的问题

（1）缺乏以水生态系统健康为目标的水环境管理体系

长期以来，我国水环境管理仅关注水体的化学污染，重点始终是 COD、氨氮、重金属等指标。一些有毒有机污染物在环境介质中的浓度很低，但由于其特定的生物生理毒性和难降解、持久性和生物累积性等，往往忽视了对水体生态系统和人类健康造成的影响。水体生态健康评价方法与标准都不成熟，基于“分类—评价—管理目标”的管理体系尚未形成，因此制约了生态系统健康理论在我国水环境管理中的应用[104]。我国的河流、湖泊系统庞大，受地质、气候、土壤等因素的影响，形成的生态系统无论是从结构上还是从功能上来看，差异都较大，需要根据生态系统特点进行分类与分区管理[105]，并建立涵盖生物、物理栖息地和流量等条件的管理标准。此外，水质标准是污染控制的基础，科学识别水体的功能和制定不同的保护目标是成功实施污染控制的关键要素之一，而标准体系的完善能为污染物控制提供更好的技术支持。我国在水质基准、标准方面的研究基础和能力非常薄弱，水质标准也仅包括水体理化指标，尚未制定出营养物标准、水生态标准和沉积物标准等，而且水体功能与水质标准不能科学匹配，难以满足水环境管理的需求。

（2）缺乏流域尺度综合管理

流域是一个完整的水文循环单元，自然作用和人类活动产生的点源、非点源污染物经支流廊道汇入干流，从而对水环境和水生态系统产生重要影响。因此，流域作为一个相对完整的资源管理单元和人类活动的集中区域，不仅是人类需求和水生态系统生存的载体，也是资源供求、人与自然、发展与水环境保护的矛盾冲突集中体。水环境问题是一个涉及土地利用、上下游相互关系、多种水体类型、多种污染类型的综合性问题，所以基于流域尺度进行水环境管理势在必行。

长期以来，我国水环境管理实施水质目标管理，尚未形成流域系统综合管理理念和技术体系。水环境管理以行政区域管理为主，流域层面缺乏统筹规划和协调、监管，流域机构在权力级别和组织层级上低于省级行政区，也缺乏水污染防治监管的法定职权，结果导致流域水环境管理十分薄弱，流域机构决策和协调能力明显不足。我国现行的由中央统一制定实施的流域水管理体制存在一定的问题，像环保部负责水环境的保护与治理，水利部负责对水量水能的控制，而市政负责城市水道的给排水。不同部门的权力与责任看似密不可分，但有时又互不干涉，部门之间缺乏有效的协调和配合机制，造成两部门管理工作缺乏衔接，水资源管理和水环境管理脱节，不仅无法使流域水资源的效能达到最大化，而且也容易出现遇到事故责任时各部门互相推诿的情况。[50][61]

（3）社会经济发展和水污染防治不相协调

我国的水污染防治是在经济技术较低的基础上发展起来的，污染控制水平与社会经济发展不相适应，经济决策与环境决策经常背道而驰，使流域的水环境管理步履维艰，严重影响经济社会的可持续发展。改革开放以来，我国经济持续、快速、健康发展，环境保护工作也取得了一定的成就。尽管中央把环境与资源保护作为基本国策之一，但我国要消除贫困，提高人民生活水平，就必须毫不动摇地把发展经济放在首位，各项工作都要围绕经济建设这个中心来展开，无论是社会生产力的提高，综合国力的增强，人民生活水平和人口素质的提高，还是资源的有效利用，环境和生态的保护，都有赖于经济的发展。所以环境保护形势仍然十分严峻，工业污染物排放总量大的问题还未彻底解决，产业结构不尽合理，经济增长为粗放式，若延续目前的社会经济发展模式将会对水环境直接构成威胁。城市生活污染和农村面临污染问题也接踵而来，生态环境恶化的趋势还未得到有效的遏制。同时各个地区在制订经济发展战略时，不仅很难充分考虑到环境因素，而且之前发展经济对环境所造成的影响限制了当前经济政策的制定与实施，这是一个恶性循环，亟须解决。因此，需要将生态环境保护目标置于人口、经济社会、环境的大系统中，根据流域水环境系统特征及其需求，综合运用技术、工程、法律、政策、行政、经济、公众参与、教育等各种手段，分阶段制定保障流域可持续发展的水污染控制措施，调控流域范围内的污染排放与水质，实现流域社会经济与污染控制的协调发展。

（4）法律法规体系不完善

完善的法规体系是水环境管理的基础，对水环境质量改善作用巨大。我国关于水资源和环境保护的法律法规虽然很多，如《关于保护和改善环境的若干规定》《环境保护法》《水污染防治法》《水法》等关于水资源和水环境的法律法规，但实际上并没有针对流域水环境管理和保护的政策法规。各部门在水环境管理中的职责并未从法律层面得以明确；缺乏权责分明的管理机构，部门协调机制尚不健全；缺乏对政策法规的评估机制，未制定对现有政策法规实施情况开展评估的相关政策，导致无法及时了解政策法规的实施效果和存在的问题，更无法及时对相关政策法规做出修订和完善。除此之外，当下流域水管理主要依靠的是行政手段，管理手段比较单一。流域水的总量控制、防污治理除需要财政的支持外，还需要互联网多媒体技术的支持。只有按照市场经济的原则，运用科学的手段，建立起一整套取、供、排、治的流域水应用体系，才能避免流域水资源浪费与水环境污染。[57,106-107]

1.3 流域水环境管理趋势

1.3.1 流域水环境管理的必要性分析

水环境是自然环境的一个重要组成部分，通常指相对稳定的、以陆地为边界的天然水域所处的空间环境。流域水环境指的是从源头到终点流经多个行政区的水域。一个稳定的流域生态系统，是一个物质循环、能量流动及物种流动通畅的系统，对长期或突发的自然及人为扰动能保持弹性和稳定性，并表现出一定的恢复能力。近年来，经济发展迅速，流域人口数量急剧上升，城镇体系扩张的速度明显加快，与之相对应的用水量也明显增加，但流域有限的水资源、水环境条件已经很难有效承载经济社会发展对水质、水量的高要求。流域水资源和水环境承载力的超载问题，已成为水环境保护、社会经济发展的主要制约因素。同时，水环境恶化也给流域水资源利用带来了很大的压力。因此，对流域水环境管理即建立流域经济、社会、环境一体化协调持续的管理体制势在必行。流域管理体制既包括流域水污染防治和流域水环境保护，也包括合理有效利用流域水资源，从而实现流域生态效益和经济效益的统一。

1.3.2 流域水环境管理发展趋势

（1）从保护水资源的利用功能转向保护水生态服务功能

目前，执行《地表水（环境）功能区划》是我国区域性水环境管理的主要手段。所谓水环境功能区，是指依照《中华人民共和国水污染防治法》和《地表水环境质量标准》，综合水域环境容量、社会经济发展需要，以及污染物排放总量控制的要求而划定的水域分类管理功能区，其中包括自然保护区、饮用水水源保护区、渔业用水区、工农业用水区、景观娱乐用水区及混合区、过渡区等。水环境功能区划侧重于水资源利用功能的保护及水质目标的考核，是水环境分级管理和落实环境管理目标的重要基础，是环境保护行政主管部门对各类环境要素实施统一监督管理的需要。

水环境功能区划在解决江苏省水资源管理、水污染控制等方面发挥了重要作用。但却难以满足恢复和保护流域生态系统健康，以及生态服务功能的需求。流域生态系统管理是流域开发和流域社会经济可持续发展的有效途径，美国国家环境保护局于 20 世纪 70 年代提出水环境管理不仅要关注污染控制问题，还要重视水生态系统结构与功能的保护，特别是对物种和种群的保护、栖息地的恢复、湿地的保护、生态容量、水陆统筹管理等方面。随着人们对生态系统研究和认知的不断深入，区划内容也已从传统的自然区划向生态区划和生态功能区划发展。[108-110]

（2）从单一水质目标管理转向水质、水生态双重管理

水环境功能区划在流域水环境管理中具有极其重要的作用，但在实际环境管理中还存在许多问题，如缺乏统一的河流、湖泊、近岸海域的区划技术体系，目前多以水体现状使用功能为基础进行划分，缺乏水生态系统完整性体系，以行政区为基础划分，缺乏流域上下游、左右岸、河海之间协调的科学基础等，这些都成为实施我国流域水环境管理的难点。

流域水生态管理逐渐成为水环境综合管理的发展趋势，也是流域水环境管理理论基础。流域水环境管理要从水质向水生态管理的理念转变，水生态环境分区是实施流域水生态管理的空间单元。根据水生态环境区制定我国的河流、湖泊、水库的水生态监控指标，制定各分区不同类型水体水化学标准、富营养化标准、生物监测标准；以水生态环境分区为基础进行污染负荷的计算和管理；以水生态环境分区为基础进行河流、湖泊的生态系统完整性评价；建立土地资源和水资源的关系，预测土地利用变化和污染控制变化的效果。同时，水生态环境分区是水环境功能区划的基础，为水环境功能区划提供生态背景要求，结合人类需求对水环境的利用进行功能区划。

（3）从目标总量控制转向容量总量控制

“九五”期间，我国确定了污染物排放总量控制指标，标志着我国污染控制由浓度控制进入目标总量控制阶段。目标总量控制是把允许排放污染物总量控制在管理目标所规定的污染负荷范围内，即目标总量控制的“总量”是基于源排放的污染不能超过管理上能达到的允许限额。该技术具有目标制订简单、便于操作和易分解落实的特点，能在短期内有效减少污染物排放量，是我国目前所采用的总量技术方法。实践证明，该项措施对于我国水污染物排放控制和缓解水质急剧恶化的趋势发挥了积极有效的作用。但是，由于实施的技术基础是一种基于目标总量控制的水质管理方法，没有真正意义上将水质目标与污染物控制紧密联系起来，因此难以满足我国未来水环境管理的需求。[66]

由于目标总量控制的只是总量的目标而不是环境质量的目标，目标总量控制已不能满足目前环境管理的需要。我国总量控制是以满足水资源的使用功能为主要目标，更多地关注水污染物的削减，缺乏体现水生态系统保护目标，水质目标与水体保护功能关系并不明确。另外，技术手段仍然不够完善，尚未建立基于水生态系统分区体系及体现水生态系统健康保障的水质基准与标准体系，不能对面向水生态安全的总量控制技术提供支持。为了适应未来流域水环境管理的发展要求，在我国推进目标总量控制向容量总量控制转变的过程中，要立足于彻底改变流域水污染现状，创新水环境管理理念，探索新的理论方法，构建基于水生态系统健康并符合我国国情的流域水质目标管理技术体系。

（4）从水陆并行管理转向水陆统筹管理

目前与水环境管理相关并在执行的涉水区划主要有《地表水（环境）功能区划》《主体功能区规划》等。地表水（环境）功能区的划分以《地表水环境质量标准》（GB 3838—2002）为依据，考虑水体生态功能与人类需求功能优先级别，虽然将水作为核心要素，但更多强调的是水资源管理与水污染治理功能，且只针对水体进行了划分，割裂了水体与周围陆地生态系统的整体关系，也未以表征水生生态系统特征为目标。主体功能区规划是根据不同区域的资源环境承载能力、现有开发密度和发展潜力，统筹谋划未来人口分布、经济布局、国土利用和城镇化格局，将国土空间划分为优化开发、重点开发、限制开发和禁止开发 4 类。着重对陆域的优化开发，更强调其经济开发功能。因此，现行各类分区体系割裂了水体与周围陆地生态系统的整体关系，缺乏流域上下游、左右岸、河湖、水陆一体统筹考虑，难以实现陆域与水域的统一管理，也难以满足水环境管理从水质管理向水生态综合管理的转变。[111]

2 水生态功能分区研究的现状

2.1 水生态功能分区的内涵

由于人类活动日益加剧，流域水生态系统不断呈现退化的趋势。若要持续地解决流域水环境质量问题，需要建立健康、健全的水生态系统。由于不同的水生态系统存在不同的生态环境问题，这就要求采取不同的对策与解决方案，因此，开展流域水生态功能分区可进一步从水生态系统健康的角度实现流域水污染防治的“分区、分级、分类、分期”管理。自“生态区”概念于 1962 年 [112] 首次提出以来，之后又有一些生态学家对生态区进行了补充，目前生态区的定义已趋于完善，日益为人们所接受。[12,110,113-116]

水生态功能分区是依据河流生态学中的格局与尺度理论，反映流域水生态系统在不同空间尺度下的分布格局，基于流域水生态系统空间特征差异，结合人类活动影响因素而提出的一种分区方法。水生态分区也逐渐发展成国际研究热点，并被相关政府部门应用到日常的水资源管理中去，逐渐成为国际水资源管理的常用基本单元。[117-119]

近年来，我国先后开展了辽河、海河、太湖等 10 大流域的水生态功能分区工作，水生态区划方法的提出，使水管理者可以对具有同样生态特征和资源属性的水体进行统一管理，并制定相应的管理标准，确定监测的参考条件及恢复目标，采取切实可行的管理对策和恢复措施。因此，它是水环境管理从水质目标管理向水生态健康管理拓展的基础管理单元，是确定流域水生态保护与水质管理目标的基础。其从保护流域生态系统的物理、化学、生物完整性出发，可实现河湖兼顾、水陆统筹，是对水环境功能区划的完善和发展。

2.2 目的与意义

2.2.1 主要目的

我国流域水环境问题突出，水生态系统遭到破坏，调查显示我国 57% 的河流水体污染严重，从而导致全国性流域水生态系统功能显著退化。我国虽已基本完成全国水环境功能区划工作，但从生态管理的角度出发，水环境功能区划并不是基于区域水生态系统特征所建立的，缺乏对区域水生态功能的考虑，难以在其基础上建立体现区域差异的水质标准体系，不能满足面向水生态系统保护的水质目标管理的技术要求。因此，开展水生态功能分区研究正是实现上述目的的有效手段和前提。[111,120-123]

水生态功能分区的目的是揭示流域水生态系统的空间规律，反映水生态系统特征及其与自然因素的关系。流域内位于不同水生态区的河流，具有其特定的特征，受到人类活动频度、气候、地质、地理、土壤和地表特征的影响，形成独特的生态系统结构与功能，污染物质的结构和组成也不同。因此，以水生态功能区作为评价水生态系统健康、质量和完整性的单元，建立相应的评价指标和标准，指导监测体系的建设与参考条件的确定，最终设定不同的保护目标，采取不同的污染控制措施，有利于有针对性地防治不同特性的水污染。

开展水生态功能分区研究属于管理模式与制度创新，其根本是从对水体的使用功能保护逐步过渡到对生态功能的保护，从保护流域生态系统的物理、化学、生物完整性出发，逐步实现从单一水质目标管理向水质、水生态双重管理转变；从目标总量控制向容量总量控制转变；从水陆并行管理向水陆综合管理转变，促进流域水生态系统健康与经济协调可持续发展，开展水生态功能分区管理是对地表水（环境）功能区划的进一步完善和发展。

2.2.2 重要意义

（1）实施水生态功能分区管理是流域水环境管理的必然趋势

水生态区是指具有相似生态系统或期待发挥相似生态功能的陆地及水域，[12] 其目的是能为生态系统的研究、评价、修复和管理提供一个合适的空间单元。[124] 水生态功能区划是一种为水体生态管理服务的空间单元划分方法，与我国现行的水功能区划、水环境功能区划有所区别。作为现行的水环境管理单元，水功能区和水环境功能区主要是从水体的使用功能和水质目标等方面进行管理，在我国水环境保护发展过程中具有不可替代的作用，但随着广大人民群众对改善环境质量的期盼越来越高，如果仅仅执行水功能区和水环境功能区，还难以从根本上改变水污染现状及水生态系统遭受破坏的事实，难以认识到水生态系统破坏的形成原因与机制，难以满足未来水环境管理的需求。特别是随着非点源污染控制的重要性，在实施陆域与水域的统一管理方面，水功能区与水环境功能区更是显得力所不及。

水生态功能区划的目标是反映水生态系统的区域差异，我国水环境管理正处在从资源管理、污染控制向生态管理的转变过程中，水资源的利用与保护都要考虑到水生态系统的基本要求，而水生态系统具有区域性和层次性，这就需要建立以水生态功能分区为基础的管理技术体系，也是流域水环境管理的必然趋势。

（2）实施水生态功能分区管理是流域水环境管理的需要

不同流域或者区域水环境的环境承载力、水生态特征等都有较大差异，面临的污染特征也不尽相同，因此实行分区域管理是较为适宜的对策。美国于20世纪80年代制定水生态分区方案，并将区域监测点的选择、营养物基准制定及区域范围内受损水生态系统的恢复标准的制定等应用于水环境管理中，为基于流域的TMDL的制定奠定了基础。[125]我国地域广阔，不同区域间的水环境特征差异较大，尚未开展各流域不同区域的水环境特征研究，更没有建立污染因子或干扰因素对水生态系统影响的作用关系，无法准确判断区域水环境承载力和水生态特征，污染源控制与水环境管理都存在很大的盲目性，难以实现有效保护。

水生态功能分区可应用于水质管理和生物监测，根据不同区域的保护要求制定差异化的水质标准，可依据不同生态区所存在的水质及其水生生物群落的自然差异，建立水生态区、水质类型和鱼类群落的关系模型，依此确定地表水的化学和生物保护目标；另外，使用水生态区可以对水生大型无脊椎动物和鱼类区系的分布状况进行研究。因此，开展水生态功能分区管理可进一步明确流域生态环境指标，为改善水质、生态修复提供理论依据。

（3）实施水生态功能分区管理应具备相应的环境管理基础

国家“水体污染控制与治理科技重大专项”利用“十一五”“十二五”近10年的时间研究完成了全国10大流域水生态一级、二级分区及太湖、辽河两大流域三级分区的划分技术方法体系。2015年，中国环科院负责编制了《全国水生态环境功能分区方案》，方案统筹考虑流域生态系统完整性、水系分布和行政区划，综合分析气候、地质、土地利用、物种分布等自然因素和生态服务功能要求，建立了由流域—水生态控制区—水环境控制单元构成的我国流域水生态功能三级分区体系，为各地政府及相关部门进一步开展与实施水生态功能分区管理奠定了基础。

2.3 国内外研究现状

2.3.1 国外研究进程

“生态区”的概念在1962年被提出后，美国林业局的Bailey先后制定了美国全境[126][127]、北美[128][129]及全球[130]的陆地生态区划分方案，并对美国生态区进行了等级划分。随着河流与水生态保护工作的开展和深入，20世纪70年代末，美国国家环保局的管理者和研究者逐渐认识到仅仅采用单一指标无法满足环境管理的要求。美国国家环保局的Omernik[131]等尝试对已有的分区方法进行改进，并与1987年提出首份水生态区划方案。[132]该方案基于地形、土壤、气候、植被、水质及人类活动等生态系统的影响因子，以地形、土壤和自然植被、土地利用这4个特征指标建立指标体系进行水生态功能分区。根据各影响因子的权重和专家判断，划分了4级水生态功能区，主要用来作为发展水质生物基准、确定水质管理目标及评价各州水质等的依据。1998年，美国国家环保局开始设置根据区域标准发展的国家战略，对不同的水体，依据生态功能开发有针对性的监测技术指导手册。这一分区方案目前仍是美国国家环境保护局发布的生态区划的基础。[123][133]

美国国家环保局还联合加拿大及墨西哥的环境管理部门制定了统一的北美洲生态区划，于1997年由环境合作委员会（Commission for Environmental Cooperation）发布。其划分标准主要依据美国国家环保局的生态区划思想。在西方国家中，由于美国的生态区划研究最为深入，无论从研究工作开展的广度还是深度上均领先于其他国家，因此其他一些国家在水生态区研究和管理方面对其进行借鉴。

21世纪以前，关于欧洲生态区研究的文献报道并不多见。近年来，特别是2000年欧盟水框架指令（Water Framework Directive）首次发布与管理政策相关的欧洲生态区总体方案后，生态区研究在欧洲各国日益受到重视。欧盟水框架指令方案来自Illies发布的欧洲水生态分区图，该方案主要根据淡水生物，尤其是水生无脊椎动物的分布及地区特有优势物种的差异性，将欧洲划分为25个区。[73][134]颁布的"欧盟水政策管理框架"中，提出要以水生态区为基础确定水体的参考条件，根据参考条件评估水体的生态状况，最终确定生态保护和恢复目标的淡水生态系统保护原则。[135]此外，澳大利亚提出根据影响水生态系统的景观要素指标，将全国分成不同类型的生态区，以反映水生态系统的自然差异性。区划主要是考虑气候（降水量大小及其季节性）、地文（海拔和地形）、植被类型（结构和组成）3个基本因素，它们被认为是影响澳大利亚水生态系统类型的关键性因素。区划方案首先在维多利亚州试行，根据相应的区划指标和标准，将其划分为17个水生态区进行管理。[136][137]流域水体的区划都为实现河流的分类管理目的而制定，都有各自的区划原则、区划依据、区划指标、区划技术方法和区划应用方法等内容，各体系的特点、原则、依据、指标和技术手段各有千秋。[123][138]

2.3.2 国内研究进展

20世纪50年代起以自然区划方法为主，我国陆续开展了水体的区划研究，如根据湖泊的地理分布特点，把中国湖泊分为5大湖泊区；根据河流大小及流经范围，把河流划分为不同层次的流域区；[139]根据内外流域的径流深度、河流水情、水流形态、河流形态、径流量等水文因素的差异，将全国划分为不同级别的水文区；[140]为实现对水产资源的合理开发和利用，根据水生态系统中鱼类的分布特征，开展了内陆渔业区划和淡水鱼类分布区划等。[141][142]但这些都是针对水生态系统的某种特征要素所制定的区划方案，虽然不是真正意义上的水生态功能区划，但也不同程度反映出地貌、水文指标对我国水生态系统的影响规律，为我国水生态区划方法研究奠定了基础。

20 世纪 80 年代以来，随着改善生态系统和可持续发展的呼声高涨，我国生态区划研究发展迅速。郑度[143]率先提出了中国生态地域划分的原则和指标体系，并构建了中国生态地理区域系统，共划分了 11 个温度带、21 个干湿地区和 48 个自然区。中国生态区划[144]则在充分考虑了生态敏感性、自然生态地域、生态系统服务功能等要素基础上，将全国划分为 3 个生态一级区，13 个二级区和 57 个三级区，特别考虑生态环境的脆弱性并对生态环境敏感区域进行划分是该方案的特色。

而在流域尺度上，系统开展水生态区划研究的较少，以往主要针对流域水生态系统的部分要素开展了一些区划研究，如反映流域地貌[139]、水文[140]，以及水体功能[145]分布特征的区划研究。但真正意义上的水生态分区，需要结合我国水生态系统的实际特点，为生态环境管理提供技术支持。孟伟等率先在 GIS 技术支持下建立了流域水生态分区的指标体系和分区方法[68]，完成了辽河流域的一级、二级水生态分区，并系统总结了辽河流域水生态系统特征及其所面临的生态环境问题，对水生态分区在流域管理中的应用进行了探讨。在湖泊型流域的水生态分区方面，高永年和高俊峰[64]以太湖流域为案例，通过对流域 DEM 和气候、土壤等相关指标的比较分析，确认地形为太湖流域一级水生态功能分区的主导指标，并划分了太湖流域的一级区，深入探讨了太湖流域水生态功能分区等级体系、方法体系和指标体系。以上区划方面的研究，无论是在理论层面还是技术层面，都为我国的流域水生态功能区划工作的开展提供了重要的基础。

2.4 流域现有区划与水生态功能分区的关系

水环境功能区划的对象为水体，其目的是实现水环境质量目标管理，根据不同水域的环境功能要求设置不同的环境目标。生态功能区划的对象是森林、草原、湿地、农田和城市等陆地生态系统，其目标是用于明确各类生态功能区的主导生态服务功能及生态保护目标，进而为陆地生态环境保护与管理服务。主体功能区划的对象为国土空间，侧重区域社会经济发展，其目标主要是优化开发空间结构，明晰空间开发格局，提高空间利用效率，增强区域发展的协调性。生态保护红线的对象是以行政区为单位，包括全部水域、陆域、海域，其目标是实行区域分级管理，根据一级管控区和二级管控区的相关要求，实行分类的管控措施，包括严禁一切形式的开发建设活动及生态保护为重点的开发建设活动等。太湖流域三级保护区划是以湖体、河流沿岸一定范围为对象，同时具体到区、镇、村，其目标是针对太湖周围、主要入湖河道沿岸进行分级保护，包括推进一级保护区环境综合整治和生态恢复，统筹二级保护区污染治理和经济发展，优化调整全流域产业结构，从根本上解决环境污染负荷与环境承载力之间的矛盾，促进太湖水质从根本上好转。

而水生态功能分区有别于现行的环境功能区划，它是以生态学理论为指导，以流域尺度为对象的区划体系。通过识别流域水生态系统格局与功能的空间异质性特征，辨析水陆生态系统的耦合关系，将流域划分成若干个相对独立、完整的区域。为制定污染物控制、水质管理、生态健康、生态承载力基准及标准提供了基本单元，通过实行“分区、分级、分类、分期”的管理模式，可以确保整个流域的生态健康和水生态功能，从而实现流域水质安全及水生态系统完整性的管理目标。

水生态功能分区强调水体的生态特征和流域综合管理，克服了现行区划中割裂水体与陆地的联系、重水质轻生态、重人类需求轻自然系统需求等问题，强调水陆一体和流域完整性，是对现有各类水生态区划工作的发展与完善。

2.5 太湖流域水生态功能分区

根据太湖流域自然和社会概况、全流域水质、生态、污染源等长期调查结果，高俊峰等在太湖流域开展了水生态功能分区划分研究。将太湖流域（江苏）划分为两个一级水生态区，4 个二级区和 13 个三级区。

2.5.1 一级分区

（1）分区结果

太湖流域（江苏）两个一级水生态区分别为西部丘陵河流水生态区（Ⅰ1）和东部平原河流湖泊水生态区（Ⅰ2）。

西部丘陵河流水生态区（Ⅰ1）涉及镇江市区、句容市、丹阳市、金坛市、溧阳市、武进区、溧水区、高淳区、宜兴市。这些地区由于地形和历史发展的原因，人口密度较小，工农业不够发达，整体上来说，对水生态影响相对较小。

东部平原河流湖泊水生态区（Ⅰ2）涉及江苏省环太湖流域的行政区，包括丹阳市、金坛市、溧阳市、武进区、常州市区、江阴市、宜兴市、无锡市区、张家港市、常熟市、太仓市、昆山市、吴江市、苏州市区。这些地区地形和地理位置很好，人口密度很大、有发达的工农业、经济水平很高，对太湖流域的水生态影响较大。[12,64,113-115,117-118,146-147]

（2）分区特征

太湖流域两个水生态一级区分别具有不同的水生态系统特征，根据具体特征可以看出，各区在湖泊生态系统主要类型、水生生物、水量与水情特征、水质与水生态系统健康、主要水生态功能等方面均具有较大的差异性。

水网密度作为Ⅰ1 水生态区的分区指标特征，分布相对稀疏，河网密度为全流域平均值的 70% 左右。流域主要生态特征包括地貌特征、土壤特征、气候特征和植被特征。地貌以山地、丘陵为主，平原所占面积较少，海拔高，地表起伏相对较大。土壤在南部和北部有所不同，南部为红壤，呈酸性至微酸性，北部则为黄棕壤，微酸性至中性。土壤受坡度等自然条件的影响，土层厚薄不一。由于 I1 水生态区位于亚热带季风气候的范围，则该地区整体上来说气候湿润，局部流域气温相对较低，降水丰富。植被以次生性自然植被为主，主要有以马尾松林与杉木林为主的常绿针叶林。淡水浅水型湖泊是丘陵地区湖泊生态系统的主要特征，以山区丘陵河流为主；水量相对较少，水流速度相对较快，该区为地下水的补给区，水化学特征受降水等控制。地表水水质较好，以II类和III类水为主，水生生物生存条件相对较好，区内大型湖泊、水库以轻度富营养为主。

I2 水生态区的水网分布相对密集，平均高程约为 I1 水生态区的一半。流域主要地貌特征以平原为主，海拔低，地表相对较为平坦；土壤质地剖面均一，无障碍层，通透性好，肥力高，以水稻田和爽水水稻田为主。I2 水生态区气候湿润，年平均气温约为 15℃，年降水丰富，适宜栽种植被，主要有农作物和经济林。淡水浅水型湖泊是平原湖泊生态系统的主要特征，湖泊中含有鱼类和底栖动物上百种。湖泊水量丰富，水流速度较慢，矿化度较高，地表水容易受到污染且水体污染严重，水质较差，以IV类、V类和劣V类水为主，水生生物生存条件相对较差，区内大型湖泊、水库以中度富营养为主。[116][148]

（3）分区功能定位

I1 水生态区主导水生态功能为水源涵养、生物多样性维持、水资源调蓄、水质净化和气候调节，主导水功能为保护区、保留区、农业用水区、饮用水水源区和工业用水区。I2 水生态区主导水生态功能为水质净化、调蓄洪水、营养物质循环、初级生产、生物多样性维持和释氧支持，主导水功能为工业用水区、保护区、农业用水区、饮用水水源区、缓冲区和景观娱乐用水区。

2.5.2 二级分区

（1）分区结果

太湖流域（江苏）4 个二级水生态亚区，分别为湖西丘陵森林农田交错河源生境水生态亚区（II 11）、武锡虞农田河网生境水生态亚区（II 12）、太湖湿地生境水生态亚区（II 21）和湖东农田河网生境水生态亚区（II 22）。II 11 水生态区涉及镇江市区、句容市、丹阳市、金坛市、溧阳市、武进区、溧水区、高淳区和宜兴市。II 12 水生态区涉及丹阳市、金坛市、溧阳市、武进区、常州市区、江阴市、宜兴市、无锡市区、张家港市、吴江市、苏州市区、昆山市、太仓市等。II 21 水生态区主要有宜兴市、无锡市区、苏州市区、武进区等。II 22 水生态区涉及昆山市、吴江市、苏州市区等。

（2）分区特征

太湖流域（江苏）4 个水生态功能二级分区分别具有不同的水生态系统特征，各区在河流 / 湖泊生态系统主要类型、水生生物、水量与水情特征、水质与水生态系统健康、主要水生态功能等方面均具有较大的差异性。

Ⅱ 11 水生态区以耕地和林地为主，分布有旱地；土壤类型以淋溶土和人为土为主，主要是黄棕壤。流域呈丘陵地貌，地表起伏相对较大；微酸性至中性土壤，受坡度等自然因素的影响，土壤厚薄不一；植被覆被条件好，主要为林地和农作物。以淡水浅水型湖泊、丘陵河流为主；水系分布相对较为稀疏，水资源量相对较少，水流速度相对较快，水量季节变化大；水质水生态条件相对较好，以Ⅲ类水为主，水质达标率较高。Ⅱ 12 水生态区以城镇建设用地和水田为主，分布有湖泊；平原地貌，土壤肥沃，主要是黄棕壤，以水稻田和爽水水稻田为主。淡水浅水型湖泊，平原水网河流；水资源丰富，有大量人工开挖河流，水流速度平缓，具有季节性往复流特征。由于该地区水质基本为劣Ⅴ类和Ⅴ类水且主要超标因子为氨氮和总磷，所以，水生生物的生存条件较差，以霍甫水丝蚓、环棱螺等底栖生物为主。Ⅱ 21 水生态区以太湖湖泊水面为主，分布少量林地；湖底部为黄土层硬底，湖水直接覆盖在黄土上，底泥中氮磷含量、重金属含量较高，污染较重。分区为大型淡水浅水型湖泊，劣Ⅴ类水质，富营养化居高不下，蓝藻水华发生频率高，严重影响饮用水安全。Ⅱ 22 水生态区建设用地和水田占据主导地位，有部分湖泊；土壤类型主要为红壤，并有部分灰潮土分布于长江沿岸；地貌主要为平原，土壤肥沃，部分土壤盐分含量高，以农作物种植为主，伴有林地植被。淡水浅水型湖泊，平原水网河流，该区水资源量丰富，由于太湖的调蓄作用，其下游平原虽然地势较低洼，一般年份可免受洪水威胁。

（3）分区功能定位

Ⅱ 11 水生态区在流域中的主体水生态功能定位为太湖流域上游水源涵养区，应突出清水产流、饮用水资源保障。主导水生态功能为水源涵养、水资源调蓄和水质净化，主导水功能为保护区、保留区、工业用水区和农业用水区。Ⅱ 12 水生态区经济发达，水网密布，河道水体污染严重，对太湖水生态系统具有十分显著的影响。应强化水质净化功能，保护河网湖荡的水生态，起到上游污染入太湖前的净化作用。主导水生态功能为水质净化、洪水调蓄和营养物质循环，主导水功能为工业用水区、农业用水区、缓冲区、饮用水水源区和渔业用水区。Ⅱ 21 水生态区是流域洪水调节中枢，污染严重，应突出水资源供给、水质净化、生物多样性维持功能。主导水生态功能为洪水调蓄、水质净化、生物多样性维持、释氧支持和初级生产，主导水功能为保护区、缓冲区和饮用水水源区。Ⅱ 22 水生态区经济发达，除部分河流汇入太湖外，以出湖和入湖河流为主，太湖水交换应突出河流营养物质输送和洪水调蓄功能。主导水生态功能为营养物质循环、水质净化和洪水调蓄，主导水功能为工业用水区、农业用水区、保护区、缓冲区、饮用水水源区和景观娱乐用水区。

2.5.3 三级分区

（1）分区结果

太湖流域（江苏）13个三级水生态功能区，分别为运河上游水系水生态子区（Ⅲ111）、洮滆源头水系水生态子区（Ⅲ112）、南河源头水系水生态子区（Ⅲ113）、运河沿江水系水生态子区（Ⅲ211）、洮滆中下游水系水生态子区（Ⅲ212）、望虞河西岸运河水系水生态子区（Ⅲ213）、太湖湖体水生态子区（Ⅲ221）、西山岛岛屿水系水生态子区（Ⅲ222）、沿江下游水系水生态子区（Ⅲ231）、太湖东部沿岸水系水生态子区（Ⅲ232）、黄浦江上游水系水生态子区（Ⅲ233）、黄浦江下游沿长江口水系水生态子区（Ⅲ234）和杭嘉湖运河水系水生态子区（Ⅲ236）。

（2）分区特征

太湖流域（江苏）13个水生态功能三级区分别具有不同的水生态系统特征及其背景条件，各区在河流/湖库水系、水质、水生生物、土壤类型等方面均具有较大的差异性。

Ⅲ111水生态区丘陵为主，地表起伏相对较大，土壤是水稻土和黄褐土；水质主要为Ⅲ类和Ⅴ类。Ⅲ112水生态区地形为丘陵，土壤是水稻土、黄褐土和黄棕壤；该区有众多水库，水资源量较为丰富，水质主要为Ⅲ类和Ⅱ类。Ⅲ113水生态区多为丘陵和山区，土壤为水稻土、漂洗水稻土、黄褐土、黄棕壤和红棕壤；水质主要为Ⅳ类和Ⅱ类。Ⅲ211水生态区的地形为平原，土壤有水稻土和漂洗水稻土，水质主要为Ⅴ类和Ⅳ类。Ⅲ212水生态区平原为主，土壤是水稻土、漂洗水稻土和脱潜水稻土；河流湖泊众多，水资源较丰富，水质主要为Ⅳ类和劣Ⅴ类。Ⅲ213水生态区平原为主、伴有小山丘，土壤是水稻土、漂洗水稻土和潮土，水质主要为Ⅴ类和Ⅳ类。Ⅲ221水生态区为湖体，水质主要为劣Ⅴ类。Ⅲ222水生态区的地形为湖体，水质主要为劣Ⅴ类和Ⅴ类。Ⅲ231水生态区的地形为平原、伴有小山丘，土壤是水稻土和黄棕壤，水质主要为Ⅳ类和Ⅴ类。Ⅲ232水生态区的地形为平原和湖荡，土壤为水稻土和脱潜水稻土，水质主要为Ⅲ类、Ⅴ类和劣Ⅴ类。Ⅲ233水生态区为平原和湖荡，土壤是水稻土、脱潜水稻土和灰潮土，水质主要为劣Ⅴ类、Ⅴ类和Ⅲ类。Ⅲ234水生态区的地形为平原，土壤是水稻土、脱潜水稻土和潮土；位于多条河流、湖泊的下游，水体污染严重，水质主要为Ⅳ类、Ⅴ类和劣Ⅴ类。Ⅲ236水生态区平原为主，土壤有潴育水稻土、脱潜水稻土、水稻土和渗育水稻土，水质主要为劣Ⅴ类和Ⅴ类。

（3）分区功能定位

Ⅲ111水生态区主导水生态功能为水源涵养和水质净化，水功能以工业用水和农业用水为主。III 112 水生态区主导水生态功能为水源涵养和水资源调蓄，水功能以保护区为主。III 113 水生态区主导水生态功能为水源涵养和水源调蓄，水功能以保护区、保留区和饮用水水源区为主。III 211 水生态区主导水生态功能为水质净化和营养物质循环，主导水功能为工业用水区、景观娱乐用水区和农业用水区。III 212 水生态区主导水生态功能为水质净化和洪水调蓄，主导水功能为缓冲区、渔业用水区、饮用水水源区和景观娱乐用水区。III 213 水生态区主导水生态功能为水质净化和营养物质循环，主导水功能为缓冲区、工业用水区、景观娱乐用水区和饮用水水源区。III 221 水生态区主导水生态功能为洪水调蓄、水质净化、生物多样性维持、释氧支持和初级生产，主导水功能为保护区和饮用水水源区。III 222 水生态区主导水生态功能为洪水调蓄、水质净化、生物多样性维持、释氧支持和初级生产，主导水功能为保护区和缓冲区。III 231 水生态区主导水生态功能为水质净化，主导水功能为工业和景观娱乐用水区。III 232 水生态区主导水生态功能为水质净化和洪水调蓄，主导水功能为保护区、工业用水区和饮用水水源区。III 233 水生态区主导水生态功能为水质净化和营养物质循环，主导水功能为工业用水区、农业用水区、景观娱乐用水区和缓冲区。III 234 水生态区主导水生态功能为营养物质循环和水质净化，主导水功能为工业用水区、景观娱乐用水区、农业用水区、过渡区、保护区和缓冲区。III 236 水生态区主导水生态功能为水质净化和营养物质循环，主导水功能为工业用水区、农业用水区和景观娱乐用水区。[149][150]

3 太湖流域自然、社会与水环境综合调查与评价

3.1 太湖流域概况

3.1.1 自然地理特征

太湖流域地处长江三角洲腹地，流域总面积 3.69 万 km^2，涉及江苏、浙江、上海和安徽三省一市，流域内河道纵横交错，总河长约 12 万 km，湖泊星罗棋布，是我国经济社会最发达的地区之一。江苏省太湖流域面积占整个流域约 53%，包括太湖湖体，苏州市、无锡市、常州市和镇江丹阳市的全部行政区域，以及镇江句容市、南京高淳县、南京溧水县行政区内对太湖水质有影响的河流湖泊、水库及渠道等水体所在区域。

太湖流域是中国经济发达、产业密集的地区之一，是长江三角洲经济发展的中流砥柱，它独特的地貌、气候、土壤、植被覆盖和土地资源等自然背景条件，人口与城市化、经济状况和污染物排放等社会经济状况，以及土地利用特征和水文水资源状况等对流域生态系统的形成、结构、格局、过程和功能等具有十分显著的影响。

（1）**地貌**

太湖流域以平原为主，占总面积的 2/3，水面占 1/6，其余为丘陵和山地。三面临江滨海，西部自北而南分别以茅山山脉、界岭和天目湖与秦淮河、水阳江、钱塘江流域为界。中间为平原、洼地，包括太湖及湖东中小湖群、湖西洮滆湖及南部杭嘉湖平原。北、东、南 3 边受长江口及杭州湾泥沙淤积的影响，沿江滨海区域又高于腹地，构成以太湖为中心的碟形盆地。

太湖流域地形地貌的特点是周边高、中间低，地势西高东低，丹阳、溧阳、宜兴、湖州、杭州一线为太湖流域平原与山地丘陵的分界线。分界线以东为太湖平原，是全流域的主体，面积约占流域总面积的 83%；分界线以西为山地丘陵，它构成流域的分水岭地带，山地丘陵面积约占流域总面积的 17%。太湖流域中部是以太湖为中心的平原地区，地势最为低洼。常熟—苏州—嘉兴—湖州一线以东为湖荡平原，地势最低，地面海拔一般仅 2 m 上下，最低处在 0 米附近；以西即苏州西部、无锡、宜兴一带，地势平坦，地面海拔一般在 3 ～ 4 m；流域西部紧接丘陵前缘，地势最高，大部分地区海拔在 5 ～ 9 m；流域北部为沿江平原，地势在 2 ～ 6 m；流域南部地形南高北低，海拔一般在 3 ～ 7 m，流域东部为三角洲平原，地势平坦，海拔在 2 ～ 3 m。

（2）**气候**

太湖流域属亚热带季风气候区，呈现冬季干冷、夏季湿热、四季分明、降雨充沛和台风频繁等气候特点。冬季受大陆冷气团侵袭，盛行偏北风，气候寒冷干燥；夏季受海洋气团的控制，盛行东南风，水汽丰沛，气候炎热湿润。

太湖流域多年平均气温 15 ～ 17℃，气温分布特点自北向南递增，极端最高气温为 41.2℃，极端最低气温为 −17.0℃。1 月平均气温最低，为 1.7 ～ 3.9℃，沿海及滨湖地区 1 月平均气温比周围地区高 0.2 ～ 0.4℃。7 月平均气温最高，为 27.4 ～ 28.6℃。全年无霜期 230 天左右，多年平均降水量为 1 177 mm，空间分布自西南向东北逐渐递减。受季风强弱变化影响，江水的年际变化明显，年内降雨量分配不均，其中约 60% 集中在 5—9 月的汛期。春夏之交，暖湿气流北上，冷暖气流遭遇形成“梅雨”，大多在每年的 5—7 月，梅雨期降雨总量大、历时长、范围广，易形成流域性洪水；盛夏受副热带高压控制，天气晴热，此时常受热带风暴和台风影响，形成“台风雨”，易出现暴雨狂风的灾害天气，大多在每年的 7—10 月，易造成地区性洪涝灾害。如遇干旱年份，流域供水矛盾也十分突出。

太湖流域多年平均年水面蒸发量为 821.7 mm，变化幅度为 750 ～ 900 mm，空间分布为东部大于西部，平原大于山区。太湖区、阳澄淀泖区、浦东浦西区、武澄锡虞区部分地区，多年平均水面蒸发量大于 850 mm；湖西区、杭嘉湖区和浙西区的平原地区为 800 ～ 850 mm，浙西和湖西山区最小，大部分小于 800 mm。受温度、风速、空气湿度和地面性状等因素影响，太湖流域蒸发量呈明显季节性特征，夏季蒸发量可达冬季的 3 ～ 4 倍。

太湖流域多年平均天然年径流量为 161.5 亿 m^3。天然年径流量最大值出现在 1999 年，达到 327.8 亿 m^3；最小值出现在 1978 年，为 25.7 亿 m^3，最大值与最小值之比值为 12.8。径流年内分配与降水相应，春夏季大，冬季最小。夏季地面蒸发大于春季，径流比例相对较小。枯水年地面耗水比例大，因此径流年际变化的倍比大于降水年际变化倍比，径流年际变化倍比一般为 4 ～ 8 倍。

（3）**土壤**

由于气候地带性变化的影响，太湖流域丘陵山区的地带性土壤相应为分布在北部热带的黄棕壤与分布在南部的中亚热带红壤。成土过程的特点是强烈的黏化与轻微的富铝化。红壤的面积占土壤资源面积的 11.3%，因处于其分布的北边，故并不十分典型，同时由于木质和风化壳类型的影响，这两类土壤在某些山麓可交错分布，在红色风化壳出露的地段发育为红壤，而下蜀黄土覆盖地段则为黄棕壤，黄棕壤占 7.4%。非地带性土壤有 3 类，其中滨海平原盐土分布于杭州湾北岸与上海东部平原；冲积平原草甸土分布于沿江广大的冲积平原；沼泽土分布于太湖平原湖群的沿湖低地。耕作土壤主要为水稻土。

太湖平原地区呈龟背状，开垦历史悠久，除少数残丘外，均为农田，并且以水稻田为主。近村田与低平田都为爽水水稻田，质地剖面均一，无障碍层，通透性好，肥力高。海拔 6 ～ 7 m 的高平田地区都为滞水水稻田，肥力水平低，易板结，剖面中有障碍层，通透性差，易滞水，三麦等旱作物易受渍害。

（4）植被

太湖流域的自然植被主要分布于丘陵、山地。由于太湖流域从北向南气温、降水量递增，植被的种类组成和类型逐渐复杂。丘陵山地的现存自然植被，从北向南植被组成与类型渐趋复杂，常绿树种逐渐增多。北部为北亚热带地带性植被落叶与常绿阔叶混交林，宜溧山区与天目山区均有中亚热带常绿阔叶林分布，但宜溧山区的常绿阔叶林含有不少落叶树种，不同于典型的常绿阔叶林。由于垂直分布和自然植被的高度次生性，常见落叶阔叶林和落叶、常绿阔叶混交林的跨带分布现象。

3.1.2 水环境特征

（1）水资源总量

太湖流域也是我国著名的平原河网地区，河网如织、湖泊星罗棋布，流域文明因水孕育，受水滋养，与水共存。从自然资源禀赋条件看，流域多年平均年降雨量 1 177 mm，多年平均本地水资源量为 176 亿 m^3，其中地表水资源量为 160.1 亿 m^3。人均、亩均本地水资源占有量仅为全国平均的 1/5 和 1/2，流域本地水资源十分紧缺，人多水少是流域人水关系的基本特征。近年流域总用水量在 350 亿 m^3 左右，远大于流域本地水资源量，用水不足主要依靠从长江直接取水、引长江水和上下游重复利用来弥补。

太湖流域降水量在地区、年际、年内变化大，50% 的降水量集中在汛期，流域降雨主要为梅雨（5—7 月）和台风雨（8—10 月）。梅雨和台风雨是流域水资源的主要来源，也是造成流域内洪涝灾害的主要原因。流域年水资源量 163 亿 m^3，其中地表水资源量为 137 亿 m^3。流域年径流深等值线变幅为 300 ～ 1 000 mm，属全国水资源分布带中的多水带，地表水资源主要呈现汛期径流集中、四季分配不均和最大与最小径流相差悬殊等特点。流域地形周高中低成碟形，河道比降平缓，流速 0.2 ～ 0.3 m/s，泄水能力差，每遇暴雨，河湖水位暴涨，加上河网尾闾泄水闸受潮位顶托，泄水不畅，高水位持续时间长，极易形成洪水壅阻，酿成洪涝灾害。另外，平原内由于地势平坦，河道比降小，水流流向不定。往往一处暴雨，通过河网扩散，影响邻区。太湖流域北濒长江，南临钱塘江，过境水资源量丰沛。长江干流多年平均下泄水量多达 9 051 亿 m^3，钱塘江达 350 亿 m^3。流域多年平均从长江引水 45 亿 m^3 左右。2000 年从长江引水约 78 亿 m^3，从钱塘江引水约 10 亿 m^3。

（2）**水环境质量**

太湖流域经济社会发达，但河湖污染形式仍不容乐观。2012 年，太湖湖体总体水质处于Ⅳ类（不计总氮），总氮年均浓度仍劣于Ⅴ类标准限值，处于轻度富营养状态；15 条主要入湖河流中，有 4 条河流水质优于或达到Ⅲ类，11 条河流水质处于Ⅳ类和Ⅴ类；列入政府目标考核的太湖流域 65 个重点断面达标率仅为 44.6%。通过卫星遥感监测发现蓝藻水华现象 85 次，平均发生面积约为 75.9 km^2，多以小规模、局部水域聚集为主，蓝藻仍多发于西部沿岸区，过藻区域具有明显的“西部沿岸—竺山湖、梅梁湖—湖心区，西部多发”的特征。受河湖污染、居民生活等因素影响，城市河道水质达标情况不容乐观，部分水源地供水安全受到威胁。

3.1.3 社会经济和土地利用现状

（1）**经济总量变化情况**

太湖流域是我国经济发展最快的地区之一，2002 年以来经济呈现快速增长趋势。以江苏为例，2002 年江苏省太湖流域 GDP 为 5 082.76 亿元，占全省的 47.92%，到 2012 年 GDP 增长到 26 914.74 亿元（图 3-1）。

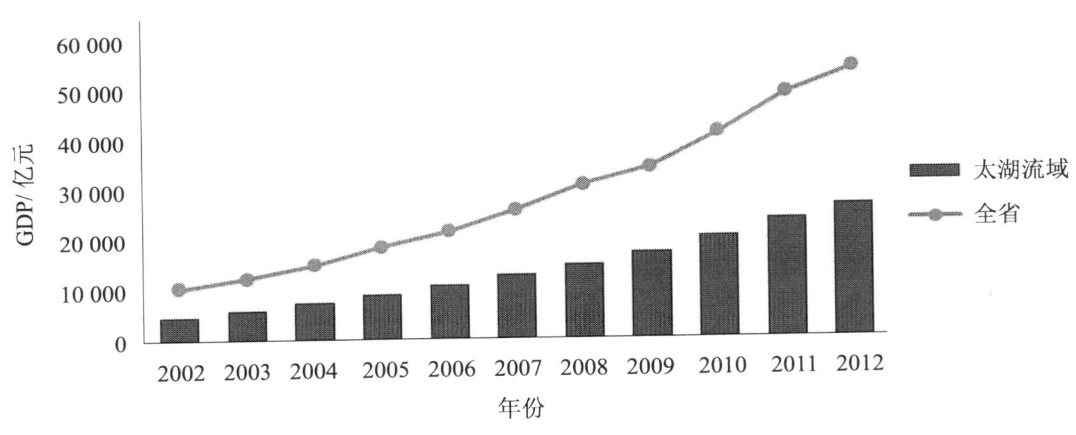

图 3-1 江苏太湖流域与江苏省 GDP 变化趋势

江苏太湖流域地区以苏州、无锡 GDP 总量最高，2002 年，各地区人均 GDP 中镇江、无锡、常州和苏州均高出江苏省人均 GDP，其中无锡人均 GDP 高出江苏省人均 GDP 的 151.59%。到 2012 年，苏州发展迅猛，为江苏太湖流域地区中 GDP 产值最高的地区，人均 GDP 方面，全江苏太湖流域人均 GDP 均高于江苏省人均 GDP（68 347.00 元），其中无锡、苏州人均 GDP 产值最高，分别为 117 357.00 元和 114 029.00 元，见图 3-2、图 3-3。

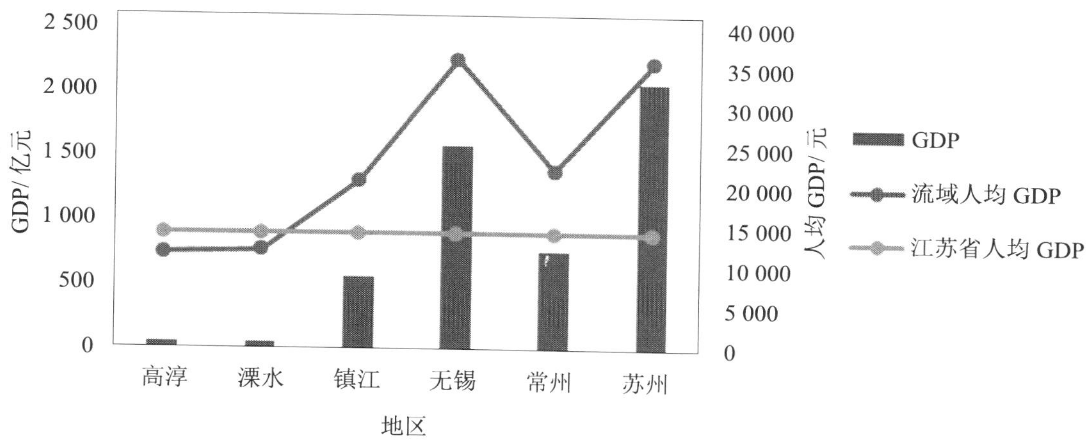

图 3-2　2002 年江苏太湖流域各地区 GDP 及人均 GDP 情况

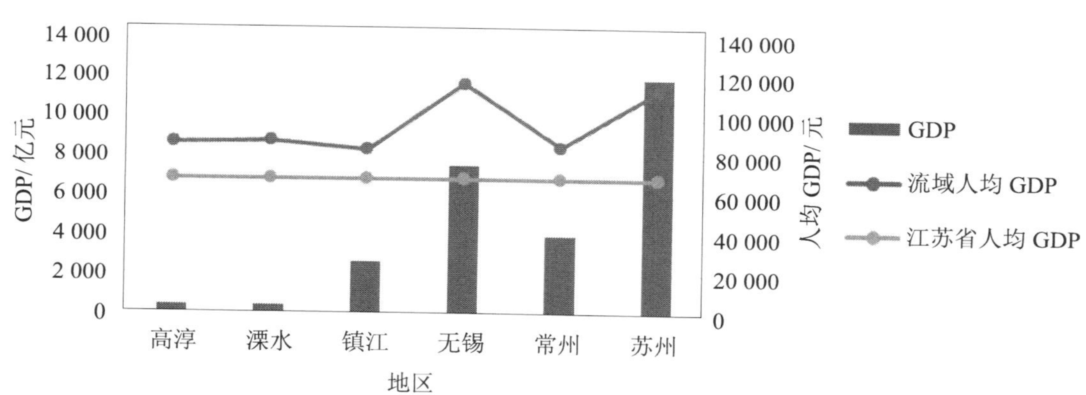

图 3-3　2012 年江苏太湖流域各地区 GDP 及人均 GDP 情况

（2）人口变化情况

太湖流域人口密集，常住人口总量规模日益扩大，外地人口不断流入。以江苏为例，2002 年江苏太湖流域常住人口为 1 715.74 万人，到 2012 年常住人口增长为 1 839.19 万人。2002—2012 年江苏太湖流域人口变化情况见图 3-4。

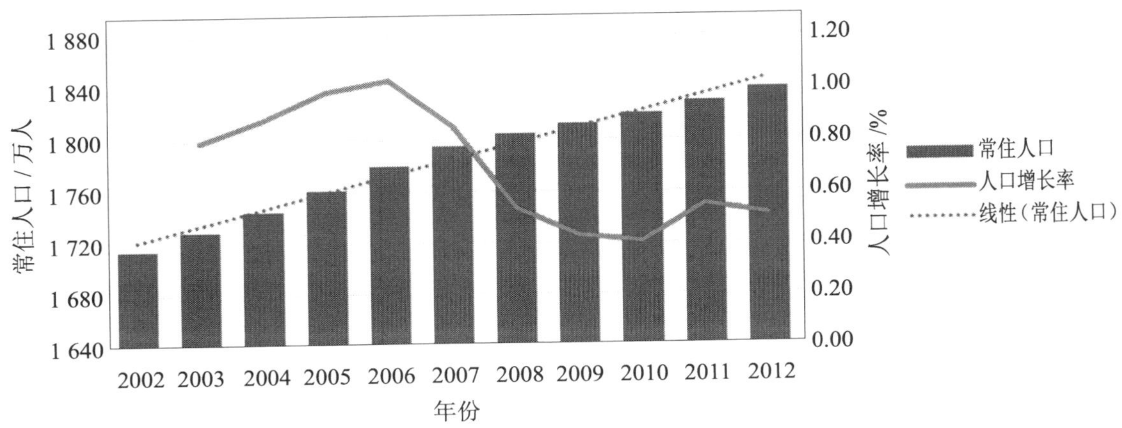

图 3-4　江苏太湖流域常住人口变化趋势

在江苏太湖流域中，苏州的常住人口数量最多，无锡次之。2003—2008 年，苏州的常住人口增长率相对江苏太湖流域其他地区来说保持在较高的水平（图 3-5）。2008 年后有所下降，但一直处于领先水平。近几年江苏太湖流域常住人口增长率总体趋于 1.00% 左右（图 3-6）。

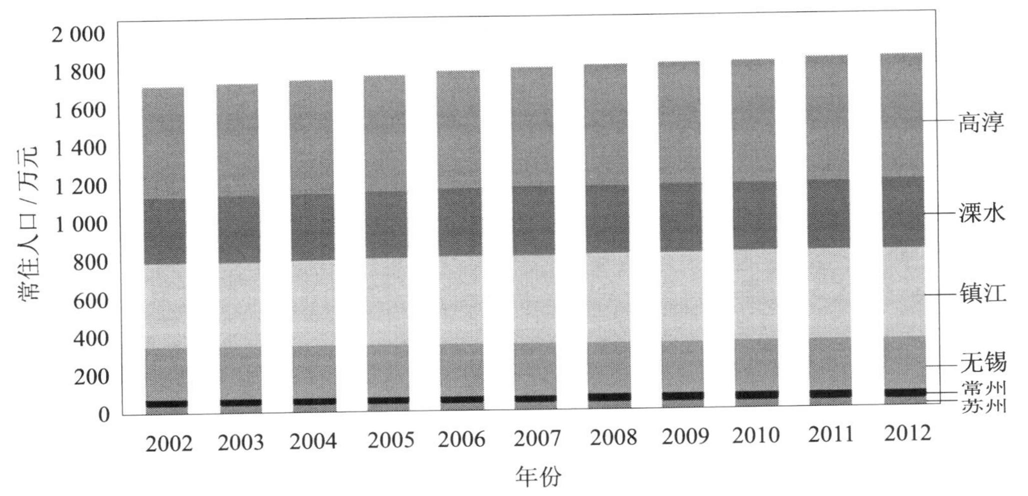

图 3-5　江苏太湖流域地区常住人口情况

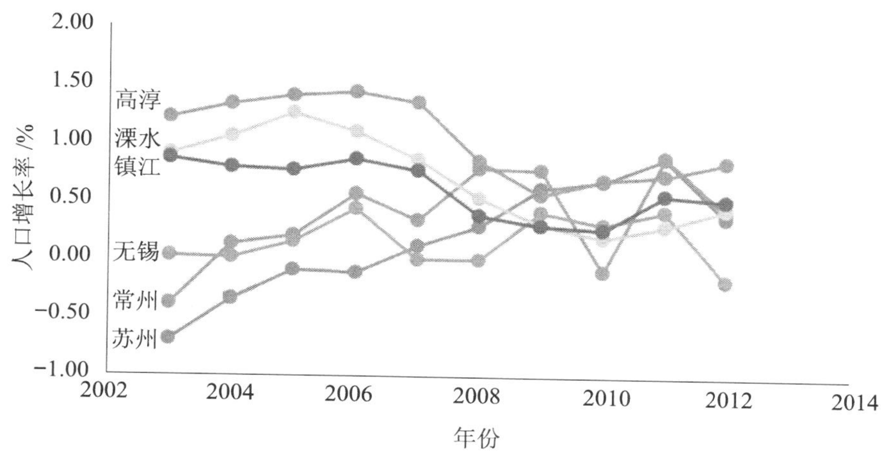

图 3-6 江苏太湖流域地区人口增长情况

（3）产业结构变化情况

2002 年江苏太湖流域第一、第二、第三产业的产业结构 4.93 ∶ 56.50 ∶ 38.57，处于“二三一”的发展状态。2012 年产业结构为 2.35 ∶ 53.69 ∶ 43.96，第一、第二产业有所下降，第三产业比例逐年增加。

总体来说，2002 年江苏太湖流域第一产业比重 4.93%，其后 10 年处于逐年降低的趋势，仅在 2009 年有小幅回升后持续下降到 2011 年的 2.35%，并保持到 2012 年。第二产业比重呈现先增后减的趋势，2012 年第二产业比重占 53.69%。江苏太湖流域第三产业与第二产业情况相反，2005 年后第三产业比重逐年递增，2012 年占 GDP 总量的 43.96%，见图 3-7。

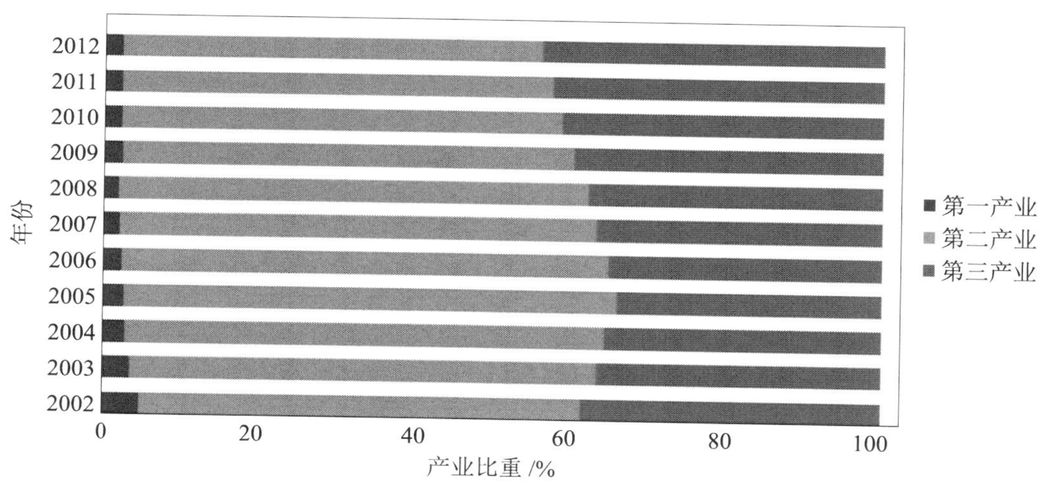

图 3-7 江苏太湖流域产业结构变化趋势

1）第一产业

江苏太湖流域第一产业在2002—2012年总产值总体保持稳定低增长态势，见图3-8。2009年江苏太湖流域第一产业总值增加值达120.40亿元，增幅达37.65%。

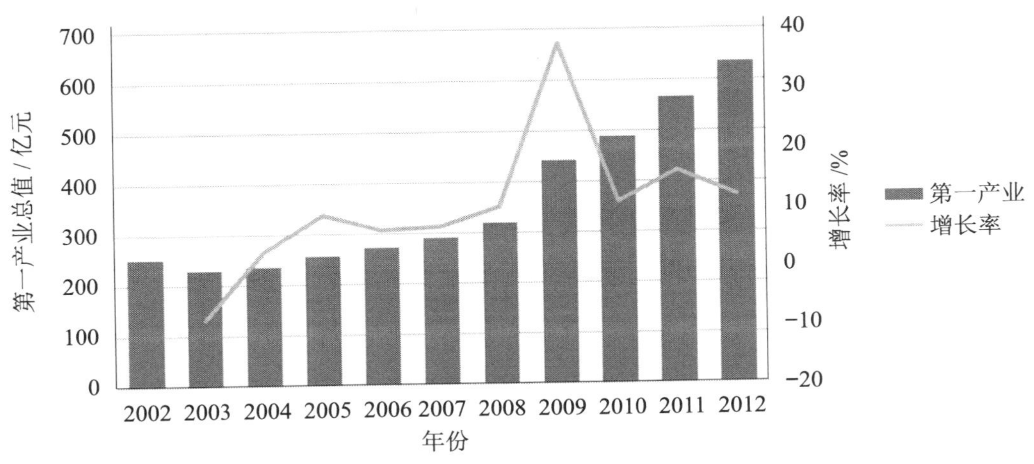

图3-8　江苏太湖流域第一产业总值与增长率

2）第二产业

江苏太湖流域在工业方面处于全国领先、发达的地区，传统工业、制造业基础优势强，产值一直保持高速增长。在2002—2012年第二产业处于强势增加的态势，2002年第二产业总值为2 871.59亿元，到2012年增加为14 450.00亿元，是2002年产值的4倍（图3-9）。

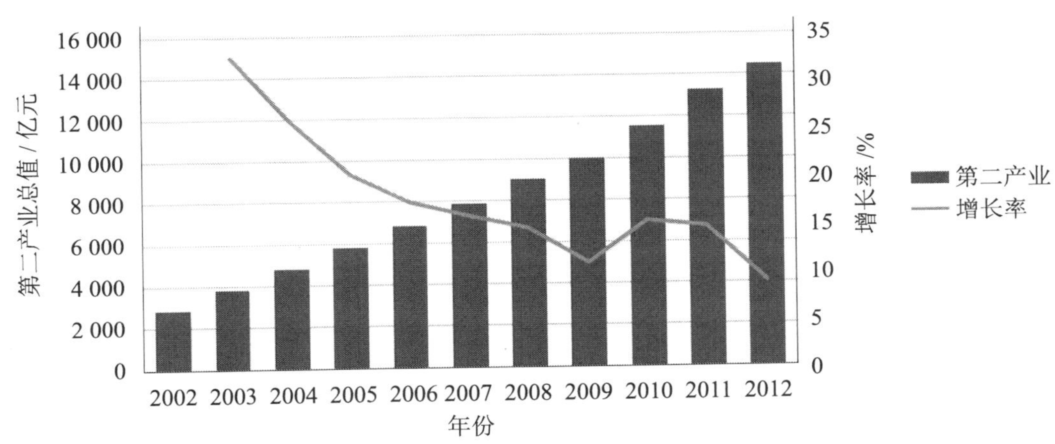

图3-9　江苏太湖流域第二产业总值与增长率

3）第三产业

第三产业产值在江苏太湖地区呈现逐年递增态势，从 2002 年的 1 960.37 亿元增长到 2012 年的 11 830.68 亿元，年平均增长率达 19.74%，见图 3-10。

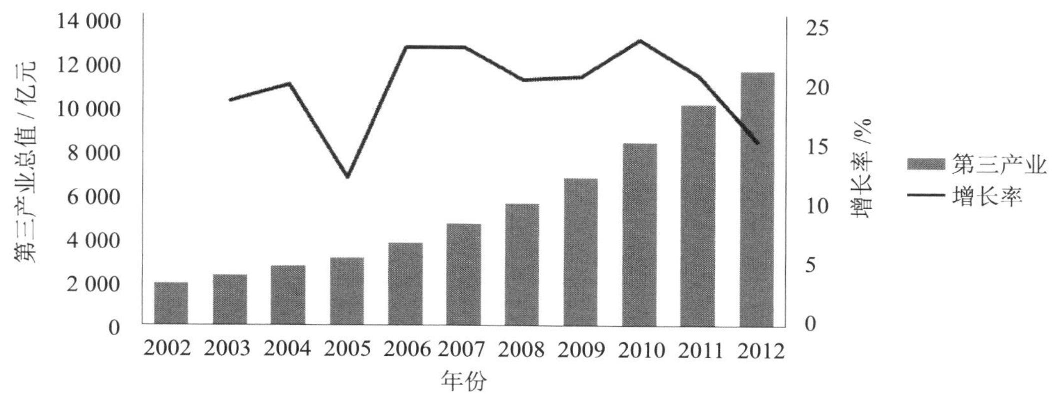

图 3-10　江苏太湖流域第三产业总值与增长率

（4）土地利用现状

遥感影像是当前土地覆被信息获取的主要和可靠的来源。采用 2000 年 SPOT10 m 全色和 20 m 多光谱遥感影像数据，2010 年的分辨率为 2.5 m 的 ALOS 影像数据及地形图数据获取研究区内 2000 年和 2010 年的土地覆被信息。利用两期 SPOT5 影像数据，应用监督分类和目视解译相结合的方法，对太湖流域土地利用类型进行解译，精确调查土地利用格局。对遥感影像进行几何校正（误差＜ 0.5 个像元）、大气校正和地形校正等预处理后，根据地表覆盖分布的空间特征和光谱特征，建立解译标志，进行图像处理，同时辅以现场调查数据，对遥感影像数据进行解译，提取各时期的土地利用图（包括农田、城镇、水域、林地、其他用地等），得到各个水生态功能分区内土地利用结构与空间布局。

1）2010 年和 2010 年土地利用现状

对 2000 年和 2010 年的遥感影像数据进行解译，分别得到了 2000 年的土地利用现状表，以及 3 个时期内不同行政区内的土地利用现状表和土地利用分布图，详见表 3-1，附图 3-1。

表 3-1　土地利用类型面积及比例

地类	2000 年		2010 年	
	面积 /km^2	比例 /%	面积 /km^2	比例 /%
旱地	1 996.41	9.50	2 095.85	9.98

地类	2000 年		2010 年	
	面积 /km²	比例 /%	面积 /km²	比例 /%
水田	8 299.09	39.51	5 843.15	27.81
城镇建设用地	1 147.11	5.46	1 434.68	6.83
农村建设用地	1 767.16	8.41	1 536.97	7.32
工矿仓储用地	245.21	1.17	1 844.35	8.78
交通用地	307.05	1.46	920.13	4.38
林地	1 647.58	7.84	1 512.57	7.20
草地	22.87	0.11	26.46	0.13
园地	114.93	0.55	140.28	0.67
人工湿地	1 690.92	8.05	1 687.08	8.03
河流湿地	602.12	2.87	854.09	4.07
湖泊湿地	3 129.64	14.90	3 036.47	14.45
其他土地	36.51	0.17	74.52	0.35
总面积	21 006.60	100.00	21 006.60	100.00

用土地利用度来反映研究区人类开发利用土地的强度。其基本思想是把研究区的各种土地利用类型按照利用程度分为 4 级（表 3-2）。通过每级土地利用类型在研究区中所占的百分比乘以其分级指数进行加权求和，最后得到研究区的土地利用度（表 3-3），计算公式如下（刘纪元等，2000）。[151]

$$\mathrm{LUD} = \sum_{i=1}^{n} L_i \times A_i$$

式中，LUD 是研究区的土地利用度；L_i 是区域内第 i 类土地利用类型的土地利用强度分级指数；A_i 是第 i 类土地利用类型在区域内的百分比。

表 3-2　土地利用强度分级

级别	未利用地级	林、草、水用地级	农业用地级	城镇聚落用地级
土地利用类型	未利用地或难利用地	林、灌、草、水域	水田、旱地	城镇、农村居民点、交通、工矿用地
利用强度指数	1	2	3	4

表 3-3　研究区内综合土地利用动态度和土地利用度

综合土地利用动态度 / %	土地利用度	
	2000 年	2010 年
2.78	2.82	2.92

2）土地利用 / 覆被变化过程分析

根据上述解译流程，分别获得太湖流域（江苏）在2000年和2010年不同年份的土地利用 / 覆被图和数量结构图，在此基础上分析2000—2010年的LUCC（土地利用及覆被）过程及转移矩阵。

2000年，太湖流域（江苏）的优势地类为耕地和水域，两者占研究区面积的74.83%，其中耕地占49.01%，是研究区内最主要的土地利用类型。到了2010年，尽管不同的土地利用类型之间发生了较频繁的转移，但耕地和水域占优势的格局并未发生变化。10年间，发生增加的主要地类有城镇建设用地、工矿仓储用地及交通用地，减少的主要地类为耕地（主要是水田）、林地及湖泊湿地。所有地类中，增幅最大的是工矿仓储用地，减幅最大的是水田（图3-11）。总体来看，2000—2010年，研究区内的土地利用强度加大，土地利用度从2.82增至2.92，其间综合土地利用动态度为2.78。但研究区内各主要地类的变化过程和速率有所不同，见表3-4。

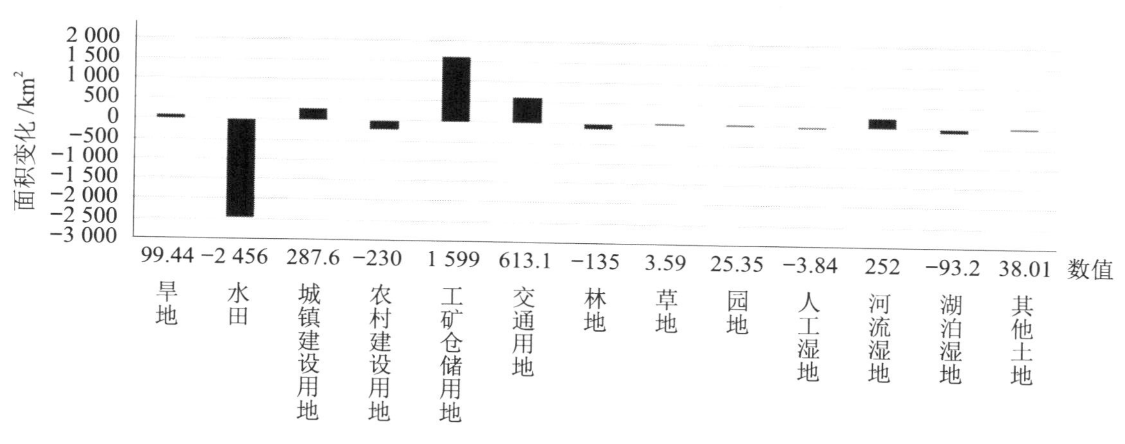

图3-11 太湖流域（江苏）2000—2010年土地利用变化

为了从宏观上研究10年间太湖流域（江苏）的土地利用变化，此处对土地利用类型分别进行了合并，其中耕地包括水田和旱地，建设用地包括城镇建设用地、农村建设用地、工矿仓储用地及交通用地，林地包括林地、草地和园地，湿地包括人工湿地、河流湿地及湖泊湿地。[152][153]

①耕地：耕地总量减少，与建设用地和湿地之间的相互转化为主，减少的耕地大部分转化为建设用地。10年间，江苏沿海地区的耕地面积由2000年10 295.5 km^{2}减少到2010年的7 939 km^2，净减少2 356.5 km^2，减幅为22.89%，耕地占研究区的面积比重也从49.01%减少到37.79%。

②林地：从 2000 年到 2010 年，林地总量减少，林地面积从 1 785.38 km^2 减少到 1 679.31 km^2，净减 106.07 km^2，减幅为 5.94%，林地占研究区的面积比重也从 8.5% 减少到 8.17%。从面积来看，林地主要转化为耕地。

③建设用地：研究区内的建设用地总体呈增加的趋势，其中包括城镇建设用地、农村建设用地、工矿仓储用地和交通用地。

城镇建设用地由 2000 年的 1 147.11 km^2 增加到 2010 年的 1 434.68 km^2，净增 287.57 km^2，增幅为 25.07%，从面积来看城镇居民点主要由工矿仓储用地、水田和农村居民点转化而来。

农村建设用地由 2000 年的 1 767.16 km^2 减少到 2010 年的 1 536.97 km^2，从面积来看，减少的农村建设用地主要转化为耕地和交通用地。

工矿仓储用地由 2000 年的 245.21 km^2 增加到 2010 年的 1 844.35 km^2，增加的工矿仓储用地由城镇建设用地转化而来。

交通用地由 2000 年的 307.05 km^2 增加到 2010 年的 920.13 km^2，增加的交通用地主要由耕地、城镇建设用地、农村建设用地和工矿仓储用地转化而来。

④湿地：从 2000 年到 2010 年，湿地总量呈增加趋势，面积从 5 341.68 km^2 增加到 5 577.64 km^2，净增 235.96 km^2，增幅为 4.42%。其中人工湿地和湖泊湿地均呈现减少的趋势，而河流湿地呈现增加的趋势。[154]

表 3-4 土地利用变化面积转移矩阵

单位：km^2

土地利用类型		2010 年面积 /km^2												
		旱地	水田	城镇建设	农村建设	工矿仓储	交通用地	林地	草地	园地	人工湿地	河流湿地	湖泊湿地	其他土地
2000 年	旱地	1 336.53	129.08	60.79	99.21	103.17	60.21	32.69	4.52	30.75	99.73	31.64	0.13	7.96
	转出率 /%	66.95	6.47	3.04	4.97	5.17	3.02	1.64	0.23	1.54	5.00	1.58	0.01	0.40
	转入率 /%	63.77	6.16	2.90	4.73	4.92	2.87	1.56	0.22	1.47	4.76	1.51	0.01	0.38
	水田	434.89	4 701.77	432.61	502.94	983.40	412.70	98.57	8.18	7.74	469.15	215.12	8.34	23.68
	转出率 /%	5.24	56.65	5.21	6.06	11.85	4.97	1.19	0.10	0.09	5.65	2.59	0.10	0.29
	转入率 /%	7.44	80.47	7.40	8.61	16.83	7.06	1.69	0.14	0.13	8.03	3.68	0.14	0.41
	城镇建设	11.49	45.64	660.63	41.42	211.58	122.46	12.46	2.64	0.35	4.54	28.51	0.35	5.04
	转出率 /%	1.00	3.98	57.59	3.61	18.44	10.68	1.09	0.23	0.03	0.40	2.49	0.03	0.44
	转入率 /%	0.80	3.18	46.05	2.89	14.75	8.54	0.87	0.18	0.02	0.32	1.99	0.02	0.35
	农村建设	82.72	341.35	121.48	782.02	203.29	102.22	30.63	1.52	2.37	33.82	58.12	1.67	5.95
	转出率 /%	4.68	19.32	6.87	44.25	11.50	5.78	1.73	0.09	0.13	1.91	3.29	0.09	0.34
	转入率 /%	5.38	22.21	7.90	50.88	13.23	6.65	1.99	0.10	0.15	2.20	3.78	0.11	0.39
	工矿仓储	3.72	13.82	45.05	11.44	135.93	19.60	4.50	0.41	0.34	1.91	6.66	0.10	1.72
	转出率 /%	1.52	5.64	18.37	4.67	55.43	7.99	1.84	0.17	0.14	0.78	2.72	0.04	0.70
	转入率 /%	0.20	0.75	2.44	0.62	7.37	1.06	0.24	0.02	0.02	0.10	0.36	0.01	0.09
	交通用地	18.02	62.12	32.68	21.35	35.52	112.03	6.99	0.45	0.88	8.75	6.91	0.61	0.74
	转出率 /%	5.87	20.23	10.64	6.95	11.57	36.49	2.28	0.15	0.29	2.85	2.25	0.20	0.24
	转入率 /%	1.96	6.75	3.55	2.32	3.86	12.18	0.76	0.05	0.10	0.95	0.75	0.07	0.08
	林地	115.99	82.35	17.39	31.37	27.65	24.21	1 264.95	1.01	48.42	14.54	4.37	1.58	13.75
	转出率 /%	7.04	5.00	1.06	1.90	1.68	1.47	76.78	0.06	2.94	0.88	0.27	0.10	0.83
	转入率 /%	7.67	5.44	1.15	2.07	1.83	1.60	83.63	0.07	3.20	0.96	0.29	0.10	0.91

土地利用类型		2010 年面积 /km^2												
		旱地	水田	城镇建设	农村建设	工矿仓储	交通用地	林地	草地	园地	人工湿地	河流湿地	湖泊湿地	其他土地
2000 年	草地	1.53	5.44	3.81	0.83	3.32	1.12	0.48	2.74	0.17	1.24	1.54	0.14	0.51
	转出率 /%	6.69	23.79	16.66	3.63	14.52	4.90	2.10	11.98	0.74	5.42	6.73	0.61	2.23
	转入率 /%	5.78	20.56	14.40	3.14	12.55	4.23	1.81	10.36	0.64	4.69	5.82	0.53	1.93
	园地	17.12	6.53	0.45	5.83	3.87	3.77	27.87	0.24	46.36	1.48	0.25	0.37	0.79
	转出率 /%	14.90	5.68	0.39	5.07	3.37	3.28	24.25	0.21	40.34	1.29	0.22	0.32	0.69
	转入率 /%	12.20	4.65	0.32	4.16	2.76	2.69	19.87	0.17	33.05	1.06	0.18	0.26	0.56
	人工湿地	54.21	339.42	35.46	20.36	105.08	42.84	17.11	4.17	1.36	969.46	78.94	16.05	6.46
	转出率 /%	3.21	20.07	2.10	1.20	6.21	2.53	1.01	0.25	0.08	57.33	4.67	0.95	0.38
	转入率 /%	3.21	20.12	2.10	1.21	6.23	2.54	1.01	0.25	0.08	57.46	4.68	0.95	0.38
	河流湿地	14.88	79.08	22.56	18.98	28.76	16.46	3.95	0.34	0.26	48.87	365.54	1.66	0.78
	转出率 /%	2.47	13.13	3.75	3.15	4.78	2.73	0.66	0.06	0.04	8.12	60.71	0.28	0.13
	转入率 /%	1.74	9.26	2.64	2.22	3.37	1.93	0.46	0.04	0.03	5.72	42.80	0.19	0.09
	湖泊湿地	0.32	32.52	0.83	0.63	0.14	1.86	1.21	0.22	0.13	30.21	56.10	3 005.36	0.11
	转出率 /%	0.01	1.04	0.03	0.02	0.00	0.06	0.04	0.01	0.00	0.97	1.79	96.03	0.00
	转入率 /%	0.01	1.07	0.03	0.02	0.00	0.06	0.04	0.01	0.00	0.99	1.85	98.98	0.00
	其他土地	4.46	4.04	1.02	0.54	2.57	0.61	11.21	0.00	1.16	3.36	0.40	0.14	7.00
	转出率 /%	12.22	11.07	2.79	1.48	7.04	1.67	30.70	0.00	3.18	9.20	1.10	0.38	19.17
	转入率 /%	5.98	5.42	1.37	0.72	3.45	0.82	15.04	0.00	1.56	4.51	0.54	0.19	9.39

3.1.4 流域水环境健康诊断

（1）经济持续高速发展，流域人口高度密集

太湖流域（江苏）是我国经济发展最快的地区之一，到 2012 年 GDP 增长到 27 473 亿元，总人口 2 740 万人，人口密度达 1 129 人 /km^2，为全国平均的 8 倍多，是我国人口最集中的地区之一。以不足全国 0.25% 的土地资源，2.0% 的人口，创造了占全国 5.3% 的生产总值，人均 GDP 为全国平均水平的 2.6 倍。快速的经济增长，高度密集的人口，使污染物排放总量大于环境容量，经济发展与环境保护的矛盾尖锐。

（2）流域水质趋于稳定，总氮、总磷浓度居高不下

湖体总磷、总氮浓度较高，总氮劣Ⅴ类、总磷Ⅳ类，“降氮控磷”依然是治理太湖的重点。总氮、总磷来源复杂，面广量大、不可控因素多，农业面源总氮、总磷治理依然是“短板”，治理太湖工作面源污染治理项目相对较少，且项目完成率较低。漕桥河、太滆南运河、大浦港等主要入湖河流周边人为干扰强烈，入湖水质仍不容乐观。

（3）污染时空格局不均，区域排污特征明显

流域污染物浓度围绕湖体北高南低、西部沿岸高，西部山区及东部平原低，湖体西北岸差、东南岸好，水质由流域河网向湖体趋好，河流水质枯好丰差，湖体则相反。西部山区主要受畜禽养殖面源污染，平原河网区人口密集，生活源污染较重，沿江地区企业众多，工业源排污量大。COD、总氮均以城镇生活＋工业源为主，分别占总排放量的 60.6% 和 53.3%；总磷排放以畜禽养殖＋城镇生活为主，二者占总磷排放总量的 49.5%；氨氮排放，则以城镇生活＋农村生活为主，二者占氨氮排放总量的 68.9%。

（4）结构性污染问题突出，重金属污染不容忽视

太湖流域产业密集，产业间发展不平衡，尽管服务业增长率较快，但较之工业，其总量增加明显偏低，流域产业结构目前乃至未来一段时期内仍将处于“二三一”的发展状态。虽然工业结构持续升级，但传统行业比重偏高，纺织印染、化工、黑色金属加工业、电镀行业仍然占据主导，污染物排放量保持高位，用于工业污染治理投资仍然偏低，实施减排的企业数量不多，企业治污自觉性不高。根据野外调查分析，湖体及周边部分区域存在镉、铬等重金属超标现象，这可能是流域产业结构偏重所致。

（5）水生态系统脆弱，水体富营养化风险高

生物多样性及优势度仅在太湖湖体、入湖河流上游及沿江和东太湖周边河流等少部分区域较好。调查河段和湖泊处于中污染—重污染状态，轻污染样点较少，运河水系污染较为严重，太湖处于中污染，空间分布规律不明显。

3.2 水生态综合调查与分析

3.2.1 水生态历史情况分析

（1）**浮游植物**

1）总生物量的历史演变

在早期（1960—1988 年），浮游植物生物量的快速增长（从 1.175 mg/L 增长至 6.45 mg/L）是这一阶段的特点。浮游植物优势种群从 1960 年的绿藻转变为 1981 年的硅藻直至 1988 年的蓝藻。其后，蓝藻一直是太湖浮游植物的优势种群（1988—1995 年），同时，生物量随年际变化而波动（2.05 ～ 6.45 mg/L）。在 1996 年和 1997 年，尽管总浮游植物生物量一直在增加，优势种类却发生了细微的变化，绿藻（细丝藻）和蓝藻（微囊藻）成为太湖共同的优势种类。1998 年由于微囊藻的大量暴发而使生物量达到最高（9.742 mg/L）。1998 年以后，蓝藻仍然是优势种类，生物量也在年际之间波动变化（图 3-12）。

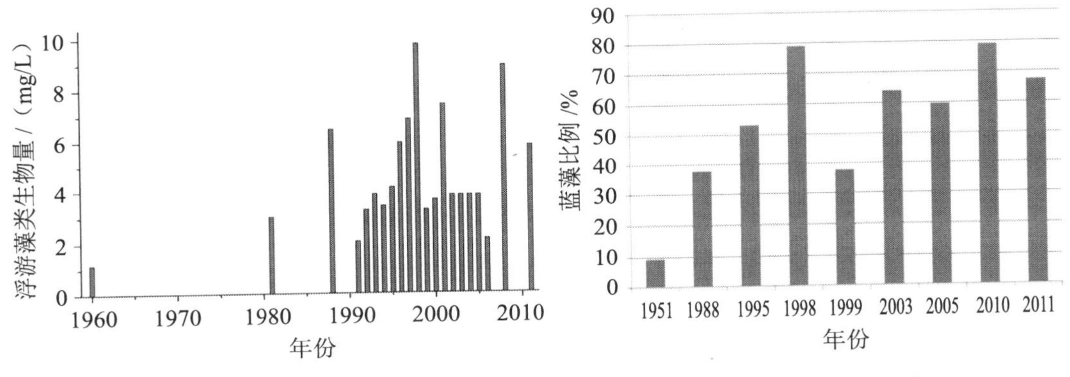

图 3-12 太湖浮游藻类生物量历史变化和太湖蓝藻占总藻比例的历史演变

2）物种组成的历史演变

从 20 世纪 80 年代后期起各湖区浮游植物数量较多的湖区一般为梅梁湾北湖区，较少者为东太湖湖区。每年平均生物量各湖区最高为五里湖，最低为东太湖。

据 1990—2008 年在太湖多次调查所采样标本分析，已鉴定出经常性和偶然性浮游植物种类（包括变种）共计 8 门，116 属，239 种。其中蓝藻门 24 属 53 种，隐藻门 2 属 3 种，甲藻门 4 属 6 种，金藻门 6 属 9 种，黄藻门 3 属 4 种，硅藻门 24 属 48 种，裸藻门 6 属 15 种，绿藻门 47 属 101 种。

将 20 世纪 90 年代与 60 年代的种类组成相比较，变化最大的是绿藻门，在 20 世纪 60 年代有记录的 20 个属现在采集不到，而现在采集到的 18 个属是 60 年代没有采集到的；其次是蓝藻门，20 世纪 60 年代见到的一个属现在没有见到，相反，现在见到的 9

个属是20世纪60年代没有记录的；另外，20世纪60年代，除五里湖外没有见到的隐藻门种类，现在可以经常见到。20世纪60年代和90年代的优势种和常见种基本相似，但清水性种类减少了。

（2）**浮游动物**

20世纪80年代主要种类共见到122个种别（未鉴定到种及桡足类的无节幼体均按个计算）。其中原生动物41种（占33.6%）；轮虫42种（占34.4%）；枝角类25种（占20.5%）；桡足类14种（占11.5%）。从各类群生物量的季节变化看，夏季枝角类占优势（47.8%），桡足类和轮虫次之，分别为总量的30.9%和27.5%；秋季以枝角类和桡足类为主，分别为总量的42%和39.5%；春、冬两季以桡足类为主，分别为总量的51.3%和62.9%。从分布上来看，梅梁湾浮游动物总生物量最大，依次为五里湖、小梅口、宜兴滩、大太湖、贡湖湾、东太湖。

20世纪90年代全太湖观察到73属101种。其中原生动物25种（占24.8%）；轮虫44种（占43.6%）；枝角类19种（占18.8%）；桡足类13种（占12.9%）。各湖区原生动物和轮虫的差异较大。

30余年来，由于银鱼和小型野杂鱼等以浮游动物为食的鱼类产量增加，太湖浮游动物呈现小型化的趋势，大型浮游动物（主要是枝角类）生物量明显锐减，而小型的枝角类、桡足类及轮虫显著增加。由于20世纪90年代后太湖蓝藻大量暴发，在夏季和秋季，大太湖和梅梁湾浮游动物优势种为长额象鼻溞和角突网纹溞所取代，高浓度的蓝藻不仅是低营养的，而且阻碍了大型个体的滤食器官，消耗了大量的能量。长额象鼻溞和角突网纹溞是杂食性种类，虽然它们不能直接利用蓝藻作为食物，然而却能利用蓝藻死后形成的碎屑及附生的细菌，从而得以大量繁殖。

（3）**底栖动物**

水体富营养化是太湖流域湖泊和河道面临的主要环境问题之一，通过与历史资料比较，有助于理解底栖动物群落水环境变化的响应。在20世纪60年代初和80年代的前期、后期，各有一次对太湖的综合调查，90年代对太湖梅梁湾也有一次调查，但由于不同历史时期调查方法、鉴定水平、调查频次和点位差异较大，直接比较种类丰富度难以反映实际的变化情况，而对密度、生物量和优势种类的分析更有利于揭示底栖动物群落的变化。软体动物的密度在20世纪80年代最高，在2007—2010年的监测中，大部分点位软体动物密度均低于100个/m^2，仅有个别点位密度相对较高。相反，环节动物（主要为寡毛类）和水生昆虫（主要为摇蚊幼虫）密度呈显著增加，在近几年的监测中，富营养化严重的湖区这两个类群的密度每平方米的个体可达几千条。相应地，优势种类的组成也发生了显著变化，在20世纪80年代以前，河蚬和环棱螺在大部分区域均占据优势，而在近几年的调查中，霍甫水丝蚓的污染严重的区域占据绝对优势，河蚬仅在湖心和西南湖区占据优势，腹足纲螺类在胥口湾和其他水草分布区占据优势。

（4）**鱼类**

比较太湖不同年份自然渔业结构，太湖在20世纪50年代渔业单位产量虽然不高，但湖鲚、银鱼、鲢、鳙等鱼类的比例均占15%左右，渔业结构相对合理。从60年代开始，湖鲚产量有较大幅度上升，所占比例从1952年的15.8%增至2008年的62.9%，成为太湖鱼类群落中的绝对优势种；小杂鱼的比例从1952年的13.9%增加到近年的30%左右；而太湖的鲢、鳙、青鱼、草鱼和鲌等大中型鱼类所占渔获物的比例从1952年的42.2%下降到2008年的12.8%。以湖鲚为代表的这种状况典型地反映了太湖鱼类“优势种单一化”和“小型化”的发展方向。

（5）**水生高等植物**

20世纪50—60年代调查时，太湖水生植物有66种，其中沉水植被优势种为马来眼子菜。沉水植物除在东太湖和西太湖沿岸带有大量生长外，在五里湖等湖区也有大面积生长。但经过30多年的人为影响和自然演变，目前太湖水生植物仅为17种，优势种演替为苦草。70年代调查时，五里湖已无天然水生植被，部分沿岸带水生植物萎缩。进入90年代，原在竺山湖生长茂盛的沉水植物也近灭绝（范成新，1996）。[155-158]1989年以来监测数据显示，太湖高等水生植被主要分布于太湖东部、南部及北部，湖心区基本无水生植物分布。自20世纪60年代初到2002年，40多年间，东太湖水生植被群丛的优势建群种和种类组成发生了显著的变化。[159]

3.2.2 水生态现状调查与分析

基于太湖流域（江苏）水生态分区，选择各分区内的典型陆域、滨岸带、湖库及河流，合理布设采样点，分别于2012年11月、2013年4月和8月开展了太湖流域丰水期、平水期、枯水期三期水生态野外综合调查工作。

调查范围全面覆盖整个太湖流域内的水体、水陆交错带及陆域的生态系统，共涉及点位116个，其中太湖湖体20个，太湖流域江苏范围76个、浙江范围15个、上海市5个。着重对水文指标、水体理化性质、底泥污染指标、浮游动植物、水生植物、大型底栖动物、鱼类、着生藻类、河道特征、河岸带植被生境等水环境及水生态指标进行了实地调研与取样分析。[160-165]

（1）**浮游植物**

共计7门71属139种。其中：绿藻门28属56种；硅藻门19属45种；蓝藻门14属19种；隐藻门2属4种；裸藻门3属8种；甲藻门3属5种；金藻门2属2种。全流域平均细胞密度为1.6×10^7个/L，最小值为7.2×10^4个/L，最大值为2.6×10^8个/L。太湖流域浮游植物主要分布于流域上游、湖体，其中湖体主要以蓝藻分布为主，而流域内各点位主要以硅藻和隐藻为主，部分点位以绿藻为主。全流域平均生物量为 10.00 mg/L，最小值为 0.12 mg/L，最大值为 89.45 mg/L（附图 3-2）。

（2）浮游动物

浮游动物中枝角类主要种类包括象鼻溞和网纹溞，其他种类包括裸腹溞、秀体溞、低额溞、仙达溞、尖额溞和盘肠溞。桡足类主要种类包括汤匙华哲水蚤、许水蚤和中华窄腹剑水蚤，其他种类包括中剑水蚤、温剑水蚤和剑水蚤。太湖中这两类浮游动物的平均密度高于河道的。太湖枝角类总密度为 33.0 个 /L，而河道枝角类的总密度均小于 10 个 /L；桡足类总密度为 53.8 个 /L，而河道桡足类的总密度均小于 15 个 /L。太湖中这两类浮游动物的生物量也类似（附图 3-3）。[166]

（3）底栖动物

共鉴定出底栖生物 58 种，其中节肢动物门种类最多，共计 27 种；软体动物门种类次之，共 18 种；环节动物门种类数最少，共 13 种。总体来看，密度的高值出现在经济发达地区河道的样点，而太湖湖体的密度相对较低，介于 5 ～ 175 个 /m^2（附图 3-4）。

（4）水生植物

太湖地区采集到水生植物高等 29 种，隶属 15 科 19 属；水生植物总体分布范围少，挺水植物主要有芦苇、菖蒲、茭白。沉水植物有马来眼子菜、微齿眼子菜、苦草、金鱼藻等。浮叶植物有水花生、荇菜、金银莲花等（附图 3-5）。

（5）鱼类

共统计 5 365 尾（81 154 g）渔获物，共计 48 种。其中以鲤形目为主。从附图 3-6 中可以看出湖体鱼种类丰富程度高于流域内，在流域内，部分点位只有个别种类，说明该流域内污染较为严重。小型鱼类个体数量在渔获物组成中占绝对优势，如高体鳑鲏，似鳊；大型经济鱼类以底层耐污型种类为主如鲫鱼，鲤鱼等。渔获物中，鲫、鲤合计占总渔获物质量的 50.0%。鲫、鲤、似鳊为各点的优势类群，这些鱼类对污染环境的耐受性程度较高。

3.3 水环境综合调查

3.3.1 丰、平、枯水期水质情况

（1）流域水质现状

1）常规化学指标

对流域范围 78 个调查点位的常规化学指标进行测试分析，主要因子包括高锰酸盐指数、氨氮、总氮、总磷。

各点位中高锰酸盐指数情况较好，只有少量测点超标，且超标倍数均小于 1；高锰

酸盐指数在枯水期、平水期、丰水期超标测点分别为 6 个、30 个、13 个，相比较而言，枯水期的高锰酸盐指数情况较差。氨氮三期的超标测点数分别为 35 个、34 个、12 个，丰水期氨氮情况较好。总氮超标情况相对严重，三期的超标测点数分别为 71 个、74 个、73 个。总磷三期的超标测点数分别为 32 个、21 个、26 个，平水期情况较好。

2）水质类别

流域范围 78 个调查点位均位于功能区河流上，根据上述各水质因子分析可以得到各条河流现状水质及功能区达标情况。流域范围内有 64 个点位为河流断面，14 个点位为湖泊、水库、湖荡断面，总氮不参与河流断面的水质类别评定。3 个水期中所有点位均存在不同程度超标情况，主要污染因子为总氮。枯水期，水质类别处于Ⅱ类、Ⅲ类、Ⅳ类、Ⅴ类、劣Ⅴ类的断面分别占总数的 5%、18%、19%、13%、45%；平水期，水质类别处于Ⅱ类、Ⅲ类、Ⅳ类、Ⅴ类、劣Ⅴ类的断面分别占总数的 8%、11%、30%、9%、42%；丰水期，水质类别处于Ⅱ类、Ⅲ类、Ⅳ类、Ⅴ类、劣Ⅴ类的断面分别占总数的 11%、45%、19%、12%、13%（图 3-13）。

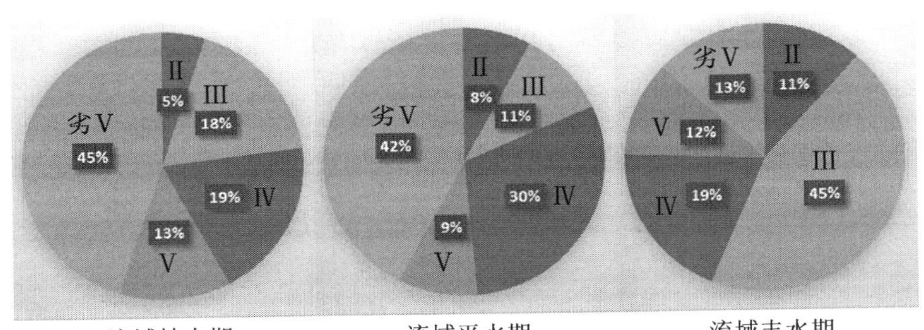

图 3-13 太湖流域（江苏）各调查点位综合水质类别（枯水期、平水期和丰水期）

3）常规化学指标达标情况

以流域为对象，考察不同功能区水质目标的点位的达标情况（表 3-5）。在枯水期，功能区水质目标为Ⅱ类的点位中，分别以高锰酸盐指数、氨氮、总氮、总磷为指标因子，其达标率分别为 60%、80%、0%、30%；功能区水质目标为Ⅲ级的点位分别为 86.0%、65.1%、11.6%、58.1%；功能区水质目标为Ⅳ类的点位分别为 100%、25%、4%、67%。在平水期，功能区水质目标为Ⅱ级的点位中，分别以高锰酸盐指数、氨氮、总氮、总磷为指标因子，其达标率分别为 40%、50%、0%、50%；功能区水质目标为Ⅲ级的点位分别为 38.1%、61.9%、0%、69.1%；功能区水质目标为Ⅳ级的点位分别为 61%、48%、9%、87%。在丰水期，功能区水质目标为Ⅱ级的点位中，分别以高锰酸盐指数、氨氮、总氮、总磷为指标因子，其达标率分别为50%、60%、0%、10%；功能区水质目标为III级的点位分别为76.7%、95.3%、9.3%、76.7%；功能区水质目标为IV级的点位分别为100%、79%、0%、75%。

（2）湖体水质现状

1）常规化学指标

对太湖湖体20个调查点位的常规化学指标进行测试分析，主要因子包括高锰酸盐指数、氨氮、总氮和总磷。各调查点位中氨氮在枯水期、平水期、丰水期均最好，部分测点略微超标，超标测点集中在竺山湖及其湾口、梅梁湖等区域。高锰酸盐指数在各水期中枯水期和平水期水质较好，丰水期超标测点稍多（11个），超标测点主要集中在贡湖及贡湖湾口、梅梁湖及太湖东部等区域。总氮和总磷水质总体较差，各水期超标较严重，尤其平水期和丰水期，几乎没有达标的测点。总氮除两个测点达标外，其余测点均超标，超标倍数多大于1；总磷除东太湖1个测点达标外，所有测点均超标，基本上遍布整个湖区。

太湖湖体各调查点位高锰酸盐指数、氨氮、总氮、总磷均是枯水期较好，平水期次之，丰水期最差，这可能与太湖周期性引调水有关，枯水期引长江水进入太湖，促进水体流动，提高自净能力，改善水环境质量，丰水期太湖排水，湖体缺少优质水的注入，加之人类活动及流域内污染汇入，使湖体水质恶化。

2）水质类别

湖体20个调查点位所在功能区中，只有两个测点在枯水期达标，其余均未达标。总体而言各水期超标严重的因子为总氮，其次是总磷。枯水期水质类别处于II类、III类、IV类、V类、劣V类的断面比例分别为20%、40%、20%、5%、15%；平水期水质类别处于IV类、V类、劣V类的断面比例分别为16%、5%、79%；丰水期水质类别处于III类、IV类、V类、劣V类的断面比例分别为10%、20%、45%、25%（图3-14）。

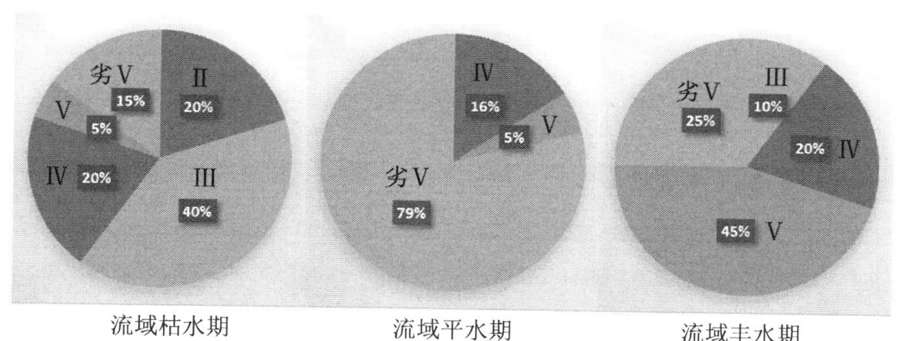

图3-14 太湖湖体各调查点位综合水质类别（枯水期、平水期和丰水期）

表 3-5　太湖流域（江苏）不同功能区水质要求的点位达标情况

枯水期					平水期					丰水期				
		点位数/个	达标点位数/个	达标率/%			点位数/个	达标点位数/个	达标率/%			点位数/个	达标点位数/个	达标率/%
功能区要求：II	高锰酸盐指数	10	6	60.0	功能区要求：II	高锰酸盐指数	10	4	40.0	功能区要求：II	高锰酸盐指数	10	5	50.0
	氨氮	10	8	80.0		氨氮	10	5	50.0		氨氮	10	6	60.0
	总氮	10	0	0.0		总氮	10	0	0.0		总氮	10	0	0.0
	总磷	10	3	30.0		总磷	10	5	50.0		总磷	10	1	10.0
		点位数/个	达标点位数/个	达标率/%			点位数/个	达标点位数/个	达标率/%			点位数/个	达标点位数/个	达标率/%
功能区要求：III	高锰酸盐指数	43	37	86.0	功能区要求：III	高锰酸盐指数	43	16	38.1	功能区要求：III	高锰酸盐指数	43	33	76.7
	氨氮	43	28	65.1		氨氮	43	26	61.9		氨氮	43	41	95.3
	总氮	43	5	11.6		总氮	43	0	0.0		总氮	43	4	9.3
	总磷	43	25	58.1		总磷	43	29	69.1		总磷	43	33	76.7
		点位数/个	达标点位数/个	达标率/%			点位数/个	达标点位数/个	达标率/%			点位数/个	达标点位数/个	达标率/%
功能区要求：IV	高锰酸盐指数	24	24	100.0	功能区要求：IV	高锰酸盐指数	24	14	60.9	功能区要求：IV	高锰酸盐指数	24	24	100.0
	氨氮	24	6	25.0		氨氮	24	11	47.8		氨氮	24	19	79.2
	总氮	24	1	4.2		总氮	24	2	8.7		总氮	24	0	0.0
	总磷	24	16	66.7		总磷	24	20	87.0		总磷	24	18	75.0

3）主要常规化学指标达标情况

以湖体为目标，考察不同功能区水质类别的点位达标情况（表 3-6）。在枯水期，功能区水质目标为Ⅱ级的点位中，分别以高锰酸盐指数、氨氮、总氮、总磷为指标因子，其达标率分别为 76.9%、100%、53.8%、38.5%；功能区水质目标为Ⅲ级的点位分别为 100%、71.4%、28.6%、42.9%。在平水期，功能区水质目标为Ⅱ级的点位中，分别以高锰酸盐指数、氨氮、总氮、总磷为指标因子，其达标率分别为 58.3%、91.7%、0%、0%；功能区水质目标为Ⅲ级的点位分别为 71.4%、85.7%、14.3%、0%。在丰水期，功能区水质目标为Ⅱ级的点位中，分别以高锰酸盐指数、氨氮、总氮、总磷为指标因子，其达标率分别为 38.5%、84.6%、7.7%、7.7%；功能区水质目标为Ⅲ级的点位分别为 57.1%、57.1%、0%、0%。

表 3-6　太湖流域（江苏）不同功能区水质要求的点位达标情况

枯水期					平水期					丰水期				
		点位数/个	达标点位数/个	达标率/%			点位数/个	达标点位数/个	达标率/%			点位数/个	达标点位数/个	达标率/%
功能区要求：Ⅱ	高锰酸盐指数	13	10	76.9	功能区要求：Ⅱ	高锰酸盐指数	12	7	58.3	功能区要求：Ⅱ	高锰酸盐指数	13	5	38.5
	氨氮	13	13	100.0		氨氮	12	11	91.7		氨氮	13	11	84.6
	总氮	13	7	53.8		总氮	12	0	0.0		总氮	13	1	7.7
	总磷	13	5	38.5		总磷	12	0	0.0		总磷	13	1	7.7
		点位数/个	达标点位数/个	达标率/%			点位数/个	达标点位数/个	达标率/%			点位数/个	达标点位数/个	达标率/%
功能区要求：Ⅲ	高锰酸盐指数	7	7	100.0	功能区要求：Ⅲ	高锰酸盐指数	7	5	71.4	功能区要求：Ⅲ	高锰酸盐指数	7	4	57.1
	氨氮	7	5	71.4		氨氮	7	6	85.7		氨氮	7	4	57.1
	总氮	7	2	28.6		总氮	7	1	14.3		总氮	7	0	0.0
	总磷	7	3	42.9		总磷	7	0	0.0		总磷	7	0	0.0

3.3.2 太湖流域近年来水环境质量变化

（1）2001—2010 **年太湖流域水环境质量变化趋势**

1）湖体水质变化

2001—2010 年，太湖湖体水质受氮、磷有机污染影响波动变化，其中“十五”期间水质有所恶化，2007 年以来水质有所改善。

变化趋势分两个明显的时段：

2001—2007 年，湖体总氮、总磷浓度呈先下降、后反弹的变化趋势，尤其是总氮，平均浓度一度出现飙升，同期综合营养状态指数在中度富营养状态下仍呈上升趋势。

2007—2010 年，湖体水质稳步改善，各项水质指标浓度逐年下降，总磷稳定在Ⅳ类，高锰酸盐指数稳定在Ⅲ类并接近Ⅱ类，但总氮仍劣于Ⅴ类，综合营养状态由中度富营养好转为轻度富营养。

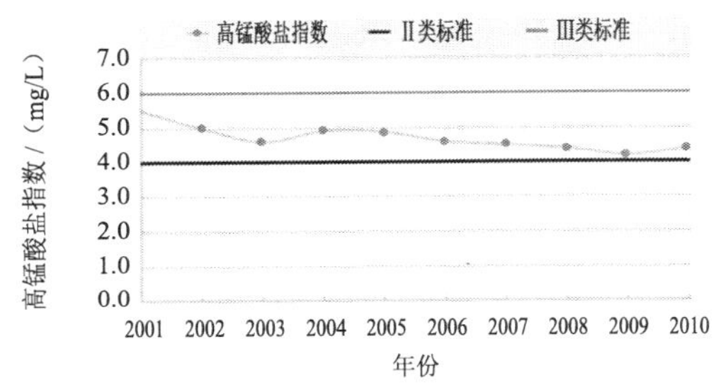

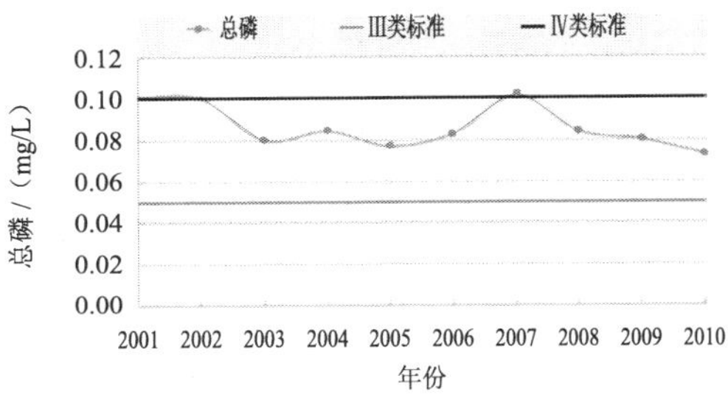

图 3-15 2001—2010 **年太湖湖体高锰酸盐指数浓度和总磷浓度变化趋势**

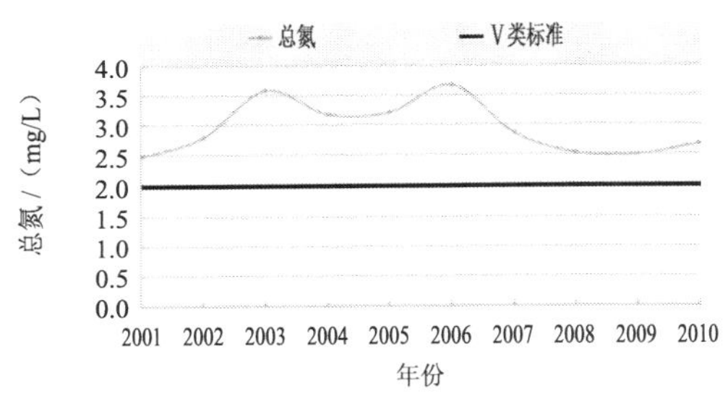

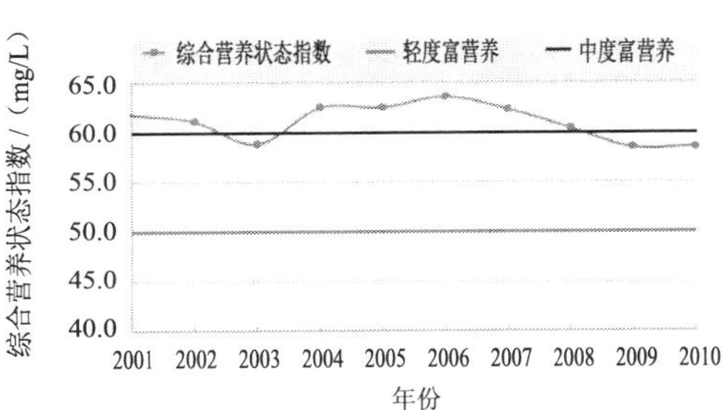

图 3-16 2001—2010 **年太湖湖体总氮浓度和综合营养状态指数变化趋势**

从近 10 年来的监测结果看，太湖水质污染呈现出以下几个方面的特征：一是局部污染带动整体污染，主要污染区域位于太湖西部和北部，随着水体的流动，污染向湖心区等其他区域扩散；二是主要污染因子以引起湖体富营养化的氮、磷、高锰酸盐等有机污染为主，重金属达标情况良好，在污染最严重时期，太湖粪大肠菌群及挥发酚也有超过Ⅲ类现象，说明人类活动对太湖水质的影响明显；三是主要污染指标呈现相同的变化趋势，其中氮变化幅度最大，其次为磷和高锰酸盐指数；四是在相对封闭的水体中通过水利调度能在短时期内改善氮、磷等指标浓度，但需要从源头上加强治理，控制污染物总量。

从湖体主要污染物浓度变化分析，一是总氮和氨氮呈明显季节性变化规律，一般枯水期和平水期浓度较高、丰水期浓度较低，在3—4月达到全年最大值，随后总氮和氨氮浓度逐渐下降，在8—10月达到全年最低值，随后进入平水期，浓度又有所上升。二是总磷和高锰酸盐指数没有明显季节性变化规律，其浓度波动呈一定正弦曲线变化趋势，近5年来，总磷大体在0.06～0.12 mg/L波动，平均值为0.09 mg/L；高锰酸盐指数大体在3～6 mg/L波动，平均值为4.6 mg/L。

2）主要入湖河流水质变化

入湖河流汇入大量污染物是导致太湖水质污染的主要因素。江苏省太湖流域共设15个主要入湖河流控制断面。

2001—2010年，西部沿岸区主要入湖河流总体水质呈先恶化后好转的态势，2007年后水质有所好转。“十一五”国家、省、市各级对太湖水质极为重视，为了改善入湖河流水质，入湖河流集中的宜兴市一方面加快产业结构调整的步伐，关闭了大批重污染企业，特别是制陶企业；另一方面大力开展太湖入湖河流治理工程，编制实施15条主要入湖河流整治规划，综合治理入湖河流，使太湖入湖河流水质恶化状况得到了控制，并略有好转。从水质指标看，不同指标表现出来的变化也略有不同，以下以高锰酸盐指数、氨氮和总磷为例进行阐述。

高锰酸盐指数浓度从“十五”初期的5.5 mg/L左右上升到2006年的6.5 mg/L，达到Ⅳ类；2007年后浓度下降到5.5 mg/L左右，好转为Ⅲ类。

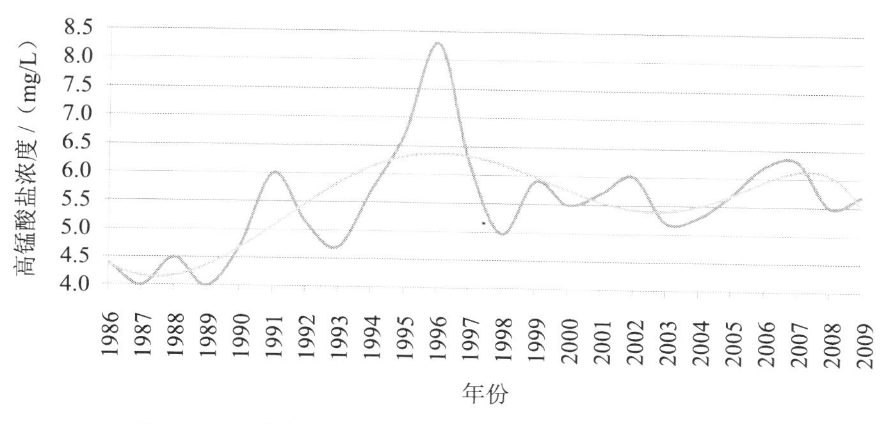

图3-17 西部沿岸主要出入湖河流高锰酸盐指数变化趋势

作为入湖河流最主要的污染因子，氨氮指标在2001—2006年浓度波动上升，到

2006年达2.5 mg/L，劣于V类。2007年后，氨氮浓度逐年下降，已能稳定在Ⅳ类水平（图3-18）。

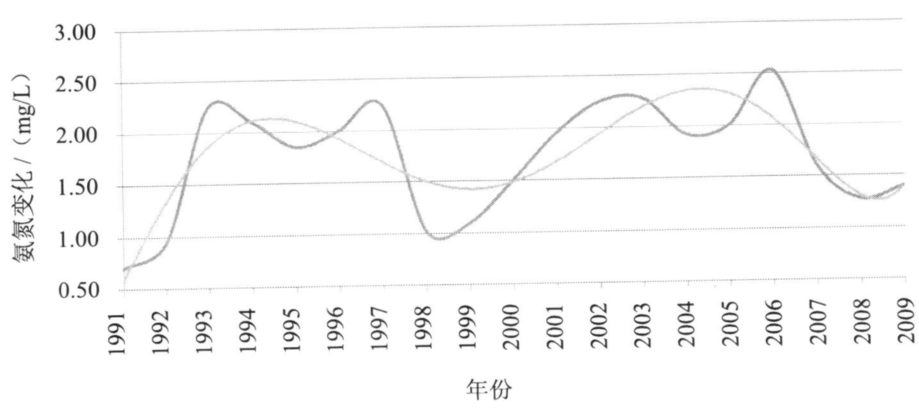

图3-18 西部沿岸主要出入湖河流氨氮变化趋势

总磷指标的变化与氨氮相似，同样呈恶化—好转的态势，只是变化情形较为缓慢。总磷浓度在2001—2006年逐年上升，但在2006年前仍能保持在Ⅲ类水平，2007年达到历史最高点，之后浓度开始下降，2009年重新回落至Ⅲ类（图3-19）。

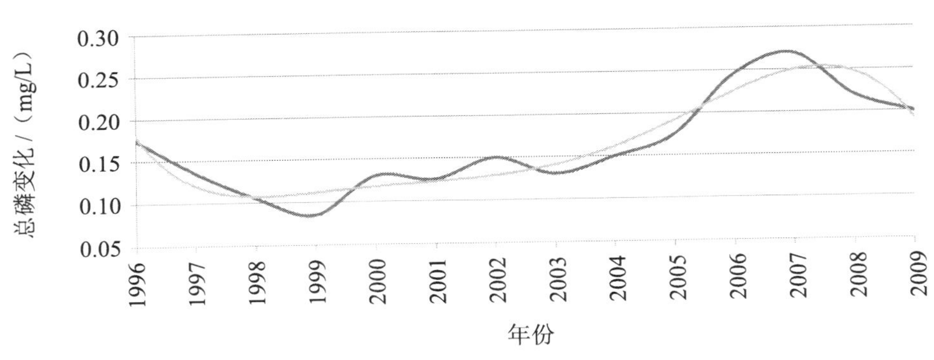

图3-19 西部沿岸主要出入湖河流总磷变化趋势

（2）“十二五”太湖流域65个考核断面达标情况分析

近年来，江苏开展了大规模的太湖流域水环境监控预警系统建设，目前省级投资规划新建和改造的水质自动监测站中，有65个重点断面监测数据已应用到太湖流域水质年度考核，这些断面基本覆盖江苏省太湖流域各重点水体。自动站点水质考核评价指标为高锰酸盐指数、氨氮和总磷3项。

1）近两年水质状况

2012 年 1—11 月，太湖流域 65 个考核断面总体处于轻度污染。水质处于Ⅱ类的断面 9 个，占 13.8%；Ⅲ类的断面 15 个，占 23.1%；Ⅳ类断面 25 个，占 38.5%；Ⅴ类断面 12 个，占 18.5%，劣于Ⅴ类的断面 4 个，占 6.1%。主要污染物为氨氮，各断面氨氮年均浓度范围在 0.17 ～ 4.79 mg/L（图 3-20）。

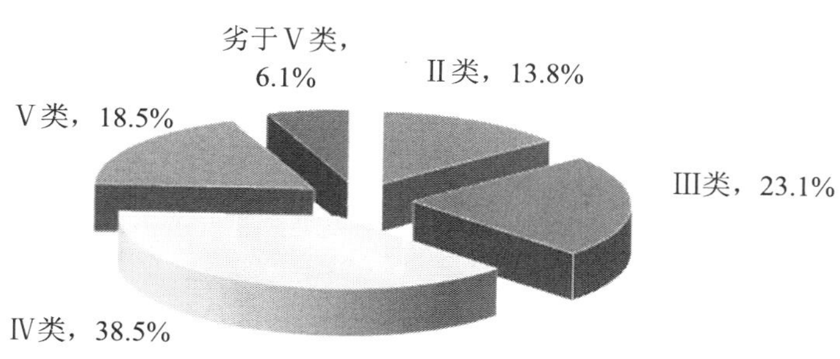

图 3-20　2012 **年太湖流域** 65 **个考核断面水** Ⅱ 类

2）“十二五”考核目标达标情况

从 2011 年、2012 年 1—11 月数据分析，考核断面年均水质达标率均能达到国家太湖治理 2012 年近期目标要求（达标率不低于 40%）。

2012 年 1—11 月，考核断面平均水质达标率为 41.5%，氨氮、总磷、高锰酸盐指数达标率分别为 47.7%、75.4% 和 87.7%，氨氮为影响自动站水质的主要污染物。从月度达标情况来看，考核断面达标率低于 40% 的月份主要集中在上半年的枯水期（1—3 月）和平水期（4—6 月），如图 3-21 所示。

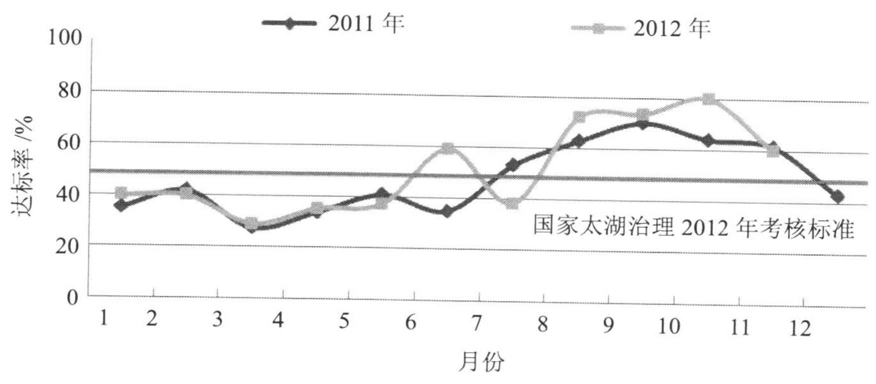

图 3-21　**太湖流域** 65 **个考核断面月度达标率**

4 太湖流域污染源综合调查与分析

研究区域污染源调查主要包括工业污染源、城镇生活污染源、农村生活污染源、农业面源和养殖污染源5个方面。依据“全国污染源普查”中的基础数据，结合实地调查与监测数据，对所得数据进行校核，从而获得较为准确的基准年污染源基本情况。通过对现有产污系数资料进行汇总、验证和校核来确定研究区各污染源的排放系数，从而核算出研究区各污染源污染物排放量，掌握其产污规律。

4.1 工业污染源

4.1.1 基本情况及排放总量

调查企业涉及《国民经济行业分类》（GB/T 4754—2002）中的采矿业、制造业、电力、燃气及水的生产和供应业3个门类的39个行业中的36个行业。

根据江苏省太湖流域范围及水生态功能三级分区划分范围，调查研究区重点企业4 838家，企业分布情况如附图4-1所示。按照行业类别统计，主要分为12个重点行业企业，其中，化学工业1 303家，印染纺织1 344家，金属加工业634家，电镀工业381家，电子工业332家，设备制造205家，食品制造业105家，热电供应118家。另外，又包含造纸、汽车制造、电气制造、废弃物回收利用及其他工业企业在内的416家企业。企业行业分布及空间分布情况统计如图4-1所示。

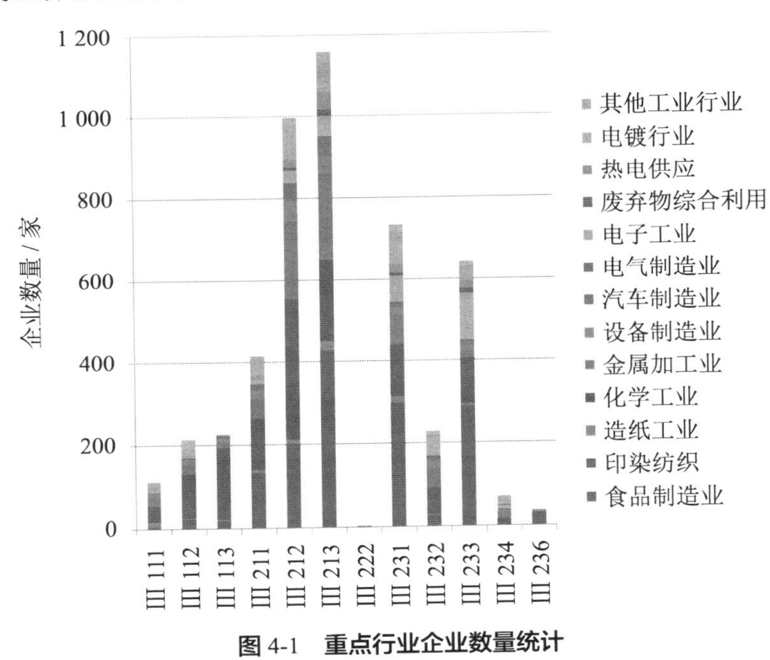

图4-1 重点行业企业数量统计

通过调查与测算，研究区2011年工业污染源废水排放量约为12.67亿t，COD排放量约为8.96万t，氨氮排放量约为0.85万t，总氮排放量约为1.62万t，总磷排放量约为576.23 t。

4.1.2 工业污染源的空间分布

根据不同生态功能分区重点企业分布统计结果分析，Ⅲ213、Ⅲ233、Ⅲ212、Ⅲ231、Ⅲ211分区工业源废水排放量均较大，Ⅲ213分区最大，占废水排放总量的25.1%。按照污染物分布统计，Ⅲ213、Ⅲ212、Ⅲ233、Ⅲ231、Ⅲ211分区COD、氨氮、总磷和总氮排放量均较大，其中COD、总氮年排放量最大的是Ⅲ213分区，分别占总量的22.4%、23.9%。氨氮、总磷年排放量最大的是Ⅲ212分区，分别占总量的22.5%、21.9%。分区内工业园区相对较多，产业较为密集，污染治理技术、监管相对滞后，污染量较大。Ⅲ222、Ⅲ234由于分区面积较小或企业数量较少，废水排放量及各污染指标排放量均相对较小。各生态功能分区工业废水污染物排放量见附图4-2。

4.1.3 工业污染源的行业分布

（1）重点行业总体分布

研究区12个重点行业及其他行业的废水、COD、氨氮、总氮和总磷的排放量见图4-2。根据2011年污染源普查资料，研究区各行业门类中，化学工业的废水排放量、COD排放量、氨氮排放量、总氮排放量与总磷排放量均居各行业排放量之首，分别占总量的23.2%、24.81%、28.54%、24.05%和23.92%；印染纺织则为第2大污染排放行业，废水、COD、氨氮、总氮和总磷的排放量分别占总量的23.60%、22.74%、21.97%、22.43%和23.65%，两大行业废水及污染物排放量之和均占总量的45%以上；电镀工业和金属加工业污染物排放量分居第3和第4，二者分别占总量的8%～14%；造纸、电子、食品制造、设备制造、汽车制造、电器制造、废弃物综合利用、热电供应及其他工业行业的污染物排放量则相对较低，均分别占总量的0.9%～6.5%。

纺织印染、化学工业、电镀工业及金属加工业4大类重污染行业工业总产值占全部行业的72.4%，废水和4大污染指标的排放量分别占到排放总量的71.4%、70.8%、72.2%、71.6%和72.7%。其中，纺织印染、电镀工业、金属加工等为典型的低产值高污染行业，是水环境污染防治的重点优化调整产业。

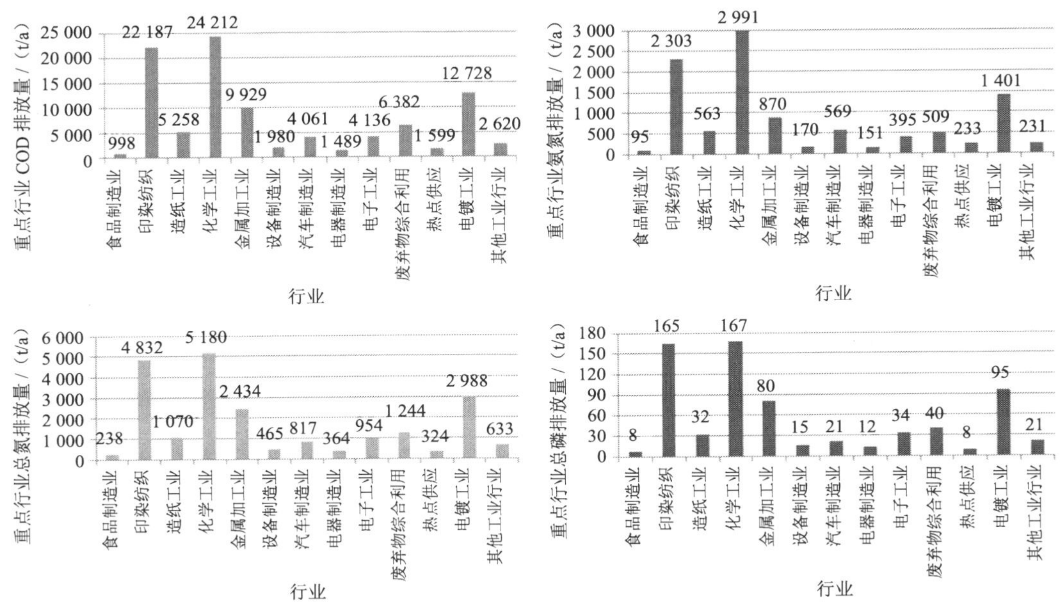

图 4-2　研究区重点行业 COD/ 氨氮 / 总氮 / 总磷排放情况

（2）分区重点行业分布

各分区重点行业分布及主导行业情况如附图 4-3 所示。在污染物总量较大的Ⅲ 212、Ⅲ 213、Ⅲ 231 和Ⅲ 233 功能区中，化学工业、印染纺织业和电镀工业的污染物排放量均占较大比重，三者总量占各功能区污染物总量的 38.5% ～ 76.3%，各三级水生态功能分区重点行业污染物排放情况如附图 4-4 所示。

4.1.4　省级以上开发区的分布

针对太湖流域江苏境内的省级以上开发区分布和建设情况进行调研。研究区内共有省级以上开发区 37 家，其中国家级 13 家，省级 24 家，开发区按市分布统计见图 4-3。三级分区Ⅲ 221（太湖湖体）、Ⅲ 222（太湖西山岛）和Ⅲ 236（大部分为浙江省范围，小部分涉及苏州吴江市西南区域）无省级以上开发区分布。省级以上开发区分布最多的三级分区是Ⅲ 212，区内分布有 7 家省级开发区。空间分布及建设范围情况如附图 4-5 所示。

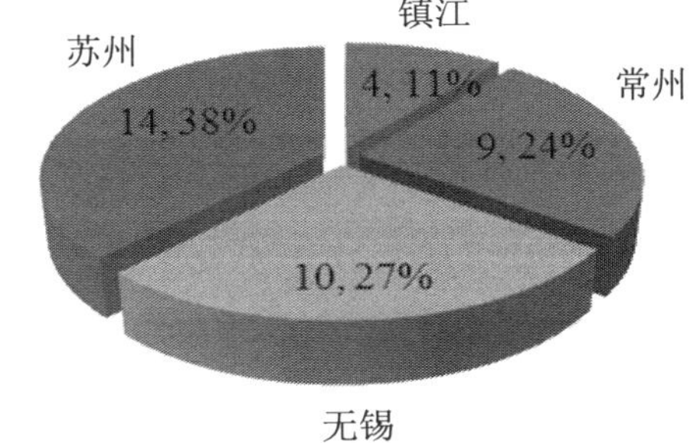

图 4-3　研究区省级以上开发区按市统计结果

4.2 生活污染源

4.2.1 基本情况及排放总量

根据流域内各市、县2012年统计年鉴、环境统计年报，了解并核实调查范围内城镇常住人口、农村常住人口的数量及分布情况，依据2011年污染源普查资料，掌握城镇生活污水集中处理厂接管情况，通过对分散式农村生活污水治理情况的实际调查与现场监测，掌握农村生活污染治理水平情况。

城镇生活源中生活污水排放量、COD、氨氮排放量主要依据2012年各市、县环境统计年报得到，总氮、总磷排放量依据调查得到的城镇生活常住人口和人均污染物产生量计算得到。计算公式如下：

城镇生活污染物排放量＝生活污染物直排量＋污水厂生活污染物排放量

城镇生活污染物直排量＝城镇生活常住人口 × 人均污染物产生量 ×（1－生活污水收集率）

其中城镇生活人均污染物产生量来源于《第一次全国污染源普查城镇生活源产排污系数手册》（国务院第一次全国污染源普查领导小组办公室，2008），总氮取值范围为10～12 g/（人•d），总磷取值范围为0.8～1.2 g/（人•d）。

农村生活源排放量根据调查得到的农村人口数量和农村生活人均污染物产生当量计算得到。计算公式如下：

农村生活污染物直排量＝农村生活常住人口 × 人均污染物产生量 ×（1－生活污水收集率）

农村人口生活污染产生当量来源于“十一五”水专项“太湖流域水污染及富营养化综合控制研究”课题研究成果，其中COD、氨氮、总氮、总磷4类污染物人均排污系数分别为16.4 g/（人•d）、4 g/（人•d）、5 g/（人•d）、0.44 g/（人•d）。

根据调查与计算结果，核定各行政区人口数量、生活污水排放量及污染物排放量，并利用遥感影像及土地利用类型图，识别人口分布情况，确定各行政区人口及污染物排放量在各水生态功能分区的比例，最终核定各水生态功能分区生活源污染物排放量。

根据核定，2011年流域内城镇常住人口1 675万人，生活污水产生总量为11.83亿t/a，COD、氨氮、总氮和总磷排放量分别为9.4万t/a，2.1万t/a、2.6万t/a和0.14万t/a。农村人口722万人，农村生活污水产生总量为3.37亿t，COD排放量为4.32万t，氨氮、总氮和总磷排放量分别为1.05万t、1.32万t和0.12万t。各分区城镇、农村常住人口情况如附图4-6所示。

4.2.2 生活污染的空间分布

各分区中城镇生活源COD单位土地面积排放强度排名前位的主要为Ⅲ112、Ⅲ111、Ⅲ213区，排放强度分别达到了13 kg/km^2、9.4 kg/km^2、8.8 kg/km^2，氨氮单位土地面积排放强度排名前位的主要为Ⅲ233、Ⅲ234、Ⅲ112区，排放强度分别达到了3.8 kg/km^2、2.4 kg/km^2、1.7 kg/km^2，总氮单位土地面积排放强度排名前3位的主要为Ⅲ233、Ⅲ234、Ⅲ112区，排放强度分别达到了4.7 kg/km^2、3.0 kg/km^2、1.7 kg/km^2，总磷单位土地面积排放强度排名前位的主要为Ⅲ233、Ⅲ234、Ⅲ213区，排放强度分别达到了0.18 kg/km^2、0.12 kg/km^2、0.11 kg/km^2。

农村生活源中COD、氨氮、总氮、总磷单位土地面积排放强度排名前3位均为Ⅲ211、Ⅲ213、Ⅲ233区，其中COD排放强度分别达到了3.65 kg/km^2、3.59 kg/km^2、3.52 kg/km^2，氨氮排放强度分别达到了0.89 kg/km^2、0.88 kg/km^2、0.86 kg/km^2，总氮排放强度分别达到了1.11 kg/km^2、1.10 kg/km^2、1.07 kg/km^2，总磷排放强度分别达到了0.098 kg/km^2、0.097 kg/km^2、0.094 kg/km^2。

各生态功能分区城镇生活污水、农村生活污水排放量及相应污染物排放量如附图4-7、附图4-8所示。

4.2.3 污水处理厂情况

研究区有污水处理厂266家，分别处理工业废水和城镇生活污水量11.1亿t和23.1亿t。研究区污水处理厂分布及分区污水处理厂工业废水、生活污水处理情况如附图4-9所示。

4.3 农业面源

通过对研究区遥感影像进行解译，结合现场踏查，并参考地方统计数据进行修正，最终掌握最为接近现状实际的土地利用类型空间分布数据（附图4-10）。

4.3.1 区域土地利用现状

2011年研究区土地总面积为48 937.13 km^2。其中，水田面积为6 318.3 km^2，占土地总面积的12.9%；旱地面积为2 420.46 km^2，占土地总面积的4.95%；林地面积为1 724.9 km^2，占土地总面积的3.52%；园地面积为146.46 km^2，占土地总面积的0.3%；水域面积（包括河流湿地、湖泊湿地和人工湿地）为29 454.05 km^2，占土地总面积的60.18%；建设用地面积（包括城镇和农村建设用地）为3 092.05 km^2，占土地总面积的

6.32%（图 4-4）。

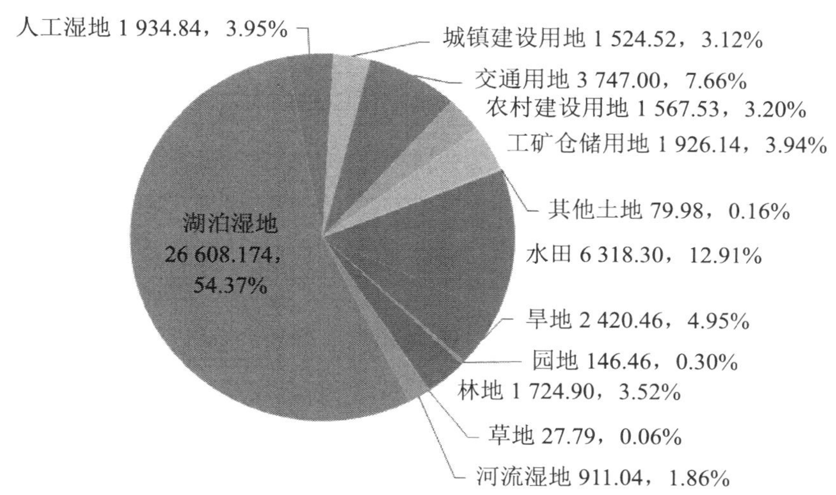

图 4-4　研究区土地利用情况

根据土地利用统计数据分析，Ⅲ 113、Ⅲ 212、Ⅲ 221、Ⅲ 222、Ⅲ 232、Ⅲ 233、Ⅲ 236 均以水域为主；Ⅲ 211、Ⅲ 213、Ⅲ 231、Ⅲ 234 以建设用地为主；Ⅲ 112 以旱地为主；Ⅲ 111、Ⅲ 211、Ⅲ 213 以水田为主（附图 4-11）。总体而言，耕地面积在不断减少，取而代之的为建设用地。

4.3.2　农业面源排放总量

针对区内种植的面积、种植的种类及污染物排放的形式、排放去向、受纳水体等进行调研与统计分析。依据“江苏省污染源普查”的农业污染源基本数据，结合研究区域环境统计年报、统计年鉴等相关统计资料，同时实地调查了研究区种植业情况，对研究区内种植业种类、排放去向、处理方式等情况进行了详细调查，初步计算出种植业排污量。

2011 年研究区主要有旱地、水田、茶园、果园等农用地类型，种植面积约 1 332.8 万亩（1 亩＝0.067 hm^2），利用模型对研究区种植业污染源主要污染物排放量进行估算，COD 排放量为 2.40 万 t，氨氮、总氮和总磷排放量分别为 0.21 万 t、1.19 万 t 和 0.08 万 t。

2011 年研究区内 COD、总磷排放量位于前 3 位的依次为Ⅲ 212、Ⅲ 113 和Ⅲ 231 分区；氨氮、总氮排放量较大的依次为Ⅲ 212、Ⅲ 213 和Ⅲ 231 分区。

各生态功能分区相应污染物排放量如附图 4-12 所示。

4.4 养殖污染源

4.4.1 禽畜养殖

针对区内规模化养殖场的畜禽养殖种类、养殖的数量、畜禽养殖场的类型，以及污染物排放的形式、排放去向、受纳水体等。根据农业污染源基本数据，实地调查了研究区畜禽养殖情况，对研究区内畜禽养殖种类、排放去向、处理方式等情况进行了详细调查。并根据养殖种类的不同，采集多处有区域代表性的养殖场进行实际监测，初步计算出畜禽养殖业排污量。

2011 年研究区内规模化畜禽养殖场约 891 家，COD 排放量约 3.61 万 t，氨氮、总氮和总磷排放量分别为 0.29 万 t、0.90 万 t 和 0.16 万 t。COD、氨氮、总氮、总磷排放量位于前 3 位的均为Ⅲ 212、Ⅲ 231 和Ⅲ 213 分区。各生态功能分区相应污染物排放量如附图 4-13 所示。

4.4.2 水产养殖

针对区内水产养殖的面积、养殖的种类，以及污染物排放的形式、排放去向、受纳水体等。研究依据“江苏省污染源普查”的农业污染源基本数据，结合研究区域环境统计年报、统计年鉴等相关统计资料，同时实地调查了研究区水产养殖情况，对研究区内水产养殖种类、排放去向、处理方式等情况进行了详细调查，初步计算出水产养殖业排污量。

根据调查与测算，2011 年研究区水产养殖 COD 排放量为 1.59 万 t，氨氮、总氮和总磷排放量分别为 0.07 万 t、0.31 万 t 和 0.05 万 t。COD、氨氮、总氮、总磷排放量位于前 3 位的均为Ⅲ 233、Ⅲ 212 和Ⅲ 113 分区。各生态功能分区相应污染物排放量如附图 4-14 所示。

4.5 污染物来源构成及污染特征

4.5.1 分源污染物构成

通过对各类污染源污染物排放量的调查，分析研究区污染源构成情况，可知污染物排放总量为 COD 30.30 万 t、氨氮 4.58 万 t、总氮 7.95 万 t、总磷 0.60 万 t，排放构成均以工业源＋城镇生活源为主，其污染物 COD、氨氮、总氮、总磷的排放量分别占总排放量的 60.60%、64.36%、53.25% 和 32.71%（图 4-5）。

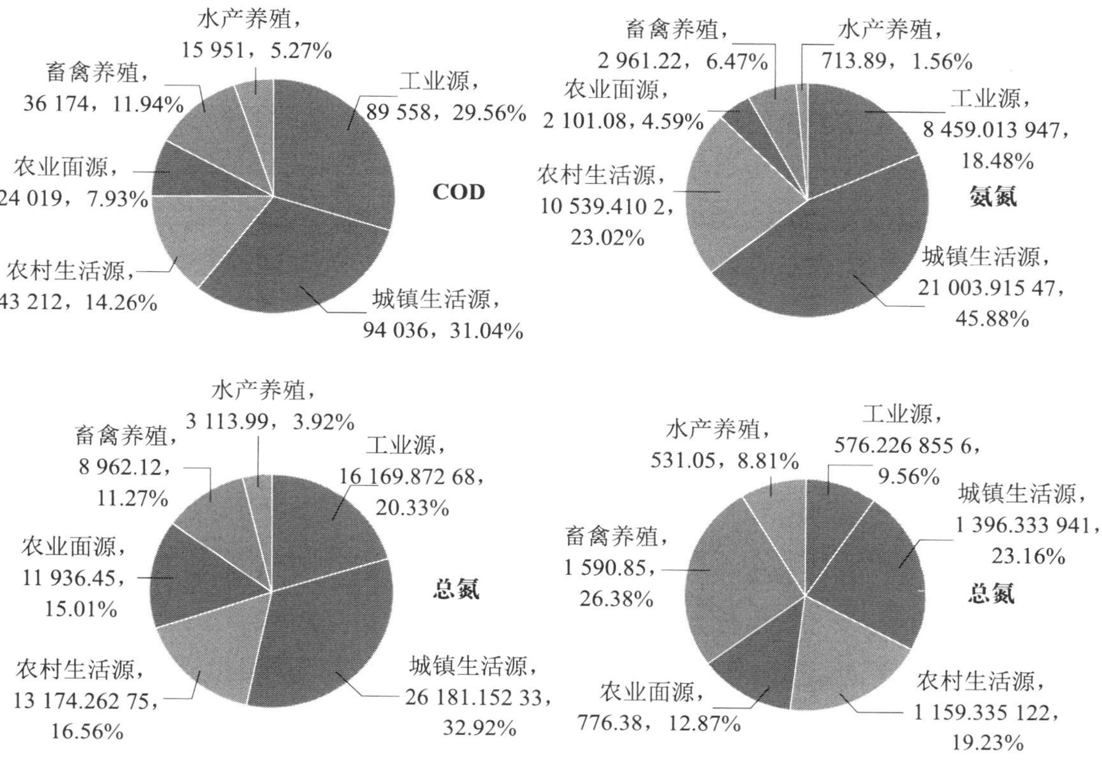

图 4-5 研究区污染源排放构成

根据对各生态功能分区的各类污染源污染物排放量的调查，计算得出不同分区各污染源排放情况（附图 4-15），Ⅲ 212、Ⅲ 213、Ⅲ 231、Ⅲ 233、Ⅲ 112 分区 COD 排放量均较大，尤以Ⅲ 212 分区最大，占 COD 排放总量的 21.4%；氨氮排放量依次为Ⅲ 212、Ⅲ 233、Ⅲ 213、Ⅲ 231、Ⅲ 232、Ⅲ 112 分区，尤以Ⅲ 212 分区最大，占总氮排放总量的 18.6%；总氮排放量依次为Ⅲ 212、Ⅲ 213、Ⅲ 233、Ⅲ 231、Ⅲ 112、Ⅲ 232 分区，尤以Ⅲ 212 分区最大，占总氮排放总量的 20.1%；总磷排放量依次为Ⅲ 212、Ⅲ 213、Ⅲ 231、Ⅲ 233、Ⅲ 113、Ⅲ 112 分区，尤以Ⅲ 212 分区最大，占总磷排放总量的 22.6%。

由此可见，Ⅲ 212、Ⅲ 213 分区 4 类污染物排放量均偏大，Ⅲ 112 分区 COD 排放量偏高，Ⅲ 233 分区氨氮、总氮排放量较大，Ⅲ 231 分区总磷排放量偏大。

通过对各生态功能分区的各类污染源污染物排放量的调查与计算，初步分析各分区主要污染源构成情况，其中，Ⅲ 211、Ⅲ 212、Ⅲ 231、Ⅲ 232、Ⅲ 233、Ⅲ 236 分区工业污染源 COD 排放量所占比重较大，Ⅲ 111、Ⅲ 112、Ⅲ 113、Ⅲ 213 分区城镇生活源 COD 排放量所占比重较大，Ⅲ 221 水产养殖 COD 排放量所占比重较大，Ⅲ 222、

III 234 畜禽养殖 COD 排放量所占比重较大。

III 236 分区工业污染源氨氮排放量所占比重较大，III 221 分区水产养殖氨氮排放量所占比重较大，其余所有分区城镇生活源氨氮排放量所占比重较大。

III 213、III 236 分区工业污染源总氮排放量所占比重较大，III 111、III 112、III 211、II212、III 231、III 232、III 233 分区城镇生活源总氮排放量所占比重较大，III 113 分区农业面源总氮排放量所占比重较大，III 221 分区水产养殖总氮排放量所占比重较大，III 222、III 234 分区畜禽养殖总氮排放量所占比重较大。

III 213、III 232、III 233 分区城镇生活源总磷排放量所占比重较大，III 111、III 112、III 113、III 211、III 212、III 222、III 231、III 234 分区畜禽养殖总磷排放量所占比重较大，III 221、III 236 水产养殖总磷排放量所占比重较大（附图 4-16）。

4.5.2 分区污染负荷

根据各污染物排放总量与各生态功能分区面积之比，计算得出各分区各污染物污染负荷，从而掌握各分区污染类型与权重。III 112、III 211、III 213、II236 分区 COD 污染负荷较强，III 211、III 232、III 233、III 236 分区氨氮污染负荷较强，III 211、III 213、III 232、III 233 分区总氮污染负荷较重，而III 211、III 213、III 232、II233 分区总磷污染负荷较重（附图 4-17）。

5　太湖流域水环境管理体制机制调查

5.1　太湖流域管理体制

通过深入了解太湖流域水环境管理体制机制现状，为构建基于水生态功能分区的太湖流域水环境管理体系提供支撑。[167-169]

5.1.1　管理体制结构

为了保证中央政府的政令得到贯彻执行，各级政府都设置与上级政府相对应的结构，因此结构设置方面，从中央到地方存在一定的相似性。我国水环境管理体制归纳为两方面，一是流域管理与行政区域管理相结合。行政管理机构与行政区划一一对应，有哪一级别的人民政府就有哪一级政府部门中设立相应级别的环境行政管理部门，与之相配套。二是地方政府与地方环保部门双重领导，水环境监管部门隶属各级人民政府。同时，环保部门统一监管，多部门合作管理。各级环保部门与其他分管各自领域水环境工作的部门执法地位平等，统管与分管部门之间不存在行政上的隶属关系。

《水污染防治法》（2008 年修改）第八条规定："县级以上人民政府环境主管部门对水污染防治实施统一监督管理，交通主管部门的管理机构对船舶污染水域的防治实施监督管理。县级以上人民政府水行政、国土资源、卫生、建设、农业、渔业等部门，在各自的职责范围内，对有关水污染防治实施监督管理。"《水法》（2002 年修改）第十二条规定："国务院水行政部门负责全国水资源的统一管理和监督工作。县级以上地方人民政府水行政主管部门按照规定的权限，负责本行政区域内水资源的统一管理和监督工作。"根据法律的规定，环保、水利、国土、卫生、建设、农业、渔业、林业等多个部门都参与到水环境管理工作中。按照《水污染防治法》和《水法》，结合我国的水环境体制研究，确定太湖流域水环境管理机构设置如图 5-1 所示。

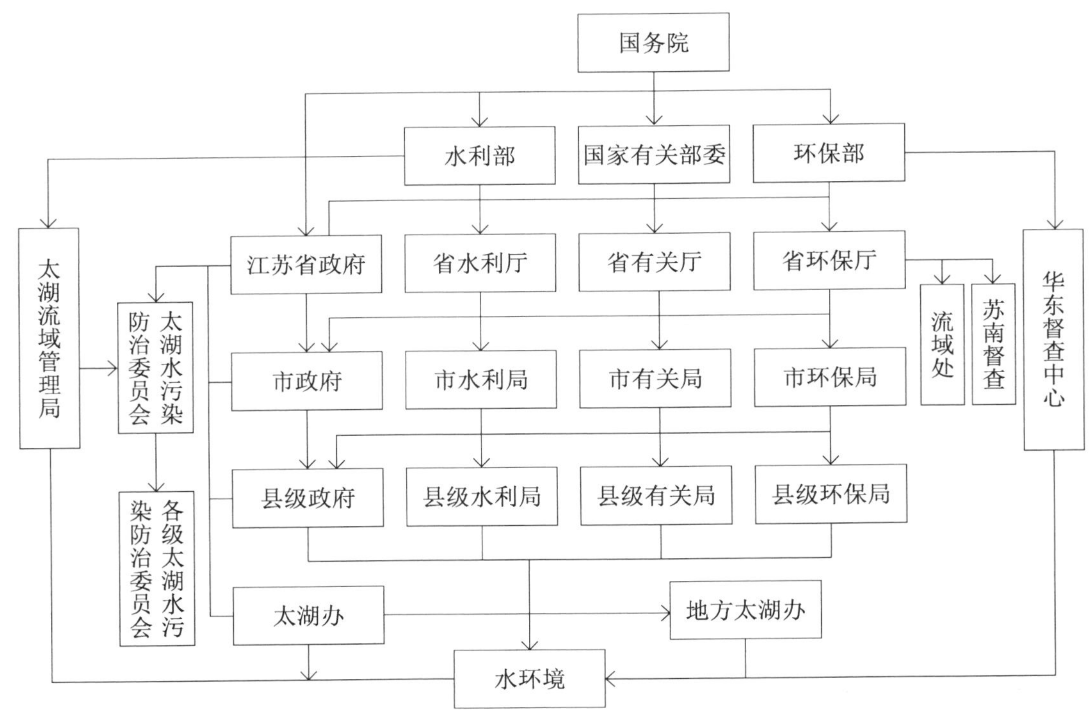

图 5-1　研究区水环境监管机构设置

纵向来看，太湖流域是由中央—省域—市级—县级地方政府和行政机构逐级管理。其中，太湖流域管理局，是水利部的派出机构，是具有行政管理职能的事业单位。该机构包括：规划计划处、水政水资源处（水土保持处、水政监察总队）、建设与管理处、安全监督处、防汛抗旱办公室、监察处、审计处（与监察处合署办公）及办公室、财务处、人事处（科技外事处）、直属机关党委、太湖工会等。单列机构为太湖流域水资源保护局（副局级）。同时包括太湖流域管理局水文局（信息中心）（副局级）、太湖流域管理局水利发展研究中心（正处级）、太湖流域管理局综合事业发展中心（正处级）、太湖流域管理局苏州管理局（正处级）、太湖流域管理局苏州培训中心（正处级）、太湖流域管理局太湖流域水土保持监测中心站（正处级）事业单位。

江苏省实行统一管理与分级、分部门管理相结合的体制，环保部门作为水环境管理和相关政策实施的主要部门，负责流域内各行政辖区水环境保护的统一规划和监督；水利、建设、农业、国土资源等部门根据国家的相关法律要求，行使相应的水环境保护管理职责。另外，江苏省建立了多种太湖流域管理机构，例如，太湖水污染防治委员会、太湖水污染防治办公室、太湖处等，促进跨区域水环境协调管理；组建了苏南环保督查中心，加强对沿太湖污染减排的督察。

横向来看，主要包括两类：一是同一行政区人民政府的环境保护行政主管部门和水行政主管部门；二是同一行政区人民政府中与水污染防治和水资源保护有关的其他部门。例如，交通主管部门的海事管理机构、县级以上人民政府国土资源、卫生、建设、农业、渔业等部门。

5.1.2 管理机构职责及主要任务

国家政府机构职能是由相关法律和政府文件赋予的，同时这些职能也是设置该机构的重要依据。《水污染防治法》赋予环保部门水污染防治统一监管的职能，《水法》赋予水利部门水资源统一监管的职能。因此，在太湖流域，从省级到地方一级相关环保部门的职能主要为监管相应行政区的水污染防治，而各级水利部门的职能则是监管水资源利用。然而，由于水环境管理的性质，一些机构的职能难免会产生交叉、重叠，甚至冲突，导致管理问题频繁出现。通过搜集相关法规条文，确定太湖流域水环境管理相关部门的职权。

（1）**省级层面**

主要分析太湖水污染防治委员会、省太湖办、环保厅、发改委、水利、财政、建设、国土、农业、林业等厅级部门与流域水环境管理相关的职能。

1）太湖流域水污染防治委员会

江苏省太湖流域水污染防治委员会成立于1996年11月，主要目标是加强部门职能联合和上下游区域合作，负责组织协调和监督检查水污染防治各项工作，确保完成国家太湖水污染防治战略计划。各有关市政府也相应成立了各市太湖水污染防治委员会。委员会由省政府办公厅、发改委、财政厅、环保厅、水利厅、交通厅、住建厅、国土厅、农林厅、工商局等各有关职能部门及太湖流域范围内的苏州、无锡、常州和镇江市有关地区人民政府组成。

2）太湖水污染防治办公室

根据中央机构编制委员会办公室《关于设立江苏省太湖水污染防治办公室的批复》（中央编办复字〔2009〕65号），设立省太湖水污染防治办公室（简称省太湖办），为省政府派出机构，正厅级建制，经省政府授权，统一履行全省范围内太湖水污染防治工作综合监管职责。主要包括综合处、规划处及督查应急处等部门。

3）江苏省环保厅

江苏省环保厅是人民政府的职能部门，负责建立健全环境保护基本制度，负责重大环境问题的统筹协调和监督管理。下设政策法规处、规划财务处、科技标准处、环境影响评价处、水环境管理处、生态文明建设处、环境监测与信息处等部门。其中专门负责流域水环境保护的部门为水环境管理处，主要职责是负责全省水环境保护的监督管理工作。拟订并组织实施水体污染防治管理制度；建立跨市界河流断面水质考核制度并组织实施；组织开展清洁生产强制性审核；组织拟订有关污染防治规划并对实施情况进行监督；承担全省流域水环境质量管理和水污染防治工作；组织编制地表水环境功能区划、流域环境保护规划；指导、协调和监督海洋环境保护工作。

4）省级其他相关机构

省有关水环境管理的职能部门还包括发改委、水利厅、渔业厅、国土厅等机构，按照各自职责分工，配合环保厅进行水环境管理的指导和服务，共同做好太湖流域水污染防治工作。

（2）地方层面

市、县等地方环保机构主要部门包括污染物排放总量控制处、环境监测与信息处、自然生态保护处、科技标准处、规划财务处、政策法规处等，其各自有关水环境保护的职能及主要任务概括为：一是落实执行环境保护基本制度，贯彻落实省委、省政府和市委、市政府关于太湖水污染防治工作的各项政策和决策部署；二是负责重大环境问题的统筹协调和监督管理，分解落实和监督执行太湖水污染防治的目标任务；三是组织实施地方污染物排放总量控制和排污许可证制度并对其进行监督管理；四是承担从源头上预防控制环境污染和环境破坏的监管责任；五是负责污染防治的监督管理；六是指导、协调、监督生态保护工作，评估生态环境质量状况；七是落实环境监测制度和规范，负责环境监测和信息发布。

5.2 太湖流域管理机制

从污染控制减排、水生态修复改善两方面，对流域、省级、地方 3 个层面的水环境管理机制进行调研，总结太湖流域（江苏）水环境管理机制的现有的成功经验与存在的不足，为进一步评估基于水生态功能分区的管理体制机制奠定基础。

5.2.1 污染控制管理机制

（1）点源污染控制管理机制

针对点源污染的控制减排政策较多，如环境影响评价制度、“三同时”制度、排污许可证制度、排污收费制度及总量控制及减排制度等，选择具有区域特色的排污收费和总量控制及减排制度两个政策及相应的措施来具体阐述太湖流域（江苏）点源污染控制管理机制。

1）排污收费制度

排污收费是指向环境排放污染物的组织、单位和个人向环境保护行政主管部门缴纳一定费用的制度。该制度建立在“污染者付费”原则之上，体现环境资源的价值。排污收费是促进产业结构调整优化、倒逼污染企业关停并转迁、实施节能减排技术改造的重要手段，是衡量环境监管执法力度和环保工作的重要标志，是遏制污染物排放的经济杠杆。

排污收费的管理程序为排污申报登记，监察机构审核，核算实际排污量，确定及缴纳排污费数额。目前，我国的排污费征收对象涵盖了总氮、总磷、生化需氧量、pH、色度等在内的64种污染物。江苏省是全国最早的排污收费试点之一，由最初的按浓度收费转向按总量收费，通过提高环保门槛和排污收费，倒逼污染企业关停并转或实施节能减排技术改造，让流域内高耗能、高排放、高占地的工厂疏散出去，将占用土地和环境资源少的产业置换进来，从而有力促进了污染物总量减排工作，有力促进了区域环境质量的改善。

2）总量控制及减排制度

“十一五”总量指标分配采用自上而下和自下而上相结合的方法，根据各省和重点城市提出的总量控制目标汇总调整，形成国家总量控制目标。同时国家环保总局出台了《主要水污染物总量分配指导意见》《主要污染物总量减排统计办法》《主要污染物总量减排监测办法》《主要污染物总量减排考核办法》等，提出了总量控制指标在地方层面进行分配的指导性方法，并完善了总量减排统计、监测和考核3大体系。2008年新《水污染防治法》也规定：“国家对重点水污染物排放实施总量控制制度；排放水污染物，不得超过国家或者地方规定的重点水污染物排放总量控制指标”。“十二五”实施总量控制的污染物范围进一步扩展，水污染物还包括了COD及氨氮。

在总量控制的实施过程中，各级地方人民政府在就总量控制目标与上一级政府签订总量削减目标责任书后制订年度削减计划，责任主体为各级地方政府。根据《主要污染物总量减排考核办法》，各级地方人民政府应确定主要污染物年度削减目标并制订年度削减计划。总量控制制度主要是通过实施污染物削减项目，即工程减排，以及淘汰落后产能，关停污染较为严重的企业，即结构减排来实现的。例如，太湖流域实施提标工程，将《城市污水综合排放标准》提高到《太湖地区城镇污水处理厂及重点工业行业主要水污染物排放限值》等；具体措施则主要包括关停小企业及对污染严重、效益较低的企业责令停产；根据产业政策，通过环境影响评价实行严格的环境准入制度，协调项目的地理位置，控制新增排放总量等。

随着主要污染物排放量的持续削减，“十一五”期间江苏全省COD累计减排33.53万t，超额完成国家下达的“十一五”减排任务。2010年，全省124个国控断面水质同比有所改善，全省91个大型集中式地表饮用水水源地水质总体较好，基本达到考核目标。太湖流域53个国家考核断面有46个达标，2010年平均达标率为88.5%，同比提高9.7

个百分点，比 2005 年提高 44.3 个百分点；高锰酸盐指数、氨氮平均浓度分别比 2005 年下降了 10.7 个百分点和 32.7 个百分点。2010 年 4—10 月，卫星遥感共监测到太湖蓝藻水华 78 次，同比减少了 30 次。根据 2012 年度主要污染物总量减排工作完成情况的核查。江苏省污染减排、环境保护工作任务尤为突出。完成 2012 年减排任务，共实施了 2 788 个减排项目，其中国家公告列入 2012 年责任书项目的 67 个，省重点减排项目 342 个。

（2）面源污染控制管理机制

面源污染是造成太湖河网水质污染与太湖水体富营养化的重要来源。相对于点源污染而言，面源污染分布范围更广、控制难度更大，在水环境治理中显得尤为突出。太湖流域面源污染的主要来源包括农田化肥流失、西部山区地表侵蚀、畜禽养殖、乡村分散式工业废水和生活污水等方面。其中，以来自农业的面源污染最为突出，主要包括种植业污染、养殖业污染和农村居民生活污染等。

太湖地区种植业施用大量的化肥，导致了高强度的氮、磷排放。太湖流域农田化肥年施用量平均为氮肥 570 ～ 600 kg/hm^2，磷肥 79.5 ～ 99 kg/hm^2，平均利用率仅为 30% ～ 35%。太湖流域的畜禽养殖业较为发达，牲畜排放的粪、尿中含有大量的氮、磷，实际养殖中，只有 60% 左右畜禽粪便用作有机肥，其余的直接排放于环境中。此外，农村生活垃圾的丢弃、生活污水的排放、家庭粪便及养殖牲畜的污染，也会造成居住区氮、磷的大量流失。调查研究表明，江苏太湖流域地区每年排放农村生活污水约 2.45 亿 t，排放总氮 6 234 ～ 15 834 t，排放总磷 600 ～ 1 248t，许多地区农村生活污水处理率低于 10%，仅部分经济高度发达地区农村生活污水处理率达到 30% ～ 50%；乡镇和农村居住点的地表径流中氮、磷负荷量分别达到 20 ～ 40 kg/（hm^2·a）和 3 ～ 12 kg/（hm^2·a），接近或超过农田氮、磷面源排放量，农村居民生活污染不容忽视。

面对太湖流域面源污染严峻的防治形势，江苏省出台多项举措，投入大量的财力、人力，以期达到太湖流域面源污染的全方位治理。2007 年出台《江苏省太湖水污染治理工作方案》，对 2010 年太湖一级保护区内农业面源主要污染物 TN 和 TP 的排放量消减率、农药和氮肥的使用量消减率、畜禽养殖粪便综合利用率、太湖网围养殖面积调减规模、农村生活污水处理率等提出了明确的指标要求，环太湖的无锡、苏州、常州各市及区县（市）也出台了相应的治理措施。

1）转变农业生产方式

传统的农业生产方式，带来化肥、农药、农膜及人畜粪便对水环境的污染。江苏省为转变太湖流域传统的农业生产方式，全力推进畜禽养殖场综合整治、农业清洁生产和生态循环农业建设。在畜禽养殖方面，环太湖 1 km 及主要入湖河道上溯 10 km 两侧规定范围内取缔、关停和迁移畜禽养殖场户，整治大中型规模畜禽养殖场，新（扩）建畜禽粪便集中处理中心等。实行禁养区、限养区和适养区管理，取缔、关闭或搬迁禁养区内畜禽养殖场。在农田种植方面，江苏省环保厅和农林厅联合通过制定“控氮施肥和平衡施肥”技术规程，优化施肥结构，推广节约型农业生产技术，引导和鼓励农民生产绿色产品，推广生物农药、高效低毒、低残留农药等。

2）推进农村生活污染治理

按照因地制宜、分类处理的原则，采取分散与集中处理相结合的办法，加大农村分散居住农户污水处理力度。在农村生活垃圾治理方面，通过实施区域基础设施共建共享，加快“组保洁、村收集、镇转运、县处理”收运体系建设，提高村庄保洁、垃圾收运体系覆盖面和无害化处理水平。在农村生活污水治理方面，实行分类处理方式，集中区通过管网改造就近接入生活污水处理厂，规模较小的村采用分散式污水处理设施，从而提高农村生活污水处理率。

3）建立生态补偿机制

2008 年起，江苏省开始在太湖流域实施环境资源补偿机制。区域补偿按行政区划分级管理，按照“谁污染谁付费、谁破坏谁补偿”的原则确定责任主体，“补偿标准高于环境治理成本”的原则计算补偿金额。根据《江苏省环境资源区域补偿办法（试行）》（苏政办发〔2007〕149 号）规定，如果河流交界断面水质超标，上游将依照化学需氧量每吨 1.5 万元、氨氮每吨 10 万元、总磷每吨 10 万元的标准，支付给下游环境资源补偿资金。

4）建设农业面源污染监测体系

江苏省太湖流域农业面源污染监测体系建设项目尚处于起步阶段，按照农业面源污染防治目标任务，开展太湖地区农业污染源普查，并设置 81 个农业面源污染定位监测点，开展环境质量评估和监测预警，为太湖流域农业面源污染监测体系的建立奠定了基础。2011 年起，江苏省在太湖流域 5 个地市、16 个县中全面建设农业面源污染监测系统。根据农业生产的季节性特点，定期对化肥、农药、径流水、生活污水、垃圾、畜禽粪便等流失情况进行定时定位监测，以掌握农业面源污染发生重点区域、污染物主要来源和动态变化规律。除定点监测点外，还计划运用物联网技术建设 4 个自动监测站，把感知技术运用到农业面源污染监测之中将会第一时间对农业面源污染动态进行早期监测、跟踪与预警，使污染的危害在最短的时间内得到有效、及时的控制。

5.2.2 水生态健康管理机制

（1）水生态修复及保护管理机制

基于生态系统保护的流域综合管理已逐渐成为国际主流，实践经验表明，对污染河湖的治理，必须实施污染源控制和生态修复相结合的办法，进行河流健康、生物多样性保护、湿地保护等水生态保护。然而，我国的水环境管理缺乏对流域水生态系统功能保护、生态修复的考虑，仍停留在“见污就治”的初级水平上，没有根据流域或区域的水生态特征制定有效的污染控制措施。为了从根本上实现太湖流域的水环境改善，促进区域生态文明建设，江苏省正在开展太湖流域水生态健康管理体系构建。计划从流域生态系统健康角度制定太湖流域水生态功能分区管理办法，优化国土空间开发格局、明确生态保护红线，率先建立“分期、分区、分类、分级”的梯度、差异化水生态健康管理体系、政策机制与管理平台。

近年来，江苏省出台了多项涉及流域水生态修复及保护的政策文件，包括《江苏省重要生态功能保护区区域规划》《江苏省太湖流域水环境综合治理湿地保护与恢复规划（2010—2020）》《江苏省太湖流域三级保护区划分方案》《江苏省湖泊保护条例（2012年修正）》《太湖流域水环境综合治理总体方案》等。对重要生态功能区域、主要物种保护、湿地生态功能恢复、生态隔离带及防护林体系建设、环太湖河道清淤等内容做出明确规定，为提升生态文明建设水平、实现区域可持续发展奠定坚实的生态基础。在具体工程措施方面，江苏省逐步加强了水生态修复技术的研究，并借鉴其他地区在水生态环境修复方面的经验，结合实际情况在有条件的地方开展试验和技术应用。包括沿岸植被缓冲带净化技术、人工湿地污水净化技术、生态浮床技术、富营养化湖泊生态修复技术、水源地生态防护与生态护坡技术、新型人工湿地技术等。

江苏省委、省政府贯彻落实国家生物多样性保护有关的法律法规，高度重视生物多样性保护工作：一是建立完善了生物物种资源保护部门联席会议制度；二是率先开展了全省生物物种资源调查，并取得了阶段性成果，预计在两年内可基本摸清全省生物物种资源家底，为进一步加强生物物种资源与生物多样性保护和管理提供科学依据；三是优先开展了农业种质资源保护与信息平台建设，有效保护和高效可持续利用农业种质资源；四是作为全国试点，启动了以县域为单元的全省生物多样性评价工作；五是积极开展生物多样性系列教育宣传活动，组织开展“保护生物多样性”公益活动方案征集活动，引导公众关注生物多样性保护、共建生态文明；六是组织省辖市制定实施生物多样性保护规划；七是加强自然保护区建设和农业种质资源保护。全省已建立31个各类自然保护区和一批农业种质资源库（种质资源圃、原种场），有效防止了由于资源和土地过度利用对农业及生物多样性造成的影响。

在农村生态环境建设方面，着力培育具有“江苏特色”的管理技术模式，为农业生态保护工作提供强有力的科技支撑。在转变农业生产方式的同时，江苏省全力推进生态净水工程，加快对太湖流域现有乡村排水沟渠塘工程化技术改造，建立新型生态拦截型农业湿地系统和新型的生态拦截型沟渠塘系统，通过清除垃圾、清除淤泥、清除杂草，直接去除污染物；通过种植垂柳、草被植物，合理配置氮、磷吸附能力强的半旱生和水生植物；设置净水坝，拦截污水、泥沙及漂浮物等，实现对氮、磷养分的立体式吸收。

建设氮、磷流失生态拦截沟渠、生态池塘，同时还做好了打捞与资源化利用工作。通过实施以上农业治污工程，不断提高农业废弃物资源化利用率，促进农业发展方式转型升级，有效改善了农村生态环境和太湖水质。

在流域生态环境监测方面，江苏省设立太湖湖面蓝藻预警监测站，建立蓝藻预警机制，健全应急处置预案和管理制度，完善信息发布机制，提高应对突发性环境事件的能力。逐步加强水生态断面布设与水生态指标监测工作，开展水生态健康评价。此外，在加强监测的同时，环保等有关部门还加大了“铁腕治太”力度，实行重点污染源监管责任制，建立环保执法责任追究制度，对监管不力、执法不力、行政不作为、权钱交易等行为，依法追究相关人员责任。

（2）产业准入与结构优化管理机制

《太湖流域水环境综合治理总体方案》中明确了调整产业结构调整工程。按照省政府“调高、调优、调新”产业结构的要求，编制太湖地区产业发展指导目录，大力发展节能降耗的新兴产业，发展先进制造业，改造提升传统产业，培育高新技术产业，发展高端服务业，淘汰落后生产能力。结合《江苏省太湖流域三级保护区划分方案》，规定一级保护区内全面禁止原料工业发展，严格限制一般加工工业，全面推进研发中心集聚、商务服务集聚、教育文化集聚，建成现代服务业高地，形成以高新技术产业为主导、现代服务业为支撑的产业发展新格局，从根本上解决太湖流域水环境污染问题。

限制和淘汰落后生产能力，进一步提高环境准入门槛。对新上项目实施严格的环境保护审批制度，纺织染整、化工、造纸、钢铁、电镀及食品制造（味精、啤酒）等重点工业行业新上项目审批严格执行《太湖地区重点工业行业主要水污染物排放限值》。实行项目限批制度，停止审批新增氮、磷等污染物总量的建设项目，新增化学需氧量和二氧化硫总量必须通过老企业减排的两倍总量来平衡，实施“减二增一”。

通过节水减排工程，引导地区经济结构和产业布局调整。实施用水总量控制和定额管理，通过控制区域用水总量，引导地区经济结构和产业布局的调整，以及城市化发展的布局与进程。此外，江苏拟规划建设环太湖绿廊推进环太湖生态修复，带动相关产业发展。环太湖绿廊结合慢行系统建设为旅游观光、休闲运动、体验度假等相关产业的发展提供新的载体，构建绿色产业链，拉动消费，扩大内需，并为周边居民提供多样化的就业机会。引导慢生活，有利于促进产业转型，提升土地资源价值，改善城市投资环境，促进经济增长。

目前，以水生态健康为管理目标的产业结构调整仍处于初始阶段，还没有具体的政策措施，仅部分农牧业开展了以生态健康养殖为主的新模式，促进农牧养殖业的结构调整。自 2008 年起，江苏省率先组织开展生态健康养殖示范创建活动，以培植建设一批符合标准化生产要求、具有较强影响力和示范作用的现代畜牧生产企业。各级农牧部门以“提高比重、优化结构、增加总量”为主线，科学布局、统筹规划、多措并举、大力推进农牧产业规模化经营。首先，发展标准化、集约化、专业化的畜禽规模养殖企业，增加规模总量；以龙头加工企业为带动，提升产业化水平，将农户生产统一纳入公司管理，提高商品化基地建设水平；同时，以规模养殖小区为重点，扩大规模群体。其次，推行生态健康养殖，强化“三资”拉动，并将畜牧规模养殖纳入政府考核指标，制定年度目标任务，实行季度通报、年终考核，将考核结果作为安排相关项目经费的主要依据。最后，在政策扶持上，实施规模养殖基础设施建设补助、畜禽排泄物沼气处理补助、对新品种、新模式、新技术的研究开发和推广应用给予补贴。

5.3 太湖流域管理体制机制存在的主要问题

（1）管理部门权责不明

目前在环境保护管理方面，太湖流域实行了“统一监督管理与部门分工负责相结合”的基本管理原则，但《环境保护法》并未对部门分工负责的具体职责做出明确规定，导致分管部门职责不清，从而在实际工作中出现了或“争抢”或“推诿”的现象。在流域管理中，水利和环保部门之间的冲突涉及规划、水质监测、机构、水量调配和污染物总量控制、跨界污染管理监督、水污染纠纷调处等多个方面。例如，在编制水功能区划、水环境保护规划时，环保部门负责编制以水环境为组成要素的环境功能区划，而水利部也具有“组织水功能区的划分”的职能，造成“水功能区划分”这一职能的重复。部门之间涉及水环境管理的冲突还包括：在环境监测方面，环保部门建立了从上到下的 4 级环境监测网，而水利部门、农业部门等其他部门也建立了自己的环境监测网，不仅造成了大量的浪费，而且由于两者监测结果的不同，极大地损害了中央政府部门的权威性；在污染纠纷处理职能方面，县级以上地方人民政府或者环境保护主管部门，渔业主管部门或渔政监督管理机构及海事管理机构等都有调查处理渔业污染事故的职能，同时也出现环保部门和渔政监督管理机构处理渔业污染纠纷或者遇到棘手的渔业污染纠纷相互推诿的现象。

（2）监管机制不完善

太湖流域监管机制存在的问题主要体现在以下方面：①上级环保部门对地方的监管问题。上级环保部门对地方环保局只有指导权，而地方环保局是地方政府的职能部门，导致它容易成为地方利益工具，无论是数据监测、污染控制还是建设项目审批都要受地方政府左右，而上级环保部门的监督也无法逾越当地政府的权威。②排污企业的监管问题。目前，地方政府的环境治理能力（如治理手段、技术水平、监测能力、法律素养、支出费用等方面）普遍低，信息披露和公众参与等手段也很薄弱，且部分地方政府只顾眼前经济利益，对企业污染监管力度有限，对很多水污染违法事件往往是大事化小、小事化了。在缺乏有力的环境监管条件下，企业本身的逐利性决定了其会采取规避态度，不重视污染减排及生产设备和工艺技术的更新改造，降低环保投资成本。③公众参与监督问题。太湖水环境管理中的公众参与机制还不健全，虽然《水污染防治法》对公众参与进行了原则性的规定，但参与方式和程序、信息的披露和反馈、意见采纳与否等都未做相关规定。在太湖流域治理中，公众缺少知情权和参与权，更没有有效的监督权。公众获取污染信息和治理信息的渠道单一，多数是通过媒体曝光后才得知。同时，在一些公开信息中，部分专家言论及专业术语造成了公众对水环境状况的误解，潜在影响了公众参与积极性。此外，对于管理部门滥用职权、玩忽职守、徇私舞弊的环境保护监督管理行为，存在监管不到位及执行不力的状况。

（3）未充分提升管理工作效率

太湖流域水环境管理工作效率不高，主要表现在以下两方面：一方面，多数地方政府以经济利益为主，作为政府机关的环境管理相关部门缺少环保竞争机制，容易出现管理成本过高而效率低下的现象。另一方面，政府及相关环保部门提供的环境公共物品过剩，由于辖区政绩影响官员的提升，一些地方政府大肆规划建设形象工程，造成财政资金的浪费。例如，城镇污水处理厂存在设计流量远远超出实际城镇污水量，导致污水处理厂无法达到满负荷，出水效果较差的现象，造成巨大的浪费。同时，由于政府官员具有连任和升迁的政治需求，倾向于最大化本部门预算，从而扩大本部门规模，以此壮大自己的势力范围，增加自己升迁的机会，但这些争取来的财政资金多是用于管理机构建设，并未合理地运用到水环境保护的实际工作中，影响地区水环境的改善。

（4）协调机制不健全

现有的流域水污染管理体系中，缺乏完善的协调与合作机制，具体表现在：①流域与行政区的协调问题。目前，为加强流域层面的协调管理，建立了太湖流域管理机构，但该机构仅在流域防洪事务中发挥着较为明显的指挥协调作用；在水环境管理方面缺乏地方行政区及有关部门的共同参与，其议事、协调和仲裁能力不够。此外，在流域层面虽然建立了领导小组或引入了联席会议，但由于管理制度的缺乏，造成流域与行政区不同的水环境管理方案。②跨行政区的协调问题。地区环境负外部性的存在使得地区政府间在水环境事务上时有冲突，跨地区协调的管理规定存在一系列缺失。缺乏一套处理跨行政区环境资源纠纷的制度，补偿机制虽能实现跨行政区合作的重要制度，但该方面还很薄弱；预警和应急管理制度、污染损害保险制度等均出现缺失。③部门之间的协调问题。由于我国环境管理体制存在部门之间职责不明、权限不清等多种问题，造成部门之间的协调和配合面临很大困难。从某种程度来讲，部门协调的难度要高于区域之间，当上级政府的行政力量作用及市场经济发展带动区域之间利益共享，使得区域之间具有协作的基础。而部门之间的利益并非如此，由于部门“本位主义”的影响，其协调缺乏有效的制度保障，也没有设置对这些冲突与矛盾进行有效协调的权威性部门或机构。

（5）工程管理缺乏长期性

尽管太湖流域水环境治理投入了大量财力、物力和人力，但由于长期受“重建设，轻管理”的思想影响，已建工程项目治污成果未能得到很好的巩固和维持，存在工程设施完好但效率低下、污染“回潮”、水环境恶化趋势难以得到根本遏制等问题。此外，太湖流域目前开展的大部分环保工程都是政府投资，例如，生态修复工程、人工湿地工程、畜禽粪便资源化利用工程、农村分散式处理工程等，但是这些工程运营费用往往高于其建设费用，政府管理时限到期后，由于缺少有效的经济手段或市场机制，造成后续管理资金不能到位，难以保证环保工程的持续运营。

（6）面源污染防治问题突出

长期以来，在城乡二元环保体制下，农村面源污染治理问题较多，包括管理主体与权责不清晰、工程运营与监管体系建设滞后、资金供给短缺等方面。在管理主体方面，农业、环保、住建、水利多方管理，部门分工不明确，监管相互脱节；省、市、县主管部门不同，难以对地方管理进行有效指导，影响治理工程规范、有序开展；各地缺乏统一规划、设计和管理，资金使用过于分散，污染治理效果不明显。在工程运营方面，大部分地区农村面源污染防治工程的运营由政府包干，但由于上级管理部门人力有限，管护工作实际下放至镇（村），对设施运行情况与效果产生不利影响，造成管理工程布局分散，管理成本高，规模经济效应不显著，企业及民众普遍缺乏积极性，产业化发展缓慢。在治理资金方面，现有资金供给规模与渠道难以满足农村面源污染治理的需求，尤其是污染防治工程的建设和运营管理；以农村生活污水治理为例，其建设资金缺口大，设施运行管护资金匮乏，经费来源稳定性较差，资金供给远不及城镇污水处理，造成地方参与农村生活污水治理的积极性不高。

6　太湖流域水生态功能三级分区与现有区划的耦合分析

6.1　现有区划与政策主要特征

江苏太湖流域及其涉及的相关地市目前执行了多个区划及方案，主要包括《江苏省地表水（环境）功能区划》《江苏省主体功能区规划（2011—2020 年）》《江苏省太湖流域三级保护区规划》《江苏省生态红线区域保护规划》、水功能区划等。这些功能区划的状况，与水生态功能分区的关系及差异性和一致性的分析有利于水生态功能分区的划分，从而提高管理的可操作性。

6.1.1　流域现有环境功能区划

（1）水环境功能区划

为了有利于水资源保护和水污染防治工作的开展，江苏省水利厅和江苏省环境保护厅多次进行综合分析，将江苏省水利厅编制的《江苏省水功能区划报告》和江苏省环境保护厅修订的《江苏省地面水水域功能类别划分》并归为《江苏省地表水（环境）功能区划》。[170]

1）区划范围

流域的干流、一级支流，重要的跨省、跨市河流，以及边界水污染纠纷频发的河流全部纳入区划范围；对二级支流及市内骨干河流按水资源开发利用程度和水污染现状，基本纳入区划范围；对城镇的主要饮用水水源地、工业用水、农业灌溉用水水源地，重要的鱼类洄游场地及流经较大城镇的河流，大、中型工矿企业区取水水源地纳入区划范围。

2）区划原则

①可持续利用原则。功能区划与水资源利用规划及社会经济发展规划紧密结合，根据水资源的可再生能力和自然承受能力，力求适应江苏省经济社会发展及实施可持续发展战略对水资源保护的要求，为科学合理利用水资源留有余地，促进经济社会和生态环境协调发展。

②统筹兼顾、突出重点原则。功能区划以流域、水系为单元，统筹兼顾河流上下游、左右岸不同水域，以及经济社会发展规划对水域功能的要求；重点突出流域、区域水资

源综合开发利用和水污染防治，达到水资源开发利用与保护并重；集中式饮用水水源地、重要供水水源地、自然保护区等为优先重点保护对象。

③前瞻性原则。保护现状水源水质较好的水库、长江干流和大型跨流域调水线路，为未来经济社会发展的需求留作高水质要求的供水水源。

④水质、水量并重，合理利用水环境容量原则。在进行功能区划分时，既考虑水资源开发利用对水质的要求，又考虑河流、湖泊、水库的水文特征，合理利用水环境容量，保证功能区达到水质目标；既充分保护水资源，又适度利用水环境容量。

⑤便于管理、实用可行原则。河流、湖泊功能区的起讫界限尽可能与行政区界一致，便于行政区域管理；其相应水质目标由水域第一主导功能确定。

⑥不低于现状水质和不同功能兼顾原则。水质目标规划水平年确定为2010年和2020年，当水域现状水质优于水功能要求时，规划水平年的水质目标不低于现状水域水质。同处上下游相邻两功能区水质存在差异时，允许上、下游间存在过渡区，但上游过渡区讫止断面的水质必须达到下游河段起始断面的水质目标要求。

⑦允许点源排污口附近存在混合区原则。混合区应不影响周围最近相邻水域的水质。混合区范围由上级水域管理单位的政府批文或者在建设项目环境影响报告书批复文件中予以确认。

3）区划成果

江苏省在749条河流、43个湖泊、73座水库中共划分功能区1 316个，详见附图6-1。

（2）生态功能区划

生态功能区划是根据区域生态环境要素、生态环境敏感性与生态服务功能空间分异规律，将区域划分成不同生态功能区的过程。其目的是制定区域生态环境保护与建设规划、维护区域生态安全，以及资源合理利用与工农业生产布局、保育区域生态环境提供科学依据。并为环境管理部门和决策部门提供管理信息与管理手段。

1）区划范围

生态功能区划的范围主要是流域内的陆地生态系统，包括森林生态系统、草原生态系统、湿地生态系统、荒漠生态系统、农田生态系统和城市生态系统6块内容。

2）区划原则

①主导功能原则。生态功能的确定以生态系统的主导服务功能服务为主。在具有多种生态服务功能的地域，以生态调节功能优先；在具有多种生态调节功能的地域，以主导调节功能优先。

②区域相关性原则。在区划过程中，综合考虑流域上下游的关系、区域间生态功能的互补作用，根据保障区域、流域与国家生态安全的要求，分析和确定区域的主导生态

功能。

③协调原则。生态功能区的确定与主体功能区规划、重大经济技术政策、社会发展规划和其他各种专项规划相衔接。

④分级区划原则。全国生态功能区划应从满足国家经济社会发展和生态保护工作宏观管理的需要出发，进行大尺度范围划分。省级生态功能区划应与全国生态功能区划相衔接，在区域尺度上应更能满足省域经济社会发展和生态保护工作微观管理需要。

3）区划成果

根据全国生态功能区划方案，太湖流域属于“Ⅲ人居保障功能区”中的“Ⅲ-01 大都市群人居保障功能区”之“Ⅲ-01-02 长三角大都市群人居保障三级功能区”。

太湖流域生态功能一级区共有 1 类 3 个区，主要为人居保障功能区；生态功能二级区共有 1 类 6 个区，主要包括大都市群人居保障功能二级生态功能区；生态功能三级区共 19 个，即太湖流域共涉及 3 个生态区 6 个生态亚区 19 个生态功能区。其中涉及的生态区主要包括长江三角洲城镇与城郊农业生态区、浙东北水网平原生态区和浙西北山地丘陵生态区；涉及的生态亚区主要包括江苏沿江平原丘岗城市与农业生态亚区、太湖水网湿地与城市生态亚区、茅山宜溧低山丘陵常绿落叶阔叶混交林生态亚区、杭嘉湖平原城镇与农业生态亚区、宁绍平原城镇及农业生态亚区和天目山脉森林生态亚区域（表 6-1）。

表 6-1 太湖流域生态功能区划

生态区	生态亚区	生态功能区
长江三角洲城镇与城郊农业生态区	江苏沿江平原丘岗城市与农业生态亚区	苏南沿江平原城市化和区域开发生态敏感区
	太湖水网湿地与城市生态亚区	长荡湖—滆湖湿地水源涵养与农业生态功能区
		苏锡常都市群城市生态功能区
		阳澄—淀泖湖群水乡古镇景观保护生态功能区
		太湖水源保护及生态旅游功能区
		城郊生产功能区
		中心城城市生态功能区
		黄浦江上游水源保护功能区
	茅山宜溧低山丘陵常绿落叶阔叶混交林生态亚区	茅山水源涵养生态功能区
		石臼—固城湖调蓄洪水与渔业资源保护生态功能区
		宜溧山地水源涵养及生物多样性保护生态功能区
浙东北水网平原生态区	杭嘉湖平原城镇与农业生态亚区	杭嘉湖平原城镇发展与农业生态功能区
		余杭洪水调蓄与城郊农业生态功能区
		嘉兴地下水资源保护欲农业生态功能区
		西溪湿地与西湖自然人文景观保护生态功能区

生态区	生态亚区	生态功能区
浙东北水网平原生态区	宁绍平原城镇及农业生态亚区	宁绍平原城镇发展与农业生态亚区
浙西北山地丘陵生态区	天目山脉森林生态亚区域	长兴地质遗迹保护生态功能区
		苕溪水源涵养与农业生态功能区
		天目山生物多样性保护与水源涵养生态功能区

（3）主体功能区划

《江苏省主体功能区规划（2011—2020 年）》是推进形成主体功能区的基本依据、科学开发国土空间的行动纲领和远景蓝图，是国土空间开发的战略性、基础性和约束性规划。是根据国务院办公厅《关于开展全国主体功能区划规划编制工作的通知》（国办发〔2006〕85 号）、国务院关于《编制全国主体功能区规划的意见》（国发〔2007〕21 号），依据《国家主体功能区规划（2010—2020 年）》和江苏省“十一五”“十二五”规划纲要要求，并参考相关规划编制。

1）区划范围

主体功能区规划范围为全江苏省陆地、内水和海域空间。总体上以省辖市城区和县（市、区）作为主体功能区的划分单元。

2）区划原则

科学开发国土空间，推进形成主体功能区，必须调整和更新开发理念，坚持节约优先、保护优先、自然恢复为主的方针。

①主体功能原则。根据自然条件的适宜性和资源环境的承载力，确定空间主体功能。主体功能分为开发建设功能、农业生产功能和生态服务功能。在空间开发的过程中，要突出主体功能，也要兼顾其他功能的发展。

②空间均衡原则。要促进经济、人口和资源环境 3 大要素在空间分布上的匹配。资源环境承载力较好的地区，以开发建设功能为主，应提供更多的工业和服务产品，集聚更多的人口；其他地区主要承担农业生产和生态服务功能，以提供农业产品和生态产品为主，减少农业人口，降低人口密度。促进人口分布与基本公共服务供给在空间上的均衡布局，缩小区域之间基本公共服务的差距。

③空间结构原则。空间结构是经济活动和社会活动在空间上的反映，每个主体功能区都要合理配置建设空间、农业空间和生态空间。以开发建设功能为主的区域，建设空间比例相对较大，以农业生产和生态服务功能为主的区域，农业空间和生态空间比例较大。必须把空间结构调整作为转变经济发展方式的重要内涵，国土空间开发的着力点应放到调整和优化空间结构、提高空间利用效率上。

④生态补偿原则。清新空气、清洁水源、舒适环境、宜人气候是人类生活的共同需

要，是空间开发中不可或缺的重要组成部分。要对以生态服务功能为主的区域加大转移支付力度，维系生态平衡，实现这些区域的永续保护，提高生态文明建设水平。

3）功能类型

将江苏省国土空间按开发方式，分为优化开发、重点开发、限制开发和禁止开发 4 类区域；按开发内容，分为城镇化地区、农产品主产区和重点生态功能区；按功能类型，分为主体功能和其他功能（图 6-1）。

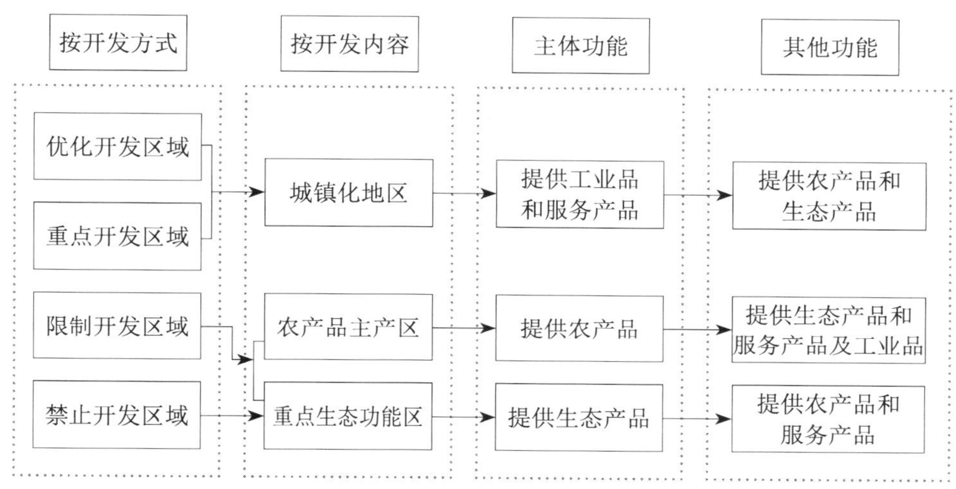

图 6-1　主体功能区划分类型关联

数据来源：《江苏省主体功能区规划》。

优化开发区域是经济比较发达，人口较为密集，开发强度较高、资源环境问题凸显，应该优化进行工业、服务业和城镇开发的城镇化地区。

重点开发区域是具有一定经济基础、资源环境承载能力较强、发展潜力较大、集聚经济和人口条件较好，应该重点进行工业、服务业和城镇开发的城镇化地区。

限制开发区域分为两类：一类是农产品主产区，即耕地较多、农业发展条件较好，尽管也适宜工业化、城镇化开发，但从保障粮食安全的需要出发，必须把增强农业综合生产能力作为发展的首要任务，应该限制进行大规模高强度工业化、城镇化开发的地区；另一类是重点生态功能区，即生态系统脆弱或生态功能重要，资源环境承载能力较低，不具备大规模高强度工业化、城镇化开发的条件，必须把增强生态产品生产能力作为首要任务，应该限制进行大规模高强度工业化、城镇化开发的地区。

禁止开发区域是依法设立的各级各类自然文化资源保护区域，以及其他需要特殊保护，禁止工业化、城镇化开发，并点状分布于优化开发、重点开发和限制开发区域之内的生态保护地区。

4）区划成果

结合江苏省主体功能区划分，太湖流域（江苏）主体功能区仅包括优化开发区域、农产品主产区域和禁止开发区域。详见附图 6-2。

（4）生态保护红线

生态红线是指对维护国家和区域生态安全及经济社会可持续发展具有重要的战略意义，必须实行严格管理和维护的国土空间边界线。

中共十八大报告指出，要优化国土空间开发格局，促进生产空间集约高效、生活空间宜居适度、生态空间山清水秀，构建科学合理的城市化格局、农业发展格局、生态安全格局。习近平总书记在主持中央政治局第六次集体学习时强调，要牢固树立生态红线的观念，在生态环境保护问题上，就是要不能越雷池一步，否则就应该受到惩罚。国务院关于加强环境保护重点工作的意见提出，要在重要生态功能区、陆地和海洋生态环境敏感区、脆弱区等区域划定生态红线。

2009 年，江苏省开始探索生态空间管制，编制了《江苏省重要生态功能保护区区域规划》，在全省划分了 12 类 569 个重要生态功能保护区，运用到环境保护日常监管工作中，形成了生态空间、环境影响、排污总量“三位一体”的环境准入新模式，初步构建生态空间管控格局，对于控制开发强度，推动发展方式转变起到了一定的促进作用，为划定生态红线，优化国土空间格局奠定了基础。

自 2012 年以来，在原《江苏省重要生态功能保护区区域规划》基础上，全面启动生态红线划定工作。按照“保护优先、合理布局、控管结合、分级保护、相对稳定”的原则，全省共划定 15 类（自然保护区、风景名胜区、森林公园、地质遗迹保护区、湿地公园、饮用水水源保护区、海洋特别保护区、洪水调蓄区、重要水源涵养区、重要渔业水域、重要湿地、清水通道维护区、生态公益林、太湖重要保护区、特殊物种保护区）生态红线区域，总面积 24 103.49 km^2。其中，陆域生态红线区域总面积 22 839.58 km^2，占全省面积的 22.23%；海域生态红线区域面积 1 263.91 km^2。

2013 年 7 月，江苏省委十二届五次全会提出，既要把发展搞上去，又要把生态环境保护好，关键是把握好两者之间的平衡点，一项重要措施就是划定生态红线，确保全省生态红线面积不低于 20%，形成刚性约束。

1）区划范围

江苏全省范围，包括水域、陆域、海域共划定 15 类（自然保护区、风景名胜区、森林公园、地质遗迹保护区、湿地公园、饮用水水源保护区、海洋特别保护区、洪水调蓄区、重要水源涵养区、重要渔业水域、重要湿地、清水通道维护区、生态公益林、太湖重要保护区、特殊物种保护区）生态红线区域，总面积 24 103.49 km^2。

2）区划原则

①保护优先原则。以保护江苏省具有重要生态功能的区域，维护地区生态安全为根本目的，坚持把保护放在优先位置，为推动生态文明建设提供重要保障。

②合理布局原则。遵循自然环境分异规律，综合考虑流域上、下游关系、区域间生态功能的互补作用，按照保障区域、流域和全省生态安全的要求，明确不同区域的主导生态功能，科学合理确定保护区域。

③控管结合原则。针对不同类型的生态红线区域，实行分级保护措施，明确环境准入条件，强化环境监管执法力度，确保各类生态红线区域得到有效保护。

④分级保护原则。纳入本规划的是对全省生态安全有直接影响的，具有流域性、区域性特征的重点保护区域。其他需要保护的区域按照分级保护的要求，由市、县（市、区）相应制定保护规划。

⑤相对稳定原则。生态红线区域关系到全省的生态安全和可持续发展，生态红线区域未经省人民政府批准不得擅自调整。

3）区划分级分类管理

生态红线区域实行分级管理，划分为一级管控区和二级管控区。一级管控区是生态红线的核心，实行最严格的管控措施，严禁一切形式的开发建设活动；二级管控区以生态保护为重点，实行差别化的管控措施，严禁有损主导生态功能的开发建设活动。

在对生态红线区域进行分级管理的基础上，按 15 种不同类型实施分类管理。若同一生态红线区域兼具 2 种以上类别，按最严格的要求落实监管措施。15 类分区详见表 6-2。

表 6-2　15 类区域分类管理

区域名称	功能说明
自然保护区	对有代表性的自然生态系统、珍稀濒危野生动植物物种的天然集中分布区，有特殊意义的自然遗迹等保护对象所在的陆地、陆地水体或者海域，依法划出一定面积予以特殊保护和管理的区域
风景名胜区	具有观赏、文化或者科学价值，自然景观、人文景观比较集中，环境优美，可供人们游览或者进行科学、文化活动的区域
森林公园	森林景观优美，自然景观和人文景物集中，具有一定规模，可供人们游览、休息或进行科学、文化、教育活动的场所
地质遗迹保护区	在地球演化的漫长地质历史时期，由于各种内外动力地质作用，形成、发展并遗留下来的珍贵的、不可再生的地质自然遗产
湿地公园	以保护湿地生态系统、合理利用湿地资源为目的，可供开展湿地保护、恢复、宣传、教育、科研、监测、生态旅游等活动的特定区域

区域名称	功能说明
饮用水水源保护区	为保护水源洁净，在江河、湖泊、水库、地下水水源地等集中式饮用水水源一定范围划定的水域和陆域，需要加以特别保护的区域
海洋特别保护区	具有特殊地理条件、生态系统、生物与非生物资源及海洋开发利用特殊要求，需要采取有效的保护措施和科学的开发方式进行特殊管理的区域
洪水调蓄区	对流域性河道具有削减洪峰和蓄纳洪水功能的河流、湖泊、水库、湿地及低洼地等区域
重要水源涵养区	具有重要水源涵养、河流补给和水量调节功能的河流发源地与水资源补给区
重要渔业水域	对维护渔业水域生物多样性具有重要作用的水域，包括经济鱼类集中分布区、鱼虾类产卵场、索饵场、越冬场、鱼虾贝藻养殖场、水生动物洄游通道、苗种区和繁殖保护区等
重要湿地	在调节气候、降解污染、涵养水源、调蓄洪水、保护生物多样性等方面具有重要生态功能的河流、湖泊、沼泽、沿海滩涂和水库等湿地生态系统
清水通道维护区	具有重要水源输送和水质保护功能的河流、运河及其两侧一定范围内予以保护的区域
生态公益林	以生态效益和社会效益为主体功能，以提供公益性、社会性产品或者服务为主要利用方向，并依据国家规定和有关标准划定的森林、林木和林地，包括防护林和特种用途林
太湖重要保护区	太湖湿地生态系统，包括太湖湖体、湖中岛屿及与太湖湖体密切相关的沿岸湿地、林地、草地、山地等生态系统
特殊物种保护区	具有特殊生物生产功能和种质资源保护功能的区域

4）区划成果

结合江苏省生态保护红线区域规划划分，太湖流域（江苏）生态保护红线详见附图6-3。

（5）太湖流域三级保护区划

太湖流域水污染防治事关全省经济、社会可持续发展，事关小康社会建设进程，是生态文明建设的标志性工程。太湖流域经济发达、人口稠密，水环境综合治理面临诸多困难和挑战，是一项长期、艰巨、复杂的系统工程。科学划定太湖流域三级保护区，是严格执行《江苏省太湖水污染防治条例》，确保在保护中开发、在开发中保护的重要前提和基础。实施分级管理，是统筹经济发展与环境保护和生态建设的重要手段。

1）区划范围

划分具体到区、镇、村，大大提高了太湖流域监管、审批的准确性和时效性。所划分的太湖流域三级保护区并非按圈层设计，而是一级保护区为“团状”，主要位于太湖核心区；二级保护区为“条状”，沿入湖河流呈放射状延伸；其余地区为三级保护区。

2）区划原则

《太湖流域三级保护区规划方案》的主要原则有两个：一是《江苏省太湖水污染防治条例》，即太湖湖体、沿湖岸 5 km 区域、入湖河道上溯 10 km 以及沿岸两侧各 1 km

范围为一级保护区；主要入湖河道上溯 10 ～ 50 km 以及沿岸两侧各 1 km 范围为二级保护区；其他地区为三级保护区。二是《江苏省太湖风景名胜区条例》，即太湖风景名胜区区域内水体适用《江苏省太湖水污染防治条例》有关一级保护区的规定。

3）区划成果

太湖湖体、木渎等 15 个风景名胜区、万石镇等 48 个镇（街道、开发区等）划入太湖流域一级保护区，将和桥镇等 42 个镇（街道、开发区、农场等）划入太湖流域二级保护区，太湖流域其他地区划为三级保护区（附图 6-4）。

6.1.2 流域水环境管理政策

太湖流域内市、县环保部门代表政府负责水环境管理和相关政策实施，负责辖区内水环境保护的统一规划和监督，同时水利、建设、农业、国土资源等部门根据国家的相关法律要求，行使相应的水环境保护管理职责。在流域管理层面上，为了打破行政辖区管理对流域水环境综合管理造成的限制，探索统一监管新路径，江苏省于 1996 年成立了由省、市和省相关部门主要领导担任主任或委员的太湖水污染防治委员会，负责协调部门职能、推进上下游区域合作、督促各有关部门和地区落实国家太湖流域水污染防治计划等。2008 年，江苏省进一步调整充实省太湖水污染防治委员会，成立了正厅级省太湖水污染防治办公室，在健全环保监督体制与机制方面进行了积极的探索。太湖水污染防治办公室不承担任何具体的太湖治污任务，而是全力行使监督职能，以保证江苏省委、省政府确立的各项太湖治污目标得到切实的落实和督办。与此同时，经省编委批准，又在江苏省环保厅专门组建成立了独立行使职权的太湖处，负责草拟和组织实施太湖流域水环境保护地方性法规、标准、中长期规划和年度工作计划；组织拟定和监督实施太湖流域水环境保护各专项治理方案和工作方案；负责太湖流域水环境保护信息发布和通报，并承担江苏省太湖水污染防治办公室的日常工作。为加强跨区域、跨流域环保统一监督管理，江苏省还组建了苏南环保督查中心，督查中心的建立加强了对沿太湖地区污染减排的督察，针对个别区域污染减排推进不力的情况，可以上门进行现场督办。此外，太湖流域的涉水管理部门还包括水利部的太湖流域管理局，主要负责流域水资源保护工作。

2007 年修订的《江苏省太湖水污染防治条例》对江苏省太湖流域内各部门的水环境管理职责进行了规定：“太湖流域各级地方人民政府应当将太湖水污染防治工作纳入国民经济和社会发展计划，增加水污染防治资金投入，确保水污染防治的需要。太湖流域各级地方人民政府对本行政区域内的水环境质量负责”。由此可见，太湖流域的水环境管理采取的是行政辖区管理和行政区主要领导负责的体制。条例还规定：“省环境保护部门和太湖流域市、县（市、区）环境保护部门对本行政区域内水污染防治工作实施统一监督管理。省和太湖流域市、县（市、区）发展和改革、经济贸易、水利、建设、交通、农业、渔业、林业、财政、科技、国土资源、卫生、工商、质量技术监督、价格、旅游等部门，按照各自的职责，协同环境保护部门对太湖流域水污染防治实施监督管理”。

6.2 现有区划与三级分区耦合技术

构建现行管理区划与水生态功能分区耦合技术路线。耦合过程兼顾陆域区划与水域区划，其中陆域区划包括行政区划、主体功能区、生态保护红线和太湖流域三级保护区；水域区划主要参考水环境功能区划。耦合过程分为功能耦合与目标耦合，将管理区划与各类区划进行耦合模拟，利用耦合模型对边界、各单元功能进行耦合性分析与校正，同时对各单元目标进行分类梳理，使管理区划与各区划相辅相成，不相矛盾（图 6-2）。

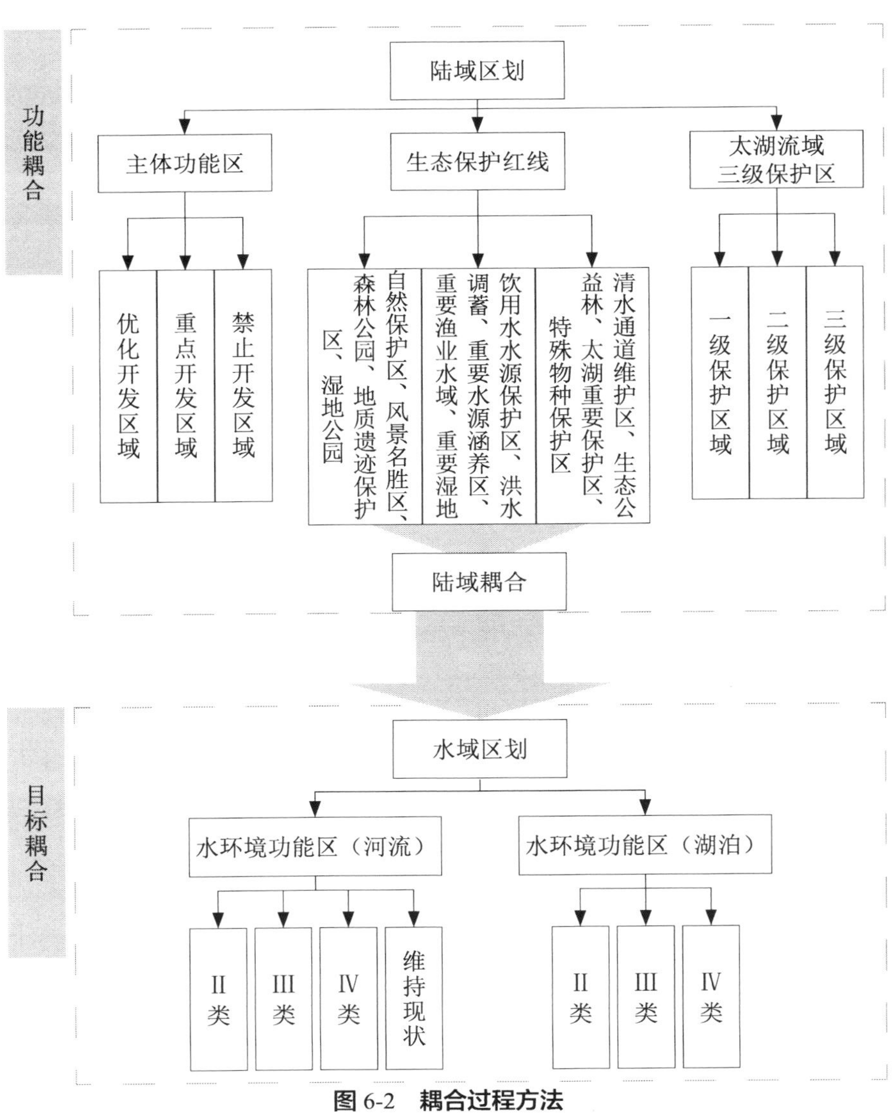

图 6-2 耦合过程方法

主体功能区、太湖流域三级保护区、水环境功能区子系统保护函数：

$$Y_i =（X_i - \beta_i）/（\alpha_i - \beta_i），X_i \text{为各区划功能类别}，i = 1,2,\cdots,n$$

生态保护红线区域子系统保护函数：

$$Y_i =（\Pi X_i）1/n = \sum \lambda_i X_i，i = 1,2,\cdots,15$$

耦合模型：

$$U_j =（\Pi Y_{ij}）1/m = \sum \lambda_j Y_{ij}，i = 1,2,\cdots,n；j = 1,2,\cdots,m$$

最终通过空间二阶聚类与人工微调整的方法合理确定太湖流域（江苏）水生态功能区。

6.3 现有区划与三级分区的关联性

通过 GIS 空间叠置和技术比对，对 13 个太湖流域水生态功能三级分区与水（环境）功能区划、主体功能区划、生态保护红线和太湖流域三级保护区划的关联性进行分析。限于篇幅，此处重点对Ⅲ 111 和Ⅲ 112 两个分区进行分析。

6.3.1 Ⅲ 111 水生态功能分区关联情况

（1）所属行政区

Ⅲ 111 水生态功能分区位于镇江东北部，所属区县级行政区见附图 6-5。Ⅲ 111 区包括镇江新区、京口区、丹徒区、丹阳市和常州新北区一小部分。

（2）所属水（环境）功能区

水（环境）功能区在该分区中覆盖 8 条水（环境）功能区，按照江苏省水（环境）功能区 2020 年水质目标要求，长江为Ⅱ类水质目标，6 条河流为Ⅲ类水质目标（占该区域全部河流的 75%），1 条为Ⅳ类水质目标；该分区中执行江苏省水（环境）功能区目标的湖库有 2 个（太山水库、马迹水库），均执行 2020 年Ⅲ类目标水质。

（3）所属主体功能区

该水生态功能分区绝大部分属于优先开发区域。区内无禁止开发区域。该区域目标为到 2020 年，建设空间适度增长，基本农田面积不减少，生态空间基本稳定；经济密度和人口密度进一步提高，主城区人口密度不低于 10 000 人 /km^2。

（4）所属生态保护红线区域

根据江苏省生态保护红线区域规划，该水生态功能分区中有 7 处生态保护红线区域，主要功能为洪水调蓄、水土保持、自然与人文景观保护和湿地生态系统保护。

表 6-3　Ⅲ 111 水生态功能区所属生态保护红线名单

	名称	功能
Ⅲ 111	京杭大运河（镇江市区）洪水调蓄区	洪水调蓄
	九曲河洪水调蓄区	洪水调蓄
	圌山生态公益林	水土保持
	雩山生态公益林	水土保持
	横山（丹徒区）生态公益林	水土保持
	齐梁文化风景名胜区	自然与人文景观保护
	夹江河流重要湿地	湿地生态系统保护

（5）所属太湖流域三级保护区

根据江苏省太湖流域三级保护区规划所示，Ⅲ 111 水生态功能分区南部大部分属于太湖流域三级保护区范围。

（6）小结

表 6-4　Ⅲ 111 水生态功能分区所属区划功能及目标

	所属区划	功能	目标
Ⅲ 111	江苏主体功能区	优先开发区域	到 2020 年，建设空间适度增长，基本农田面积不减少，生态空间基本稳定；经济密度和人口密度进一步提高，主城区人口密度不低于 10 000 人/km^2
	水（环境）功能区	水质	2020 年，所属河流达到Ⅱ类、Ⅲ类、Ⅳ类水质
	生态保护红线区	洪水调蓄、水土保持、自然与人文景观保护和湿地生态系统保护	一级管控区是生态红线的核心，实行最严格的管控措施，严禁一切形式的开发建设活动； 二级管控区以生态保护为重点，实行差别化的管控措施，严禁有损主导生态功能的开发建设活动
	太湖流域三级保护区	三级保护区	三级保护区禁止： （一）新建、改建、扩建化学制浆造纸、制革、酿造、染料、印染、电镀，以及其他排放含磷、氮等污染物的企业和项目； （二）销售、使用含磷洗涤用品； （三）向水体排放或者倾倒油类、酸液、碱液、剧毒废渣废液、含放射性废渣废液、含病原体污水、工业废渣，以及其他废弃物； （四）在水体清洗装储过油类或者有毒有害污染物的车辆、船舶和容器等； （五）使用农药等有毒物毒杀水生物； （六）向水体直接排放人畜粪便、倾倒垃圾； （七）围湖造地； （八）违法开山采石，或者进行破坏林木、植被、水生生物的活动； （九）法律、法规禁止的其他行为

6.3.2 Ⅲ112 水生态功能分区关联情况

（1）所属行政区

Ⅲ112 水生态功能分区所属区县级行政区见附图 6-6。Ⅲ112 区包括润州区、镇江新区、京口区、丹徒区、句容市、金坛市、丹阳市和溧阳市一小部分。

（2）所属水（环境）功能区

水（环境）功能区在该分区中覆盖 16 个水（环境）功能区，按照江苏省水（环境）功能区 2020 年水质目标要求，长江为Ⅱ类水质目标，10 条河段为Ⅲ类水质目标（占该区域全部河段的 55.6%），7 条为Ⅳ类水质目标（占该区域全部河段的 38.9%）；该分区中执行江苏省水（环境）功能区目标 2020 年Ⅱ类水质的湖库有 6 处，其余 16 处湖库均执行 2020 年Ⅲ类目标水质（占该区域湖库目标的 72.7%）。

（3）所属主体功能区

该水生态功能分区有优先开发区域和限制开发区域。区内禁止开发区包括省级以上风景名胜区、省级以上森林公园和重要饮用水水源地等。详见表 6-5。

表 6-5 Ⅲ112 水生态功能分区所属主体功能区情况

省级以上风景名胜区			
名　称	面积 /km^2	位　置	级 别
三山风景名胜区	17.23	镇江市	国家级
南山风景名胜区	10.56	镇江市润州区	省级
九龙山风景名胜区	21.8	句容市	省级
茅山风景名胜区	32	句容市、金坛市	省级

省级以上森林公园			
名　称	面积 /km^2	位　置	级 别
南山国家森林公园	10	镇江市润州区	国家级
茅东森林公园	18.92	金坛市	省级
龙潭森林公园	1.53	溧阳市	省级
东进森林公园	15.06	句容市	省级

重要饮用水水源地、重要湿地、清水通道维护区			
地区	市区、县（县级市）	名称	范围
常州	金坛市	水库饮用水水源保护区	包含茅东、海底和向阳等水库水面
镇江市	市区	水库饮用水水源保护区	凌塘、丰城、金山湖、西麓、海燕、上会水库水面
		长江征润州饮用水水源保护区	取水口上游 2 000 m 至下游 1 000 m、向对岸 500 m 至本岸背水坡堤脚外 100 m 范围内的水域和陆域
	句容市	水库饮用水水源保护区	幸福、茅山、句容、二圣、北山等水库水面
		向阳水库鸟类自然保护区	水库水面

（4）所属生态保护红线区域

根据江苏省生态保护红线区域规划，该水生态功能分区中有生态保护红线区域，主要功能为洪水调蓄、水土保持、自然与人文景观保护和湿地生态系统保护，详见表 6-6。

表 6-6　III 112 水生态功能分区所属生态保护红线区域情况

县名	名称	功能
丹阳市	香草河洪水调蓄区	洪水调蓄
	季子庙风景名胜区	自然与人文景观保护
	蛟塘洪水调蓄区	洪水调蓄
	脸湖水城重要湿地	湿地生态系统保护
	京杭大运河（丹阳市）洪水调蓄区	洪水调蓄
	丹金溧漕河（丹阳市）洪水调蓄区	洪水调蓄
	九曲河洪水调蓄区	洪水调蓄
	齐梁文化风景名胜区	自然与人文景观保护
	吴塘水库洪水调蓄区	洪水调蓄
丹徒区	横塘湖重要湿地	湿地生态系统保护
	通济河洪水调蓄区	洪水调蓄
	凌塘水库重要湿地	湿地生态系统保护
	五洲山生态公益林	水土保持
	十里长山生态公益林	水土保持
	巢皇山生态公益林	水土保持
	横山（丹徒区）洪水调蓄区	洪水调蓄
	雩山生态公益林	水土保持
	京杭大运河（镇江市）洪水调蓄区	洪水调蓄
镇江市区	三山风景名胜区	自然与人文景观保护
	长江征润州饮用水水源保护区	水源水质保护
	长江（镇江市区）重要湿地	湿地生态系统保护
	禹山生态公益林	水土保持
	古运河洪水调蓄区	洪水调蓄
	运粮河洪水调蓄区	洪水调蓄
	嶂山生态公益林	水土保持
	彭公山生态公益林	水土保持
金坛市	茅东山地水源涵养区	水源涵养
	四棚洼生态公益林	水土保持
	方山（金坛市）森林公园	自然与人文景观保护
	向阳水库水源涵养区	水源涵养
溧阳市	溧阳瓦屋山省级森林公园	自然与人文景观保护

县名	名称	功能
句容市	九龙山生态公益林	水土保持
	茅山风景名胜区	自然与人文景观保护
	墓东水库重要湿地	湿地生态系统保护
	洛阳河洪水调蓄区	洪水调蓄
	高丽山生态公益林	水土保持
	青山生态公益林	水土保持
	空青山生态公益林	水土保持

（5）所属太湖流域三级保护区

根据江苏省太湖流域三级保护区规划所示，III 112 水生态功能分区内的句容、溧阳、丹阳部分属于太湖流域三级保护区范围，见图 6-7。

（6）小结

表 6-7　III 112 水生态功能分区所属区划功能及目标

	所属区划	功能	目标
III 112	江苏主体功能区	优先开发区域	到 2020 年，建设空间适度增长，基本农田面积不减少，生态空间基本稳定；经济密度和人口密度进一步提高，主城区人口密度不低于 10 000 人 /km^2
		限制开发区域	到 2020 年，适度增加农业和生态空间，严格控制新增建设空间
		禁止开发区域	严格控制人为因素对自然生态的干扰，严禁不符合主体功能定位的开发活动
	水（环境）功能区	水质	2020 年，所属河流达到 II 类、III类、IV类水质
III 112	生态保护红线区	洪水调蓄、水土保持、自然与人文景观保护和湿地生态系统保护	一级管控区是生态红线的核心，实行最严格的管控措施，严禁一切形式的开发建设活动； 二级管控区以生态保护为重点，实行差别化的管控措施，严禁有损主导生态功能的开发建设活动
	太湖流域三级保护区	三级保护区	三级保护区禁止： （一）新建、改建、扩建化学制浆造纸、制革、酿造、染料、印染、电镀，以及其他排放含磷、氮等污染物的企业和项目； （二）销售、使用含磷洗涤用品； （三）向水体排放或者倾倒油类、酸液、碱液、剧毒废渣废液、含放射性废渣废液、含病原体污水、工业废渣，以及其他废弃物； （四）在水体清洗装贮过油类或者有毒有害污染物的车辆、船舶和容器等； （五）使用农药等有毒物毒杀水生物； （六）向水体直接排放人畜粪便、倾倒垃圾； （七）围湖造地； （八）违法开山采石，或者进行破坏林木、植被、水生生物的活动； （九）法律、法规禁止的其他行为

7 太湖流域水生态环境功能分区

7.1 目的与原则

7.1.1 分区目的

太湖流域（江苏）水生态环境功能分区是在太湖流域水生态功能三级分区研究成果基础之上，进一步探索揭示流域水生态系统的空间规律，反映水生态系统特征及其与自然、人类活动影响因素关系，构建基于水生态健康的差别化分区体系，提出差异化的管理目标，为江苏省太湖流域各区域制定社会经济发展规划、环境管理制度等工作提供基础依据。[171]

7.1.2 分区原则

太湖流域（江苏）水生态环境功能分区遵循太湖流域三级分区原则，即区内相似性原则、区内差异性原则、等级性原则、综合性与主导性原则、共轭性原则、以水定陆、水陆耦合原则、发生学原则和子流域完整性原则、体现水生态自然维持功能差异性原则、湖体与非湖体分区指标的一致性与差异性原则、突出底栖动物的代表性原则等。但太湖流域（江苏）水生态环境功能分区除遵循以上原则外，尚遵循以下特有原则。[172]

（1）水质与水生态保护并重原则

遵循“山水林田湖”是一个生命共同体的理念，实施水质与水生态保护并重，按照生态系统的整体性、系统性及其内在规律，统筹考虑自然生态各要素，进行整体保护、系统修复、综合治理，增强生态系统循环能力，维护生态平衡，促进经济社会和生态环境协调发展。

（2）生态保护与生态修复并举原则

对水生态环境功能实行分区分级管控，划分生态Ⅰ级区（健全生态功能区）、生态Ⅱ级区（较健全生态功能区）、生态Ⅲ级区（一般生态功能区）、生态Ⅳ级区（较低生态功能区），实施差别化的流域产业结构调整与准入政策，对生态Ⅰ级区、Ⅱ级区重点实施生态保护，对生态Ⅲ级区、Ⅳ级区重点实施生态修复。

（3）各类环境区划统筹兼顾原则

水生态功能分区与水（环境）功能区划、主体功能区划、生态保护红线、太湖分级保护区、控制单元等成果进行技术耦合、聚类分析和空间叠置，统筹兼顾，同步实施。

（4）区间差异化与区内相似性原则

反映流域水生态系统的空间差异及分布规律，现状与生态保护相结合，充分体现水生态系统的主导功能；同一个区内 80% 以上监测点位水质类别和水生态健康状况属同一级别；特征污染物来源范围、重要物种及其栖息地不与相邻区形成交叉。

（5）流域与行政区界相结合原则

流域与镇级行政区域有机结合，在保证小流域完整性的同时，兼顾行政分区的完整性，便于行政区域管理，使得区划具备可操作性。

（6）水生生物资源合理利用、持续发展原则

在分区设置权重分配时，充分考虑水生生物资源利用的可持续性，水生生物资源利用与保护的底线是：不得改变水生生态系统的基本功能，不得破坏水生动植物的生息繁衍场所，不得超出资源的再生能力或者给水生动植物物种造成永久性损害，保障水生生物资源再生与珍稀物种恢复。

（7）管理手段多元化原则

按照河湖统筹、水陆统筹系统化管理的技术路线，与排污许可证、容量总量控制、生态红线等环境管理手段相结合，逐步实施水质、水生态、空间三重管控，实现分区、分类、分级、分期管理。保护流域水生态系统的物理完整性、化学完整性和生物完整性，保障流域水生态系统健康。

（8）功能区界动态更新原则

水生态功能区根据水生态现状及相关指标进行聚类划分，可动态跟踪，随着水生态状况的逐步改善，功能区边界可进行合理调整和动态更新。

7.2 技术路线

以流域内不同区域的水生态系统差异及其影响因素为研究对象，应用生态学对水体及其周围陆地所进行的区域分类方法，反映流域水生态系统在不同空间的分布格局（图 7-1）。

考虑到自然、人类活动影响因素与水生态系统类型之间的因果关系，力图通过水质、底栖动物、浮游植物、鱼类及各类保护区和管理区划等要素来反映水生态系统的基本特征，包括土地利用类型、物种的组成分布等。

不仅反映了水生态空间分布的差异，也在一定程度上考虑人类活动对水生态系统的影响，实现了自然要素与人为要素的结合，提出面向水生态健康的管理区域，因而更具管理意义，体现了保护水生态的理念。

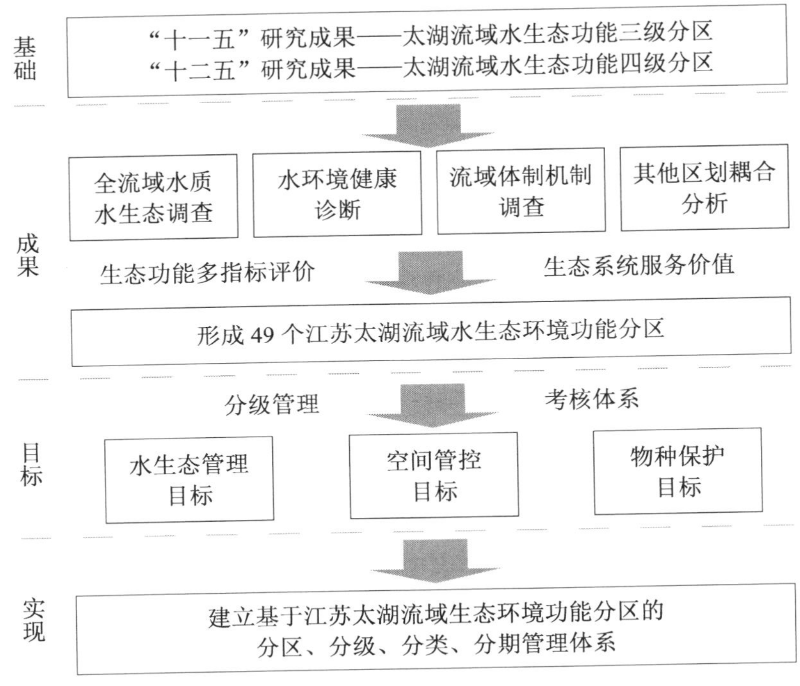

图 7-1　分区技术路线

7.3　指标体系

针对太湖流域特点，根据太湖流域水生态环境功能分区的目的和分区原则，从发生学角度在备选指标体系分析的基础上建立太湖流域水生态环境功能分区的指标体系，选用的指标包括生态功能供给类指标与空间控制要素指标两大类，其中生态功能供给类指标包括水质常规指标（COD、氨氮、总氮、总磷、DO 等）、底栖动物、浮游植物等相关指数；空间控制要素涵盖土地利用情况、各类保护区、各类功能行政区划等指标因素（表 7-1）。[173]

表 7-1　分区指标及其含义

指标层	指标类别	分区指标	指标作用
生态功能供给类指标	水质	常规指标	反映水体水质最基本特征和信息的污染因子，监测系统日常测量和分析所用的指标
		特征指标	指水体污染物中除常规指标以外的特有污染因子。能够反映某种行业所排放污染物中有代表的部分，能够显示此行业的污染程度的指标
	底栖动物	优势度指数	反映各物种种群数量的变化情况，生态优势度指数越大，说明群落内物种数量分布越不均匀

指标层	指标类别	分区指标	指标作用
生态功能供给类指标	底栖动物	Shannon-Wiener 指数	物种多样性指标，物种种类和数量结构越稳定，该指标越高，反之，种类较少或组成单一，都导致该指数下降
		BPI 指数	生物学污染指数，基于底栖动物的生物监测评价，是常见水质生物学评价指数，该指标越高，则表示水质污染程度越严重
		FBI 生物指数	物种耐污程度指标，物种耐污程度越高，该指标越大，区域污染越严重
		物种丰富度指数	该指数以一个群落中的种数和个体总数的关系为基础，体现物种丰富的程度，种数越多则丰富度越高，生态系统越稳定
	浮游植物	藻蓝素	藻蓝素是表征特定藻类（蓝藻）的标志性色度，用于蓝藻水华预测预警和富营养化湖泊水质监测
		Shannon-Wiener 指数	物种多样性指标，物种种类和数量结构越稳定，该指标越高，反之，种类较少或组成单一，都导致该指数下降
		优势度指数	反映各物种种群数量的变化情况，生态优势度指数越大，说明群落内物种数量分布越不均匀，优势种地位越突出
		叶绿素 a 含量	叶绿素 a 是水体初级生产力和富营养化水平表征的重要指标
	物种指标	丰富度指数	物种丰富程度的指标，种类越多表明物种越丰富，区域生态系统越稳定受到干扰少
		相对重要性指数	用于分析渔获物数量组成中生态优势种的成分，确定鱼类群落中重要种类
		特征物种	体现濒危物种、珍稀物种、指示种、敏感种、已消失物种等重要鱼类种群
空间控制要素指标	土地利用	农业用地	自然植被、农田、城镇建设用地所占的比例，体现人类活动对河流系统的影响
		城镇用地	
		生态用地	
		工业园区	省级以上开发区或工业园区
	保护区	自然保护区	对有代表性的自然生态系统、有特殊意义的自然遗迹等保护对象所在的陆地、陆地水域或海域，予以特殊保护和管理的区域
		珍稀物种保护区	对珍稀濒危野生动植物物种的天然集中分布予以特殊保护和管理的区域
		鱼类三场一通道	包括鱼类产卵场、育幼场、索饵场和洄游通道
		饮用水水源地	提供城镇居民生活及公共服务用水的水源地域，包括河流、湖泊、水库、地下水等
	陆域区划	行政区划	以在不同区域内，为地方全面实现水生态功能分区管理各种职能顺利贯彻
		主体功能区	根据自然条件的适宜性和资源环境的承载力，确定空间主体功能
		生态保护红线	以保护江苏省太湖流域具有重要生态功能的区域，维持流域生态安全和可持续发展
		太湖流域三级保护区	是严格执行《江苏省太湖水污染防治条例》，确保在保护中开发、在开发中保护的重要前提和基础
	水域区划	水环境功能区划	以流域、水系为单元，统筹兼顾河流上下游、左右岸不同水域，以及经济社会发展规划对水域功能的要求，明确区域目标

7.3.1 生态功能供给类指标

（1）浮游植物和底栖动物相关指数

通过对浮游植物和底栖动物优势度、多样性等相关指数的计算（表 7-2），反映水生生物的多样性维持等功能，体现以浮游植物和底栖动物为代表的水生生物稳定性及物种丰富程度。

表 7-2 各指数计算方法

指标	计算公式	说明
优势度指数（Y）	$Y=(n_i/N)\times f_i$	n_i 为第 i 类个体数量； N 为样本中所有个体数量； f_i 为 i 种在各点位出现的频率
Shannon-Wiener 指数（H）	$H=-\sum_{i=1}^{S}[(\frac{n_i}{N})\ln\frac{n_i}{N}]$	n_i 为第 i 类个体数量； N 为样本中所有个体数量； S 为样本中的种类数
物种丰富度指数（D）	$D=(S-1)/\ln N$	S 为物种数； N 为全部种的个体总数
相对重要性指数（IRI）	$\mathrm{IRI}=(W+N)\times F$	N 为某个种类的尾数在总渔获物尾数中所占的比例； W 为某个种类的重量在总渔获重量中所占的比例； F 为某个种类出现的站位数与总调查站位数之比
BPI 指数	$\mathrm{BPI}=\lg(N_1+2)[/\lg(N_2+2)+\lg(N_3+2)]$	n_1 为寡毛类、蛭类和摇蚊幼虫个体数，个 /m^2； N_2 为多毛类、甲壳类、除摇蚊幼虫以外的其他水生昆虫的个体数，个 / m^2； N_3 为软体类个体数，个 / m^2
BI 生物指数	$\mathrm{BI}=\sum_{i=1}^{n}n_it_i/N$	N 为生物个体总数； N_i 为第 i 个分类单元的个体数； t_i 为第 i 个分类单元的质量值（quality value），即现在的耐污值
藻蓝素（PC）	$\mathrm{PC}(\mathrm{mg/mL})=0.187A_{620}-0.089A_{652}$	A 分别表示 620 nm、652 nm 处的吸光度
叶绿素 a（Chla）	$\mathrm{Chla}(\mathrm{mg/m^3})=[11.64(A_{663}-A_{750})-2.16(A_{645}-A_{750})/0.10(A_{630}-A_{750})]\times V_1/(V\times C)$	C 为比色皿光程，cm； A 为吸光度； V_1 为提取液定容后体积，mL； V 为水样体积，L

浮游植物 Shannon-Wiener 多样性指数：反映浮游植物生物多样性，指标越高表示物种种类和数量结构越稳定；反之，表示种类较少或组成单一。

浮游植物优势度指数：反映浮游植物物种种群数量的变化情况，生态优势度指数越大，说明群落内物种数量分布越不均匀，优势种地位越突出。

底栖动物 Shannon-Wiener 多样性指数：反映水生生物多样性维持功能，体现以底栖动物为代表的水生生物稳定性。

底栖动物优势度指数：反映底栖生物物种种群数量的变化情况，生态优势度指数越大，说明群落内物种数量分布越不均匀。

底栖动物 BPI 指数：底栖动物生物学污染指数，基于底栖动物的生物监测评价，指数反映水质污染的严重程度。如附图 7-1 至附图 7-3 所示。

（2）常规 / 特征水质指标

1）常规水质指标：反映水体水质最基本特征和信息的污染因子，监测系统日常测量和分析所用的指标。采用高锰酸盐指数、氨氮、总磷、总氮、溶解氧等常规指标，分 3 个水期综合判定水质类别（河流不考虑总氮），按各调查点位常规指标达到《地表水环境质量标准》（GB 3838—2002）Ⅰ类至Ⅴ类标准的情况划分区域（附图 7-4）。

2）特征水质指标：指水体污染物中除常规指标以外的特有污染因子。能够反映某种行业所排放污染物中有代表的部分，能够显示此行业污染程度的指标。在常规指标的基础上，综合考虑河流、湖体在 3 个水期中 AOX、硫化物、苯胺、总氰化物、二甲苯、铜、镍、锌、铬、镉、汞、表面活性剂等特征指标的超标情况。依调查点位水样检出情况，筛选研究区域镉、铬、汞 3 个特征指标。按各调查点位特征指标（如镉、铬、汞等重金属）超过《地表水环境质量标准》（GB 3838—2002）的情况划分区域（附图 7-5）。

（3）物种指标

通过对鱼类丰富度指数、多样性指数、濒危物种、珍稀物种、指示种、敏感种、已消失物种等重要鱼类种群及指标的计算与分析，反映区域相对高级的生态系统完整性与受损性情况。

本书根据自身调查及走访数据，结合江苏省淡水水产研究所、中国水产科学研究院渔业中心、中科院南京地湖所等单位积累的多年数据，识别太湖流域（江苏）重点保护物种与分级状况（表 7-3，附图 7-6）。

表 7-3 重点保护物种分级及重要物种识别

类别	名单	评价标准
保护物种 I（珍稀濒危物种）	白鲟、中华鲟、胭脂鱼、松江鲈、江豚、白暨豚、花鳗鲡	中国濒危动物红皮书、国家重点保护野生动物名录等
	日本鳗鲡、鲥鱼、大黄鱼、铜鱼（限长江干流）、鳊（限长江干流）	江苏省重点保护水生野生动物名录
保护物种 II	长身鳜、鳡、鯮、唇餶、亮银鮈、小口小鳔鮈、花斑副沙鳅、中华花鳅、圆尾拟鲿、中国花鲈、小黄黝鱼	近 5 年来各类系统调查数据及渔业走访未发现物种

类别	名单	评价标准
保护物种III	尖头鲌、黄尾鲴、细鳞鲴、华鳈、须鳗虾虎鱼、圆尾斗鱼、斑鱵、短吻间银鱼	近10年来数量急剧减少或现存量极少物种
特有物种	似刺鳊鮈、翘嘴鲌、红鳍原鲌、湖鲚、秀丽白虾	研究成果
指示物种	麦穗鱼、黑鳍鳈、日本沼虾、河蚬、长角涵螺、蜻蜓目	
经济物种	湖鲚、大银鱼、陈氏短吻银鱼、鲥、暗纹东方鲀、蒙古鲌、红鳍原鲌、秀丽白虾	

研究通过筛选物种生存环境变量，建立了适合度函数关系，利用物种分布预测模型对中华鲟、花鳗鲡、短吻间银鱼、似刺鳊鮈、麦穗鱼、黑鳍鳈、刀鲚（湖鲚）等重要物种生存环境进行分析和预测，从而模拟得到重要物种分布的潜在范围，并与调查分布范围进行比对校验。

1）适合度函数环境变量的筛选

通过CCA分析筛选出Chl-a、COD、底质组成为影响黑鳍鳈分布的重要环境因子（图7-2）。

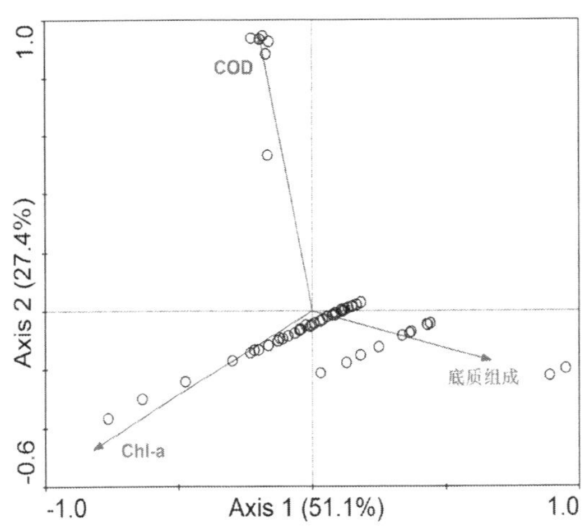

图 7-2 黑鳍鳈分布环境因子

2）适合度函数的建立

排除底质组成的影响，设 C_0 和 y_0 为黑鳍鳈的最适Chl-a和最适COD，具有该温盐结构的水层的适合度赋值为1；当温、盐偏离最适值时，适合度按某一指数形式衰减，$F > 0.75$ 为可能存在区域。

$$F = (W_1 \int_0^H \exp(-0.5(c - C_0)^2/\sigma_1^2)\,\mathrm{d}h)/H + W_2 \int_0^H \exp(-0.5(y - Y_0)^2/\sigma_2^2)\,\mathrm{d}h)/H$$

3）适合度函数的校验（附图 7-7）

①珍稀濒危物种——中华鲟。中华鲟为大型的溯河洄游性鱼类，是古老的珍稀鱼类，世界现存鱼类中最原始的种类之一。其主要栖息于大江河及近海底层，进江后第二年10 月到达产卵场所。溯江而上时游时停，在河道坑洼处潜伏多日。

中华鲟以底栖鱼类为食，食性非常狭窄，属肉食性鱼类，主要以一些小型的或行动迟缓的底栖动物为食，在海洋主要鱼类为食，甲壳类次之，软体动物较少（附图 7-8）。

②鱼类多样性指数。反映鱼类物种丰富程度的指标，种类越多表明物种越丰富，区域生态系统越稳定受到干扰越少（附图 7-9）。

7.3.2 空间控制要素指标

（1）开发区分布

结合工业点源分布及特征污染物达标情况，反映区域水体水质及水生态现状质量的差别。研究区共有省级以上开发区 37 家，其中国家级 13 家，省级 24 家。空间分布及建设范围情况如附图 7-10 所示。

（2）土地利用指标

通过统计自然植被、农田、城镇建设用地所占的比例，体现人类活动对河流系统的影响，反映不同土地利用类型对水生态系统的影响。

对 2010 年土地利用遥感影像进行解译，分成林地、草地、园地、水田、旱地、城镇建设用地、农村建设用地、工矿仓储用地、交通用地、河流湿地、湖泊湿地、人工湿地和其他土地共 13 类用地类型，通过不同的土地利用类型赋予区域不同的水生态功能（附图 7-11）。

（3）保护区

对自然保护区、珍稀物种保护区、鱼类三场一通道、饮用水水源地等有代表性的生态系统、有特殊意义的保护对象进行分类统计，作为特殊需要保护的区域单独区分。

依据《省政府关于印发江苏省生态红线区域保护规划的通知》（苏政发〔2013〕113 号），三级区内的保护区共有 14 个种类，分为一级管控区和二级管控区两大类（附图 7-12）。

7.3.3 划分方法

在修订后的三级水生态功能区基础上，结合行政区划，进行水生态功能管理区的划分。将各分区指标在分区功能单元基础上进行空间离散，形成基于分区功能单元的分区指标空间分布图。

将各级分区指标进行空间聚类分析，形成分区结果草图。对于零散分布的单元根据就近合并的原则进行人工辅助判识，形成修正的分区图。对分区界线，采用分区结果校验方法验证分区的合理性和可靠性，进行必要的调整和修正，最后进行分区特征的描述。

分区技术流程如图 7-3 所示。

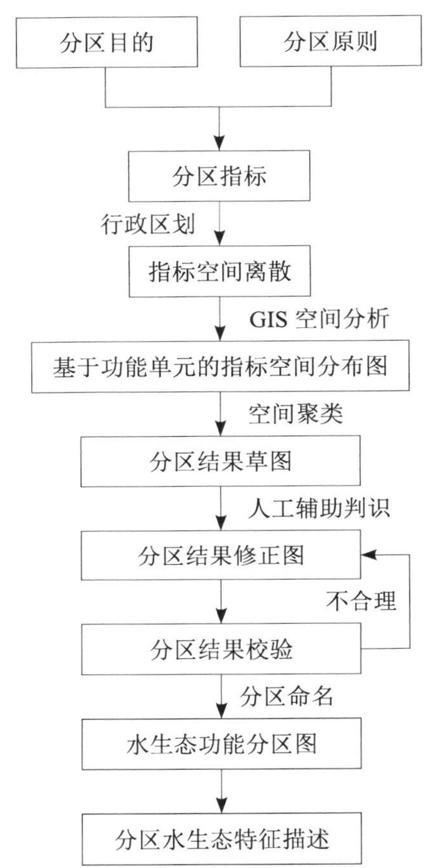

图 7-3　太湖流域水生态环境功能分区技术路线

7.4　分区结果

结合对太湖全流域水文—水质—水生态的系统调查、水生态健康指数指标体系的建立、流域重要保护物种的研究，构建了水生态功能分区指标体系，在考虑区间差异化与区内相似性、不同区划兼顾，以及具备可操作性、实用可行等原则的基础上，通过 GIS 聚类分析、空间叠置等空间化技术方法，在太湖流域共划分出 49 个（陆域 43 个＋水域 6 个）基于水生态健康的、可实现差别化管理的江苏省太湖流域水生态环境功能分区。其空间分布如附图 7-13 所示。

其中，常州市、无锡市、苏州市和镇江市分别涉及16、20、21和5个水生态环境功能分区，而南京市仅高淳区涉及1个分区。详见表7-4（a-d）。

表7-4 （a） 常州市水生态环境功能分区单元

地级市	分区编号	县、区	镇、街道
常州市	15#	戚墅堰区	戚墅堰街道、丁堰街道、潞城街道
		天宁区	茶山街道、兰陵街道、天宁街道、红梅街道、雕庄街道、青龙街道
		钟楼区	五星街道、永红街道、北港街道、西林街道、南大街街道、荷花池街道、新闸街道
		武进区	南夏墅街道、湖塘镇、牛塘镇、横林镇、遥观镇
		新北区	河海街道、薛家镇、龙虎塘街道、三井街道、新桥镇
	14#	新北区	春江镇
	5#	新北区	罗溪镇、孟河镇、西夏墅镇、奔牛镇
	16#	武进区	前黄镇、洛阳镇、礼嘉镇
	13#	武进区	嘉泽镇、湟里镇、西湖街道
		钟楼区	邹区镇
	20#	武进区	雪堰镇
	21#	武进区	横山桥镇
		天宁区	郑陆镇
	44#	武进区	滆湖湖体
	46#	武进区	太湖湖体
	47#	武进区	太湖湖体
	2#	金坛区	薛埠镇
	6#	金坛区	直溪镇、朱林镇、金城镇、尧塘镇、钱资荡
常州市	7#	金坛区	指前镇、儒林镇、长荡湖、钱资荡、金城镇（南）
	8#	溧阳市	竹箦镇、上兴镇、南渡镇、社渚镇
	9#	溧阳市	溧城镇、埭头镇、上黄镇、别桥镇
	10#	溧阳市	戴埠镇、天目湖镇

（b） 无锡市水生态环境功能分区单元

地级市	分区名称	县、区	镇、街道
无锡市	24#	北塘区	惠山街道、北大街街道、山北街道、黄巷街道
		崇安区	江海街道、崇安寺街道、上马墩街道、通江街道、广瑞路街道、广益街道
		惠山区	堰桥街道、长安街道
		南长区	扬名街道、迎龙桥街道、南禅寺街道、金匮街道、金星街道、清名桥街道
		无锡新区	硕放街道、旺庄街道、江溪街道、梅村街道
		锡山区	东亭街道、东北塘街道
	20#	滨湖区	胡埭镇、马山街道
		惠山区	阳山镇

地级市	分区名称	县、区	镇、街道
无锡市	21#	惠山区	钱桥街道、洛社镇、前洲街道、玉祁街道
		江阴市	青阳镇、月城镇
	25#	滨湖区	雪浪街道、太湖街道、华庄街道、河埒街道、蠡湖街道、蠡园街道、荣巷街道
		无锡新区	新安街道、旺庄街道、硕放街道
	26#	无锡新区	鸿山街道
		锡山区	安镇街道、羊尖镇、锡北镇、东港镇
	42#	锡山区	鹅湖镇
	45#	滨湖区	太湖湖体
	46#	滨湖区	太湖湖体
		宜兴市	太湖湖体
	47#	滨湖区	太湖湖体
		宜兴市	太湖湖体
	11#	宜兴市	湖父镇、张渚镇、西渚镇、新街街道、太华镇
	12#	宜兴市	徐舍镇、杨巷镇、官林镇
	13#	宜兴市	新建镇
	17#	宜兴市	高塍镇、和桥镇
	18#	宜兴市	宜城街道、新庄街道、芳桥街道、屺亭街道、周铁镇、万石镇、丁蜀镇（北）
	19#	宜兴市	丁蜀镇（南）
	44#	宜兴市	滆湖湖体
	14#	江阴市	申港镇、璜土镇、利港镇
	22#	江阴市	南闸街道、夏港街道、城东街道、澄江街道
	23#	江阴市	徐霞客镇、祝塘镇、云亭镇
	27#	江阴市	顾山镇、长泾镇、新桥镇、华士镇、周庄镇

（c）**苏州市水生态环境功能分区单元**

地级市	分区名称	县、区	镇、街道
苏州市	38#	吴江区	松陵镇
		吴中区	城南街道、越溪街道、长桥街道、郭巷街道
		姑苏区	双塔街道、葑门街道、沧浪街道、胥江街道、友新街道、吴门桥街道、虎丘街道、石路街道、金阊街道、留园街道、白洋湾街道、金星村、平江街道、桃花坞街道、城北街道
		虎丘高新区	浒墅关镇、狮山街道、枫桥街道、横塘街道
		苏州工业园	金鸡湖、胜浦街道、唯亭街道、娄葑街道、斜塘街道
		相城区	元和街道、黄桥街道、黄埭镇
	41#	虎丘高新区	通安镇、东渚镇
		相城区	望亭镇
	42#	相城区	北桥街道
	43#	相城区	渭塘镇、太平街道、阳澄湖镇

地级市	分区名称	县、区	镇、街道
苏州市	45#	虎丘高新区	太湖湖体
		相城区	太湖湖体
	47#	虎丘高新区	太湖湖体
		吴中区	太湖湖体
	36#	吴江区	盛泽镇、桃源镇
	37#	吴江区	平望镇、松陵镇、七都镇、震泽镇
	39#	吴中区	金庭镇、光福镇漫山岛、香山街道长沙岛、香山街道叶山岛、东山镇（岛）
	40#	吴江区	滨湖街道
		吴中区	胥口镇、木渎镇、临湖镇、横泾街道、东山镇、香山街道、光福镇
	46#	吴中区	太湖湖体
	48#	吴中区	太湖湖体
	49#	虎丘高新区	太湖湖体
	49#	吴中区	太湖湖体
		吴江区	太湖湖体
	35#	昆山市	千灯镇、淀山湖镇、张浦镇、锦溪镇、周庄镇
		吴江区	同里镇、黎里镇
		吴中区	角直镇
	34#	太仓市	娄东街道、双凤镇、城厢镇
		昆山市	陆家镇、花桥镇、周市镇、玉山镇、巴城镇
	33#	太仓市	璜泾镇、浏河镇、浮桥镇、沙溪镇
	30#	常熟市	梅李镇、碧溪新区、海虞镇
	31#	常熟市	尚湖镇、沙家浜镇、辛庄镇、虞山镇、昆承湖
	32#	常熟市	古里镇、董浜镇、支塘镇
	28#	张家港市	锦丰镇、大新镇、金港镇、杨舍镇
	29#	张家港市	凤凰镇、塘桥镇、常阴沙农场、乐余镇、南丰镇

（d）**南京市、镇江市水生态环境功能分区单元**

地级市	分区名称	县、区	镇、街道
南京市	8#	高淳区	桠溪镇、东坝镇
镇江市	1#	丹徒区	辛丰镇
		京口区	象山镇、正东路街道、健康路街道、四牌楼街道、大市口街道、谏壁镇
		润州区	七里甸街道、宝塔路街道、金山街道、和平路街道、蒋乔街道、官塘桥街道
		镇江新区	丁岗镇、姚桥镇、丁卯街道、大港街道、大路镇
	2#	丹徒区	宜城街道、谷阳镇、宝堰镇、上党镇
		句容市	白兔镇、茅山镇、茅山风景区、边城镇、下蜀镇
	3#	丹阳市	珥陵镇、开发区、练湖农场、司徒镇、延陵镇、云阳街道
	4#	丹阳市	界牌镇、新桥镇、后巷镇、埤城镇
	5#	丹阳市	导墅镇、皇塘镇、吕城镇、陵口镇、访仙镇

8 太湖流域水生态功能评价

8.1 生态功能评价

生态功能评价是对功能各要素优劣程度的定量描述。通过评价，可以明确功能状况、功能演变的规律及发展趋势，为流域规划与管理提供依据。功能评价可以采用预测模型法、生态系统价值和指标评价法 3 种方法。预测模型法的评价原理是选取某一自然状态下的水体作为参照系统，然后建立参照水体物理、化学特征与特定生物组成的经验模型，比较分析被评价水体与其理论上的生物组成，来评价水体的功能状况，比值越接近表明其越接近自然状态。生态价值评价方法往往是采用费用支出法、旅行费用法、条件价值法等方法对生态功能中的间接使用价值、非使用价值等进行价值计算和评价。指标评价法是建立一套指标评价体系，对具体功能进行指标评价。评价方法主要采用评分法，首先制定水文、生物、化学、物理形态等方面的评价指数，然后为每个指数选取适当的指标，为这些指标制定适当的评分标准，再调查待评价水体并计算各项指标值的大小，根据评分标准为各项指标打分，将各指标得分进行加权处理后得到每一项指数的分值，最后将各项指数得分求和，以累计总分数作为评价依据。指标评价法是其中较为常用的方法。Shafer 等（2002）[174] 在利用海岸带湿地水文地理学指标的基础上，建立了一系列海岸带生态功能评价体系，定量评价了墨西哥湾西北部潮间带湿地的野生动物栖息地功能、稳定岸线功能、物质沉积功能、营养物和有机碳交换功能、植物生产功能等。彭静等（2008）[175-177] 介绍了基于层次决策分析的河流生态功能综合评价方法，提出了在河流水文评估、物理化学评估、生物栖息地质量评估和生物评价 4 个单项评价的基础上，构建以河流生态功能综合指数为目标、4 个单项因子为准则、设定 5 个评价等级，等级标准设为好、较好、一般、较差、差，作为决策标准的层次递阶模型，应用模型进行了河流综合评价的两种情景分析。万峻等（2010）[178-180] 运用水文地貌理论，选择湿地的坡度、平均宽度、土壤质地和表面糙率 4 个物理指标，建立了潮间带湿地稳定岸线生态功能评价体系，并分析了 1954—2000 年渤海湾潮间带湿地岸线的动态变化。孟伟等（2009）[181-185] 运用水文地貌和植物学原理，筛选出水文条件、表面糙率和植被结构 3 个指标，建立了潮间带湿地物质交换生态功能评价体系，并选择 1954 年、1981 年和 2000 年渤海湾社会经济发展 3 个典型时期，对天津段潮间带湿地的物质交换功能作了比较。胡嘉东等（2009）[186-187]利用景观生态学原理，选择既能较好地反映潮间带栖息地变化，又能敏感地反映海岸带开发影响的有效湿地斑块面积、单位面积湿地斑块数量、植被覆盖率和栖息地复杂性4个指标，建立了潮间带湿地栖息地功能评价指标体系，并对1954—2000年渤海湾潮间带湿地的动态变化进行分析的基础上，运用潮间带湿地栖息地功能评价模型，对研究区潮间带湿地作了评价。还有一些学者（严承高等，2000）[188]；胡玮，王心源，2002；[189]俞小明等，2006；[179,190-192]彭建，王仰麟，2000）[193][194]对湿地多样性功能、沿江和河口湿地栖息地功能建立了指标评价体系，开展了定量化的生态服务功能评价。

8.1.1 技术路线

调查太湖流域（江苏）主要河流、湖体生态地貌等情况，将太湖流域（江苏）划分为若干小流域，在小流域尺度开展生态功能评价。具体步骤如下：

①以小流域为单元开展生态系统调查，对小流域内的生态系统状况及滨岸带、河道、水质、水文状况特征进行分析；

②根据流域生态系统功能的分类体系和评价原则，结合太湖流域（江苏）特点，建立流域生态系统功能评价指标体系；

③将点位的指标值空间化至河道、湖体内，统计每个小流域单元的指标值，形成小流域评价指标库；

④运用多指标评价和专家打分等方法，采用权重加和，对生态系统单项功能进行评价；

⑤根据多个单指标分值，综合计算出生态功能的综合指数，进行综合评价。

具体技术路线见图8-1。

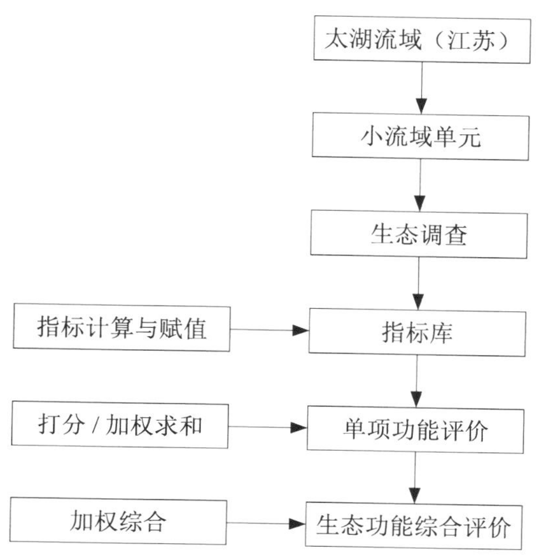

图8-1 太湖流域（江苏）生态功能评价技术路线

8.1.2 评价指标及赋值

本研究选择指标体系评价法进行生态功能评价，提出了生态功能评价指标体系（表8-1）。

表 8-1 生态功能评价指标体系

一级类型	二级类型	评价指数
生物多样性维持功能（f_{DIV}）	底栖动物耐污性（f_{BEN}）	BPI 指数
		香农多样性
生物多样性维持功能（f_{DIV}）	浮游植物耐污性（f_{PHY}）	香农多样性
		Margalef 丰富度
	鱼类丰富性（f_{FIS}）	Margalef 丰富度
重要生境维持功能（f_{HAB}）	生境自然性（f_{NAT}）	水体滨岸形态
		水体连通性
	滨岸带稳定性（f_{STA}）	滨岸带植被覆盖度
		岸边稳定程度
	生境多样性（f_{VAR}）	滨岸带景观多样性
	生境重要性（f_{IMP}）	重要生境价值
水环境支持功能（f_{WAT}）	常规水质（f_{QUA}）	常规水质指标得分

（1）**生物多样性维持功能**（f_{DIV}）

水生生物包括鱼类、无脊椎动物、藻类及细菌等，它们可以直接反映出水体的营养和一些有毒物质的状况。在河段尺度下，水生生物多样性的维持功能状况主要选取了底栖动物的耐污性、浮游植物的耐污性和鱼类的丰富性指标。

1）底栖动物耐污性（f_{BEN}）

底栖动物对河流环境压力，如生境扰动、水文变异、水质污染有较敏感的反应。本研究选取底栖动物生物学污染指数（Biology Pollution Index, BPI）和香农多样性指数（Shannon Diversity Index）来反映这一指标。

①底栖动物 BPI 生物学污染指数（BPI）

$$BPI = \frac{\log(N_1+2)}{\log(N_2+2)} + \log(N_3+2) \tag{8-1}$$

式中，N_1 为寡毛类、蛭类和摇蚊幼虫个体数；N_2 为多毛类、甲壳类、除摇蚊幼虫以外其他的水生昆虫个体数；N_3 为软体动物个体数。

②底栖动物香农多样性指数（H_b）

$$H_b = -\sum_{i=1}^{S}\left[\left(\frac{n_i}{N}\right)\ln\frac{n_i}{N}\right] \tag{8-2}$$

式中，S 为群落内的物种数，n_i 为第 i 个种的个体数；N 为群落中所有物种的个体总数。

2）浮游植物多样性（f_{PHY}）

浮游植物是水生生态系统生物资源的基础，作为初级生产者，其种群变动和群落结构直接影响水生生态系统的结构和功能，浮游植物的时空变化特征与环境因子关系密切，生态系统中环境因子的改变直接作用于浮游植物群落结构，因此，其群落结构特征一定程度地反映了水体生态环境状况。本研究选取浮游植物香农多样性指数（Shannon Diversity Index）和 Margalef 丰富度指数（Species Richness Index）来反映这一指标。

①浮游植物香农多样性指数（H_p）

$$H_p = -\sum_{i=1}^{S}\left[\left(\frac{n_i}{N}\right)\ln\frac{n_i}{N}\right] \tag{8-3}$$

式中，S 为群落内的物种数，n_i 为第 i 个种的个体数；N 为群落中所有物种的个体总数。

②浮游植物 Margalef 丰富度指数（D_p）

$$D_p = \frac{S-1}{\ln N} \tag{8-4}$$

式中，S 为群落中的总数目；N 为观察到的个体总数。

3）鱼类丰富性（f_{FIS}）

鱼类作为水生（河流、湖泊）生态系统中主要组成部分，对水生态系统中营养和物质循环、水体自净能力，乃至对整个生态系统的结构和功能起着重要的调节作用，而物理栖息地条件差异、生境扰动、水文变异、水质污染等生态环境的变化对鱼类多样性及其群落结构有极大的影响。本研究选取鱼类 Margalef 丰富度指数（Species Richness Index）来反映这一指标。

鱼类 Margalef 丰富度指数（D_f）

$$D_f = \frac{S-1}{\ln N} \tag{8-5}$$

式中，S 为群落中的总数目；N 为观察到的个体总数。

表 8-2　生物多样性维持功能单项指标评分分级赋值

分项	5 分	4 分	3 分	2 分	1 分
底栖动物 BPI 生物学污染指数（BPI）	$\leqslant 0.1$	$\leqslant 0.5$	$\leqslant 1.5$	$\leqslant 5.0$	> 5.0
底栖动物香农多样性指数（H_b）	> 3.5	$\leqslant 3.5$	$\leqslant 3.0$	$\leqslant 2.0$	$\leqslant 1.0$
浮游植物香农多样性指数（H_p）	> 3.5	$\leqslant 3.5$	$\leqslant 3.0$	$\leqslant 2.0$	$\leqslant 1.0$

分项	5分	4分	3分	2分	1分
浮游植物 Margalef 丰富度指数（D_p）	> 3.0	≤ 3.0	≤ 2.5	≤ 1.5	≤ 1.0
鱼类 Margalef 丰富度指数（D_f）	> 3.0	≤ 3.0	≤ 2.5	≤ 1.5	≤ 1.0

根据表 8-2 对底栖动物耐污性、浮游植物多样性和鱼类丰富性三项指数赋值，并采用加权求和的方式计算生物多样性维持功能综合指数 f_{DIV}，计算公式为式（8-6）。

$$f_{\mathrm{DIV}} = (f_{\mathrm{BEN}} + f_{\mathrm{PHY}} + f_{\mathrm{FIS}}) / 3 \tag{8-6}$$

式中，f_{DIV} 为生物多样性维持功能评分；f_{BEN} 为底栖动物耐污性评分；f_{PHY} 为浮游植物多样性评分；f_{FIS} 为鱼类丰富性评分；三者等权重。

底栖动物耐污性指标 f_{BEN}，取底栖动物生物学污染指数（BPI）和底栖动物香农多样性指数 H_b，评价结果的算术平均值作为其最终赋值。

浮游植物多样性指标 f_{PHY}，取浮游植物香农多样性指数 H_p 和浮游植物 Margalef 丰富度指数 D_p，评价结果的算术平均值作为其最终赋值。

鱼类丰富性指标 f_{FIS} 直接取鱼类 Margalef 丰富度指数 D_f，评价结果作为其最终赋值。

根据式（8-6）计算，f_{DIV} 将成为一个 1 ～ 5 的值，其越大表明生物多样性维持功能越好。

（2）**重要生境维持功能**（f_{HAB}）

重要生境维持功能状况主要取决于其生境自然性、滨岸带稳定性、生境多样性和生境重要性。

1）生境自然性（f_{NAT}）

表示评价单元内河道生境未受人类影响的程度，是生态系统功能评价优先考虑的自然特征。自然性评价实质就是评价人类对自然环境的侵扰程度。显然，自然性高的区域可提供最佳的本底值。一般可根据人为影响的多寡把自然性分成 5 种类型：完全自然型、轻度受扰自然型、中度干扰自然型、退化自然型和人工修复型。该指标由河道滨岸形态与河道连通性组成，评价标准见表 8-3。

生境自然性指标 f_{NAT} 是根据表 8-3 中各项评价结果，取其算术平均值作为生境自然性指标的最终赋值。

2）滨岸带稳定性（f_{STA}）

滨岸带发挥着提供生境及为水体提供缓冲区域的作用，从而减缓流域内人类活动对水体生态系统的直接干扰作用。其支持功能的发挥主要取决于滨岸带植被覆盖率，以及河岸稳定程度。滨岸带稳定性指标 f_{STA} 是根据表 8-4 中的各项评价结果，取其算术平均值作为滨岸带稳定性的最终赋值。

表 8-3 生境自然性单项指标评分分级赋值

分项	5分	4分	3分	2分	1分
河道滨岸形态	河道保持原始状态，自然生境完好，河道周围无人工构造物，如自然的或采用天然材料构筑的护岸，植物生长环境未遭受破坏	河道系统无明显的结构变化，自然生境基本完好，河道周围有极少生态工程，如采用天然材料构筑，河底少量干扰，植物生长环境基本不受影响	河道系统结构发生一定变化，自然生境受到一定程度破坏，河道周围有较多的生态人工工程，如采用人工复合材料，河底一定程度被破坏，如挖沙、清淤，使植物生长环境遭到了一定破坏	河道系统结构发生较大变化，自然生境退化，河道周围有一定的人工工程，如河道大部分采用硬质不透水材料，河底结构破坏较重（大量挖沙），有少数可见的植被	河道自然状态基本上为人工状态所替代，河道周围有较多的人工工程，如完全采用不透水的硬质材料，人为活动完全破坏河底结构没有植被生长
河道连通性	单元内未见有任何堰坝，生物迁徙未受到任何阻隔	单元内建有少数小型堰坝，小型生物迁徙受到一定阻隔	单元内建有一定数量中小型堰坝，一定数量生物迁徙受到阻隔	单元内建有大量堰坝或者大型水坝和水库，但是建有鱼道系统，生物迁徙受到很大程度的阻隔	单元内建有大型水坝和水库，无鱼道系统，生物廊道受到完全阻隔
类型	完全自然型	轻度自然型	中度干扰自然型	退化自然型	人工修复型

表 8-4 滨岸带稳定性单项指标评分分级赋值

分项	5分	4分	3分	2分	1分
滨岸带植被覆盖度	＞40%	⩽40%	⩽30%	⩽20%	⩽10%
河岸稳定程度	河岸稳定；没有明显的侵蚀和河岸失稳症状；＜5%河岸受到影响	河岸中等稳定；小区域侵蚀严重；5%～20%河岸受到影响	河岸中等不稳定；在洪水季节存在严重侵蚀；20%～40%河道存在侵蚀	河岸不稳定；存在明显的侵蚀状况；40%～60%河道存在侵蚀	河岸严重不稳定；存在明显的泥沼；＞60%河道存在侵蚀

3）生境多样性（f_{VAR}）

生境多样性是指河道形态具有一定复杂性和河岸带景观多样性，这个指标是生态系统多样性的基础。一般认为生境多样性越高，其生物多样性越高，越有可能成为重要的水生生物栖息地场所。本研究选取河岸带景观多样性来反映这一指标。

河岸带景观多样性（H'）

$$H' = -\sum_{i=1}^{m} P_i \log_2 P_i \tag{8-7}$$

式中，m 为景观类型的总数目；P_i 为第 i 类景观类型所占的面积比例。

生境多样性指标 f_{VAR} 根据表 8-5 中河岸带景观多样性指标 H' 的评价结果赋值。

表 8-5　生境多样性单项指标评分分级赋值

分项	5 分	4 分	3 分	2 分	1 分
河岸带景观多样性	> 1.5	≤ 1.5	≤ 1.3	≤ 1.1	≤ 1.0

4）生境重要性（f_{IMP}）

这是一个广义的概念，主要指该生境是否反映区域生态系统的重要特征，以及区域范围内的珍稀鱼类、重要文化景观的特征，也可兼顾生境典型性。对于野生生物的栖息地而言，可以根据分析单元中是否包含自然生态系统的关键物种和重点保护物种的关键性生境，以及对其依赖的程度如何，采用分级打分的方法评价。例如，某些野生动物的季节性栖息地，都应赋予较高的重要性分值。生境重要性 f_{IMP} 是根据表 8-6 中重要生境价值的评价结果作为其最终赋值。

表 8-6　生境重要性单项指标评分分级赋值

分项	5 分	4 分	3 分	2 分	1 分
重要生境价值	具有国际和国家一级珍稀濒危保护物种的避难所、保育场、索饵场、产卵场	具有国家二级保护物种的避难所、保育场、索饵场、产卵场	是一般物种的避难所、保育场、索饵场、产卵场	是水生生物的重要活动场所	是水生生物的非重要活动场所

重要生境维持功能 f_{HAB} 采用加权求和的方式计算，计算公式为式（8-8）。

$$f_{HAB} = 0.2f_{NAT} + 0.15f_{STA} + 0.15f_{VAR} + 0.5f_{IMP} \tag{8-8}$$

式中，f_{HAB} 为重要生境维持功能评分；f_{NAT} 为生境自然性评分；f_{STA} 为滨岸带稳定性评分；f_{VAR} 为生境多样性评分；f_{IMP} 为生境重要性评分；0.2、0.15、0.15、0.5 分别为 4 者的权重。

根据式（8-8）计算，重要生境维持功能 f_{HAB} 将成为一个 1 ～ 5 的值，其值越大，表明生境功能越好。

（3）**水环境支持功能**（f_{WAT}）

水环境支持功能是水体为水生生物提供良好生境质量的基本功能。其可以用单元的水质总体状况大小来进行评估，水质状况越差，水环境支持功能越低。本研究选取常规水质总体状况来反映这一指标。

（4）**常规水质总体状况**（f_{QUA}）

根据分区中各断面高锰酸盐指数、氨氮、总磷、总氮（仅湖、库考虑总氮指标）等常规理化参数进行水质评价，其水质参数分级赋值见表 8-7。

表 8-7　常规水质总体状况单项指标评分分级赋值

分项	5 分	4 分	3 分	2 分	1 分
高锰酸盐指数	≤ 2.0	≤ 4.0	≤ 6.0	≤ 10.0	＞ 10.0
氨氮	≤ 0.15	≤ 0.5	≤ 1.0	≤ 1.5	＞ 1.5
总磷	≤ 0.02	≤ 0.1	≤ 0.2	≤ 0.3	＞ 0.3
总磷（湖、库）	≤ 0.01	≤ 0.025	≤ 0.05	≤ 0.1	＞ 0.1
总氮（湖、库）	≤ 0.2	≤ 0.5	≤ 1.0	≤ 1.5	＞ 1.5

水环境支持功能指标 f_{WAT} 是根据表 8-7 中常规水质总体状况指标 f_{QUA} 的各项评价结果，取算术平均值作为其最终赋值。计算后，f_{WAT} 将成为一个 1 ～ 5 的值，其值越大表明水环境支持功能越好。

8.1.3　生态功能综合评估

在生物多样性维持功能（f_{DIV}）、重要生境维持功能（f_{HAB}）、水环境支持功能（f_{WAT}）指标计算的基础上，采用求和的方法，计算生态功能综合指数，根据分级标准，确定生态功能综合等级。计算公式为式（8-9）。

$$F_{综合}=f_{DIV}+f_{HAB}+f_{WAT} \tag{8-9}$$

式中，$F_{综合}$为生态功能综合得分；f_{DIV}、f_{HAB}、f_{WAT} 分别为生物多样性维持功能、重要生境维持功能、水环境支持功能单项功能指标值。

生态功能综合指数将为 3 ～ 15，其可以按照下列标准进行等级划分（表 8-8）。从高到低可分为 4 个等级：Ⅰ级分值 13 ～ 15（不包括 13），表示生态功能高；Ⅱ级分值 10 ～ 13（不包括 10），表示生态功能较高；Ⅲ级分值 8 ～ 10（不包括 8），表示生态功能一般；Ⅳ级分值≤ 8，表示生态功能低。

表 8-8　生态功能综合评价分级

功能等级	重要性	综合分值	意义
Ⅰ	高	$13 < F \leq 15$	水生态系统保持自然生态状态，具有健全的生态功能，需全面保护的区域
Ⅱ	较高	$10 < F \leq 13$	水生态系统保持较好生态状态，具有较健全的生态功能，需重点保护的区域
Ⅲ	一般	$8 < F \leq 10$	水生态系统保持一般生态状态，部分生态功能受到威胁，需重点修复的区域
Ⅳ	低	$F \leq 8$	水生态系统保持较差生态状态，能发挥一定程度的生态功能，需全面修复的区域

本研究评价指标里的生物多样性维持功能（f_{DIV}）、重要生境维持功能（f_{HAB}）、水

环境支持功能（f_{WAT}），哪一个单项得分高，则该单项指标对应的功能为该分区的生态主导功能。

在定义各分区的生态主导功能时，除考虑上述评价指标里的 3 项功能外，还提出了一个优先指标即为重要物种保护功能（f_{SPE}），选择物种重要性（f_{ISP}）来反映这一指标，其指标体系见表 8-9。

表 8-9 优先指标评价体系

一级类型	二级类型	评价指数
重要物种保护功能（f_{SPE}）	物种重要性（f_{ISP}）	国家重点保护物种、濒危级保护物种、易危级保护物种

重要物种保护功能（f_{SPE}）是根据各分区物种重要性（f_{ISP}）的评价结果来定，若该分区有国家重点保护物种、濒危级保护物种、易危级保护物种中的任意一种或多种，则该分区的重要物种保护地位高，该分区的生态主导功能定为重要物种保护功能；反之，若该分区没有国家重点保护物种、濒危级保护物种、易危级保护物种，则该分区的重要物种保护功能低，该分区的生态主导功能依据评价指标里 3 项功能的单项得分来定。

8.2 服务功能评价

生态系统服务功能是指生态系统形成和所维持的人类赖以生存和发展的环境条件与效用。它不仅包括生态系统为人类所提供的食物、淡水及其他工农业生产的原料，更重要的是支撑与维持了地球的生命保障系统，维持生命物质的生物地球化学循环与水文循环，维持生物物种的多样性，净化环境，维持大气化学的平衡与稳定。生态系统服务功能是人类赖以生存和发展的基础。

中国是目前世界上人均自然资产最为稀缺的国家之一，在经济高速发展的影响下，自然资产的交易和占用特别活跃，对生态系统服务价值评估方法有着迫切的需求。生态系统服务价值的鉴别、量化和货币化都很困难，目前世界上还没有关于生态价值成熟的定价方法，多是采用一些替代法计算，但由于不同人对参数选取的差异，所得结果往往差异很大。1997 年 Costanza 等在《自然》杂志发表了《全球生态系统服务价值和自然资本》一文[195]，使生态系统服务价值估算原理及方法从科学意义上得以明确。此后，该方法在中国被迅速应用于评估各类生态系统的生态服务经济价值，在生态系统服务领域的多个方面都获得了一些研究成果，但毫无疑问，Costanza 的方法及其在中国的应用仍然存在很大争议和缺陷：①耕地的生态服务价值单价被严重低估；②经济学界认为该生态服务价值体系主要反映欧美发达国家的经济水平，对中国这样的发展中国家来说，生态系统服务价值被估计得太高；③生态服务中的调节服务价值、支持服务价值是间接的，难以用货币直接衡量；④多项生态系统服务由于没有足够信息而没有被包括和评估；⑤ Costanza 的方法有价值，但仍有值得改进之处，中国的生态系统服务价值估算如果以 Costanza 的模式进行是不恰当的，完全应该有根据地对其框架进行修正，并与其比较；⑥用什么方法评估生态系统服务价值可能永远有争议，在没有更恰当、科学和正确的方法的情况下，基于 Costanza 的方法并根据中国生态系统和社会经济发展状况进行改进，是有意义的一项工作。

由于人类对生态系统服务功能及其重要性缺乏充分认识，对生态系统的长期压力和破坏，导致生态系统服务功能退化。最近完成的联合国千年生态系统评估报告发现，全球生态系统服务功能在评估的 24 项生态服务中，有 15 项（约占评估的 60%）正在退化，生态系统服务功能的丧失和退化将对人类福祉产生重要影响，威胁人类的安全与健康，直接威胁着区域，乃至全球的生态安全。生态系统服务功能研究已成为国际生态学和相关学科研究的前沿和热点。

长期的生态系统开发利用和巨大的人口压力，使我国生态系统和生态系统服务功能严重退化，生态系统呈现出由结构性破坏向功能性紊乱的方向发展，由此引起的水资源短缺、水土流失、沙漠化、生物多样性减少等生态问题持续加剧，对我国生态安全造成严重威胁。从生态系统、区域和国家不同尺度开展生态系统服务功能的系统研究，认识生态系统服务功能形成与调控机制和尺度特征，发展生态系统服务功能评估方法，全面认识我国生态系统服务功能的空间格局及其演变特征，对发展生态系统服务功能研究的理论与方法，保障我国生态安全具有重要意义。

8.2.1　评价方法

生态系统服务包括气体调节、气候调节、扰动调节、水调节、水供给、控制侵蚀和保持沉积物、土壤形成、养分循环、废物处理、传粉、生物控制、避难所、食物生产、原材料、基因资源、休闲、文化 17 个类型（Costanza 等，1997）[195]。谢高地等根据中国民众和决策者对生态服务的理解状况，将生态服务重新划分为食物生产、原材料生产、景观愉悦、气体调节、气候调节、水源涵养、土壤形成与保持、废物处理、生物多样性维持共 9 项。其中气候调节功能的价值中包括了 Costanza 体系中的干扰调节，土壤形成与保护包括了 Costanza 体系中的土壤形成、营养循环、侵蚀控制 3 项功能，生物多样性维持中包括了 Costanza 体系中的授粉、生物控制、栖息地、基因资源 4 项功能，其与 Costanza 划分的对照见表 8-10（谢高地，一个基于专家知识的生态系统服务价值）。

谢高地等采用问卷调查得到了中国生态系统单位面积生态服务价值当量（2007）[196-198]的研究成果（表 8-11）。被调查对象都是从事生态学研究的专家学者，他们对生态服务的效用有足够深刻的理解，对没有相关信息的生态服务价值根据他们的专家知识给出了补充。同时采用物质量估算的方法得到了生态系统服务价值单价表，并将此结果与其他方法的评估给予一个比较。结果表明，在物质量估算基础上估计的各项生态系统服务的单价与本研究调查所得的单价较为接近。

表 8-10 生态服务类型的划分

一级类型	二级类型	与 Costanza 分类的对照	生态服务的定义
供给服务	食物生产	食物生产	将太阳能转化为能食用的植物和动物产品
	原材料生产	原材料生产	将太阳能转化为生物能，给人类作建筑物或其他用途
调节服务	气体调节	气体调节	生态系统维持大气化学组分平衡，吸收 SO_2、吸收氧化物、吸收氮氧化物
	气候调节	气候调节、干扰调节	对区域气候的调节作用，如增加降水、降低气温
	水文调节	水调节、供水	生态系统的淡水过滤、持留和储存功能，以及供给淡水
	废物处理	废物处理	植被和生物在多余养分和化合物去除和分解中的作用，滞留灰尘
支持服务	保持土壤	侵蚀控制可保持沉积物、土壤形成、营养循环	有机质累积及植被根物质和生物在土壤保持中的作用，养分循环和累积
	维持生物多样性	授粉、生物控制、栖息地、基因资源	野生动植物基因来源和进化、野生植物和动物栖息地
文化服务	提供美学景观	休闲娱乐 、文化	具有（潜在）娱乐用途、文化和艺术价值的景观

表 8-11 中国生态系统单位面积生态服务价值当量（2007 年）

一级类型	二级类型	森林	草地	农田	湿地	河流 / 湖泊	荒漠
供给服务	食物生产	0.33	0.43	1.00	0.36	0.53	0.02
	原材料生产	2.98	0.36	0.39	0.24	0.35	0.04
调节服务	气体调节	4.32	1.50	0.72	2.41	0.51	0.06
	气候调节	4.07	1.56	0.97	13.55	2.06	0.13
	水文调节	4.09	1.52	0.77	13.44	18.77	0.07
	废物处理	1.72	1.32	1.39	14.40	14.85	0.26
支持服务	保持土壤	4.02	2.24	1.47	1.99	0.41	0.17
	维持生物多样性	4.51	1.87	1.02	3.69	3.43	0.40
文化服务	提供美学景观	2.08	0.87	0.17	4.69	4.44	0.24
合计		28.12	11.67	7.9	54.77	45.35	1.39

8.2.2 评价结果

本书结合江苏省太湖流域实际情况，选取了供给服务（水源涵养、产品供给）、调节服务（气体调节、气候调节、水文调节、水质净化）、支持服务（土壤保持、生物多样性维持）和文化服务功能（景观娱乐）4 类一级功能、9 类二级功能，进行生态系统服务功能的评价。采用遥感解译获得的土地利用分类数据，结合谢高地等提出的生态系统单位面积生态服务价值当量，得到分区内 9 类二级生态服务功能对应的生态系统服务价值所占该分区的比例，从而判定该分区的主导生态系统服务功能。

根据生态系统服务价值计算方法，江苏省太湖流域 49 个水生态环境功能分区主导功能评价结果如表 8-12 所示。

表 8-12 水生态环境功能分区服务功能计算结果

分区编号	主导生态服务功能	分区编号	主导生态服务功能
1	水文调节	26	水质净化
2	水源涵养	27	水质净化
3	水质净化	28	水质净化
4	水文调节	29	水质净化
5	水质净化	30	水质净化
6	水质净化	31	水文调节
7	水文调节	32	水质净化
8	水文调节	33	水质净化
9	水文调节	34	水文调节
10	水源涵养	35	水文调节
11	水源涵养	36	水文调节
12	水文调节	37	水文调节
13	水质净化	38	水文调节
14	水质净化	39	水文调节
15	水文调节	40	水文调节
16	水质净化	41	水文调节
17	水质净化	42	水文调节
18	水文调节	43	水文调节
19	水文调节	44	水文调节
20	水源涵养	45	水文调节
21	水质净化	46	水文调节
22	水文调节	47	水文调节
23	水质净化	48	水文调节
24	水文调节	49	水文调节
25	水文调节		

9 太湖流域水生态环境功能分区管理

9.1 分级管理

9.1.1 生态级别判定

根据生态功能评价技术路线。太湖流域（江苏）共设置 165 个采样点位，开展流域特征和生态调查（附图 9-1）。在 4 类功能 9 项指标 13 个评价指数中，有 6 个指数是点位数据，7 个指数属于流域数据（表 9-1）。流域数据可以直接作为流域的评估结果，而点位数据则需要通过现场调查获得，无资料地区可以通过空间插值方式推算出流域分区的指标值。

表 9-1 太湖流域（江苏）生态功能评价所用指数

<table>
<tr><th>目标</th><th>评价指标</th><th>评价指数</th><th>数据类型</th></tr>
<tr><td rowspan="5">生物多样性维持功能（f_{DIV}）</td><td rowspan="2">底栖动物耐污性（f_{BEN}）</td><td>BPI 指数</td><td>点位数据</td></tr>
<tr><td>香农多样性指数</td><td>点位数据</td></tr>
<tr><td rowspan="2">浮游植物耐污性（f_{PHY}）</td><td>香农多样性指数</td><td>点位数据</td></tr>
<tr><td>Margalef 丰富度指数</td><td>点位数据</td></tr>
<tr><td>鱼类丰富性（f_{FIS}）</td><td>Margalef 丰富度指数</td><td>点位数据</td></tr>
<tr><td rowspan="6">重要生境维持功能（f_{HAB}）</td><td rowspan="2">生境自然性（f_{NAT}）</td><td>水体滨岸形态</td><td>流域数据</td></tr>
<tr><td>水体连通性</td><td>流域数据</td></tr>
<tr><td rowspan="2">滨岸带稳定性（f_{STA}）</td><td>滨岸带植被覆盖度</td><td>流域数据</td></tr>
<tr><td>岸边稳定程度</td><td>流域数据</td></tr>
<tr><td>生境多样性（f_{VAR}）</td><td>滨岸带景观多样性</td><td>流域数据</td></tr>
<tr><td>生境重要性（f_{IMP}）</td><td>重要生境价值</td><td>流域数据</td></tr>
<tr><td>水环境支持功能（f_{WAT}）</td><td>常规水质（f_{QUA}）</td><td>常规水质指标得分</td><td>点位数据</td></tr>
<tr><td>重要物种保护功能（f_{SPE}）</td><td>物种重要性（f_{ISP}）</td><td>国家重点保护物种、濒危级保护物种、易危级保护物种存在与否</td><td>流域数据</td></tr>
</table>

（1）生物多样性维持功能评价

底栖动物耐污性指标（f_{BEN}）由底栖动物 BPI 和香农多样性两项指数组成，浮游植物耐污性指标（f_{PHY}）由浮游植物香农多样性和 Margalef 丰富度两项指数组成，鱼类丰富性指标（f_{FIS}）选取鱼类 Margalef 丰富度指数来反映。数据均采用 2012—2014 年现场采样调查的方法获取的点位数据。根据现场调查结果，利用式（8-1）～式（8-5），计算出每个点位的底栖动物 BPI 和香农多样性指数，按照表 8-2 的评分标准进行评分。

利用 49 个分区内的各指数得分值计算出反映生物多样性维持功能的 3 项指标的分值，最终根据式（8-6）汇总出每个分区的生物多样性维持功能的评分值，结果见表 9-2。

表 9-2　生物多样性维持功能评价结果

分区	f_{BEN}	f_{PHY}	f_{FIS}	f_{DIV}	分区	f_{BEN}	f_{PHY}	f_{FIS}	f_{DIV}
1	2.00	2.25	1.50	1.92	26	3.00	2.50	1.00	2.17
2	3.50	3.67	3.00	3.39	27	1.50	1.50	1.00	1.33
3	2.38	2.00	2.75	2.38	28	2.00	1.50	1.00	1.50
4	1.50	2.25	1.50	1.75	29	1.50	2.50	3.00	2.33
5	2.50	1.67	2.33	2.17	30	2.33	2.00	2.00	2.11
6	2.75	3.75	3.50	3.33	31	2.83	1.67	2.00	2.17
7	4.17	4.67	3.33	4.28	32	2.25	1.75	2.00	2.00
8	2.50	2.50	2.00	2.33	33	2.00	2.00	1.50	1.83
9	1.88	1.75	2.25	1.96	34	2.36	2.00	1.86	2.07
10	4.50	4.50	4.00	4.33	35	3.00	2.10	1.40	2.17
11	4.67	4.75	4.50	4.64	36	2.67	2.17	1.00	1.94
12	2.20	2.00	2.60	2.27	37	2.50	2.75	3.00	2.75
13	3.10	2.60	3.00	2.90	38	2.57	2.07	2.00	2.21
14	2.00	2.00	3.00	2.33	39	3.00	2.50	3.00	2.83
15	2.44	2.17	1.56	2.06	40	2.75	2.38	3.00	2.71
16	2.83	2.22	2.33	2.46	41	4.00	4.00	3.00	3.67
17	2.25	2.50	2.50	2.42	42	3.50	4.00	3.00	3.50
18	2.35	2.15	2.00	2.17	43	5.00	5.00	4.00	4.67
19	3.25	2.50	2.75	2.83	44	3.38	3.00	3.00	3.13
20	2.63	1.88	2.75	2.42	45	2.75	2.63	5.00	3.46
21	1.75	2.00	1.50	1.75	46	2.50	2.30	3.20	2.67
22	1.75	1.75	2.00	1.83	47	3.67	2.17	3.00	2.94
23	1.50	1.50	2.00	1.67	48	2.83	2.00	3.00	2.61
24	2.67	2.17	2.33	2.39	49	4.30	4.00	4.00	4.10
25	2.75	2.13	3.00	2.63					

（2）重要生境维持功能评价

生境自然性指标（f_{NAT}）由水体滨岸形态和水体连通性两项指数组成，滨岸带稳定性指标（f_{STA}）由滨岸带植被覆盖度和岸边稳定程度两项指数组成，生境多样性指标（f_{VAR}）选取河岸带景观多样性指数来反映，生境重要性指标（f_{IMP}）通过调查 49 个分区的重要生境的价值大小，按照表 8-3 的评分标准来赋分。数据均采用 49 个分区 2012—2014 年现场调查的方法获取的流域数据。按照式（8-7）、表 8-4、表 8-5 进行现场打分。

利用 49 个分区内的各指数得分值计算出反映重要生境维持功能的 4 项指标的分值，最终根据式（8-8）汇总出每个分区的重要生境维持功能的评分值，结果见表 9-3。

表 9-3　重要生境维持功能评价结果

分区	f_{NAT}	f_{STA}	f_{VAR}	f_{IMP}	f_{HAB}	分区	f_{NAT}	f_{STA}	f_{VAR}	f_{IMP}	f_{HAB}
1	3.33	3.00	4.00	4.00	3.72	26	2.67	3.67	4.00	3.00	3.18
2	3.42	3.67	4.00	3.00	3.33	27	3.17	4.00	5.00	3.00	3.48
3	4.11	4.57	5.00	1.00	2.76	28	3.33	4.33	3.00	4.00	3.77
4	3.42	3.00	4.00	3.00	3.23	29	3.00	3.50	3.00	2.00	2.58
5	4.17	4.33	5.00	5.00	4.73	30	3.33	3.00	5.00	3.00	3.37
6	4.17	4.23	5.00	4.00	4.22	31	3.78	3.50	5.00	3.00	3.53
7	4.50	4.75	5.00	5.00	4.86	32	3.25	3.58	4.00	2.00	2.79
8	3.75	4.09	4.00	4.00	3.96	33	4.25	4.13	4.00	4.00	4.07
9	3.34	3.67	5.00	5.00	4.47	34	3.23	3.73	4.00	4.00	3.80
10	4.55	4.58	5.00	5.00	4.85	35	3.84	4.67	5.00	5.00	4.72
11	4.17	4.28	4.00	5.00	4.57	36	3.25	3.50	4.00	3.00	3.28
12	2.83	3.67	5.00	5.00	4.37	37	4.50	4.84	5.00	5.00	4.88
13	3.84	4.34	5.00	3.00	3.67	38	3.06	4.39	5.00	3.50	3.77
14	3.50	3.50	4.00	3.50	3.58	39	5.00	5.00	5.00	4.00	4.50
15	3.17	3.17	3.00	2.00	2.56	40	3.25	4.54	5.00	4.00	4.08
16	3.07	3.09	3.00	2.50	2.78	41	3.67	3.50	4.00	3.50	3.61
17	4.00	4.00	5.00	1.00	2.65	42	3.25	3.50	3.00	3.00	3.13
18	3.34	3.50	4.00	3.00	3.29	43	4.00	4.00	5.00	5.00	4.65
19	3.25	3.25	5.00	3.50	3.64	44	3.00	3.50	1.00	5.00	3.78
20	3.92	4.34	5.00	4.00	4.18	45	4.00	4.00	4.00	5.00	4.50
21	3.00	3.42	3.00	3.00	3.06	46	3.00	3.00	3.00	5.00	4.00
22	3.17	4.00	5.00	3.00	3.48	47	4.00	4.00	3.00	5.00	4.35
23	3.25	3.50	4.00	3.00	3.28	48	4.00	4.00	4.00	5.00	4.50
24	2.50	2.50	3.00	2.00	2.33	49	4.00	5.00	5.00	5.00	4.80
25	3.25	3.47	3.00	3.00	3.12						

（3）水环境支持功能评价

水环境支持功能利用太湖流域（江苏）各主要河流的水质类别来表征。数据来自 2012—2014 年现场采样调查的方法获取点位数据。根据现场调查及水质测试结果，获得每个点位的高锰酸盐指数、氨氮、总磷、总氮（仅湖、库考虑总氮指标）指标值，按照表 8-7 的评分标准进行评分。

利用 49 个分区内的各采样点位的常规水质指标得分值计算出反映水环境支持功能的常规水质总体状况指标的分值，取算术平均值汇总出每个分区的水环境支持功能的评分值，结果见表 9-4。

表 9-4　水环境支持功能评价结果

分区	f_{WAT}	分区	f_{WAT}	分区	f_{WAT}	分区	f_{WAT}	分区	f_{WAT}
1	2.17	11	3.85	21	3.17	31	3.44	41	3.33
2	3.44	12	2.80	22	2.50	32	2.83	42	3.33
3	2.92	13	3.73	23	2.67	33	1.83	43	4.00
4	3.33	14	4.00	24	2.78	34	2.05	44	3.13
5	2.89	15	3.33	25	3.15	35	2.33	45	2.31
6	2.17	16	2.89	26	3.33	36	2.44	46	2.55
7	3.92	17	3.00	27	2.00	37	3.17	47	2.83
8	2.17	18	3.30	28	2.00	38	1.86	48	2.92
9	2.98	19	3.67	29	3.00	39	3.67	49	4.10
10	4.00	20	2.42	30	3.44	40	3.25		

（4）重要物种保护功能评价

重要物种保护功能通过调查 49 个分区内存在的物种重要性来表征，根据现场调查及资料分析判断该分区是否有国家重点保护物种、濒危级保护物种、易危级保护物种来界定该分区的物种重要性，结果见表 9-5，重要物种保护功能评价结果仅用于界定该分区生态主导功能，不参与生态功能综合指数计算。

表 9-5　重要物种保护功能评价结果

分区	f_{SPE}	分区	f_{SPE}	分区	f_{SPE}	分区	f_{SPE}	分区	f_{SPE}
1	√	11		21		31		41	
2		12		22		32		42	
3		13		23		33		43	
4		14		24		34		44	√
5		15		25		35		45	√
6		16		26		36		46	
7	√	17		27		37	√	47	√
8		18		28		38		48	
9		19		29		39	√	49	√
10		20		30		40			

9.1.2 生态功能综合评价

将生物多样性维持功能（f_{DIV}）、重要生境维持功能（f_{HAB}）、水环境支持功能（f_{WAT}）指标值加和，计算出生态功能综合指数（表 9-6），根据表 8-8 分级标准，确定各分区生态功能综合等级（附图 9-2）。

表 9-6 太湖流域（江苏）生态功能综合评级

分区	$F_{综合}$	等级	分区	$F_{综合}$	等级	分区	$F_{综合}$	等级
1	7.80	Ⅳ	18	8.76	Ⅲ	35	9.22	Ⅲ
2	10.17	Ⅱ	19	10.14	Ⅱ	36	7.66	Ⅳ
3	8.05	Ⅲ	20	9.02	Ⅲ	37	10.79	Ⅱ
4	8.32	Ⅲ	21	7.98	Ⅳ	38	7.84	Ⅳ
5	9.79	Ⅲ	22	7.82	Ⅳ	39	11.00	Ⅱ
6	9.72	Ⅲ	23	7.61	Ⅳ	40	10.04	Ⅲ
7	13.06	Ⅰ	24	7.49	Ⅳ	41	10.61	Ⅱ
8	8.46	Ⅲ	25	8.89	Ⅲ	42	9.96	Ⅲ
9	9.41	Ⅲ	26	8.68	Ⅲ	43	13.32	Ⅰ
10	13.18	Ⅰ	27	6.82	Ⅳ	44	10.03	Ⅱ
11	13.06	Ⅰ	28	7.27	Ⅳ	45	10.27	Ⅱ
12	9.43	Ⅲ	29	7.91	Ⅳ	46	9.22	Ⅲ
13	10.30	Ⅱ	30	8.92	Ⅲ	47	10.13	Ⅱ
14	9.91	Ⅲ	31	9.14	Ⅲ	48	10.03	Ⅱ
15	7.95	Ⅳ	32	7.62	Ⅳ	49	13.00	Ⅰ
16	8.13	Ⅲ	33	7.74	Ⅳ			
17	8.07	Ⅲ	34	7.92	Ⅳ			

结果显示，生态Ⅰ级区主要为溧阳和宜兴的南部山区及洮湖、阳澄湖和太湖东部湖区，这些区域陆地和水生生境质量好、生物多样性高、植被覆盖率高，人类活动影响小，水体水生态系统保持自然生态状态，具有健全的生态功能；生态Ⅳ级区主要分布在镇江北部、常州市区、无锡及其辖属江阴的城区、苏州及其辖属县级市的城区，这些区域受人类干扰严重、水体污染负荷大、水质超标严重、生境条件差、水生态系统保持较差生态状态，仅能发挥一定程度的生态功能。整体上，太湖流域（江苏）的生态功能等级呈现出由西南山区向东北平原河网区下降的趋势，各分区编号及分区名称见表 9-7。

表 9-7　各分区编号与分区名称

分区编号	分区命名
1	Ⅳ-01 镇江北部重要物种保护 - 水文调节功能区
2	Ⅱ-01 镇江东部水环境维持 - 水源涵养功能区
3	Ⅲ-01 丹阳城镇水环境维持 - 水质净化功能区
4	Ⅲ-02 丹阳东部水环境维持 - 水文调节功能区
5	Ⅲ-03 丹武重要生境维持 - 水质净化功能区
6	Ⅲ-04 金坛城镇重要生境维持 - 水质净化功能区
7	Ⅰ-01 金坛洮湖重要物种保护 - 水文调节功能区
8	Ⅲ-05 溧高重要生境维持 - 水文调节功能区
9	Ⅲ-06 溧阳城镇重要生境维持 - 水文调节功能区
10	Ⅰ-02 溧阳南部重要生境维持 - 水源涵养功能区
11	Ⅰ-03 宜兴南部生物多样性维持 - 水源涵养功能区
12	Ⅲ-07 宜兴西部重要生境维持 - 水文调节功能区
13	Ⅱ-02 滆湖西岸水环境维持 - 水质净化功能区
14	Ⅲ-08 江阴西部水环境维持 - 水质净化功能区
15	Ⅳ-02 常州城市水环境维持 - 水文调节功能区
16	Ⅲ-09 滆湖东岸水环境维持 - 水质净化功能区
17	Ⅲ-10 滆湖南岸水环境维持 - 水质净化功能区
18	Ⅲ-11 太湖西岸水环境维持 - 水文调节功能区
19	Ⅱ-03 宜兴丁蜀水环境维持 - 水文调节功能区
20	Ⅲ-12 竺山湖北岸重要生境维持 - 水源涵养功能区
21	Ⅳ-03 锡武城镇水环境维持 - 水质净化功能区
22	Ⅳ-04 江阴城市重要生境维持 - 水文调节功能区
23	Ⅳ-05 江阴南部重要生境维持 - 水质净化功能区
24	Ⅳ-06 无锡城市水环境维持 - 水文调节功能区
25	Ⅲ-13 无锡南部城镇水环境维持 - 水文调节功能区
26	Ⅲ-14 无锡东部水环境维持 - 水质净化功能区
27	Ⅳ-07 江阴东部重要生境维持 - 水质净化功能区
28	Ⅳ-08 张家港城镇重要生境维持 - 水质净化功能区
29	Ⅳ-09 张家港东部水环境维持 - 水质净化功能区
30	Ⅲ-15 常熟北部水环境维持 - 水质净化功能区
31	Ⅲ-16 常熟城镇重要生境维持 - 水文调节功能区
32	Ⅳ-10 常熟东部水环境维持 - 水质净化功能区
33	Ⅳ-11 太仓北部重要生境维持 - 水质净化功能区
34	Ⅳ-12 昆太城镇重要生境维持 - 水文调节功能区
35	Ⅲ-17 淀山湖东岸重要生境维持 - 水文调节功能区
36	Ⅳ-13 吴江南部重要生境维持 - 水文调节功能区
37	Ⅱ-04 吴江北部重要物种保护 - 水文调节功能区
38	Ⅳ-14 苏州城市重要生境维持 - 水文调节功能区

分区编号	分区命名
39	Ⅱ -05 西山岛重要物种保护 - 水文调节功能区
40	Ⅲ -18 太湖东岸重要生境维持 - 水文调节功能区
41	Ⅱ -06 贡湖东岸生物多样性维持 - 水文调节功能区
42	Ⅲ -19 苏州北部生物多样性维持 - 水文调节功能区
43	Ⅰ -04 阳澄湖生物多样性维持 - 水文调节功能区
44	Ⅱ -07 漏湖重要物种保护 - 水文调节功能区
45	Ⅱ -08 梅梁湾 - 贡湖重要物种保护 - 水文调节功能区
46	Ⅲ -20 太湖西部湖区重要生境维持 - 水文调节功能区
47	Ⅱ -09 太湖湖心区重要物种保护 - 水文调节功能区
48	Ⅱ -10 太湖南部湖区重要生境维持 - 水文调节功能区
49	Ⅰ -05 太湖东部湖区重要物种保护 - 水文调节功能区

9.1.3 分级管理目标

（1）生态管控目标

针对 4 级生态分区的生态功能与保护需求，分别制定了包括生态管控、空间管控分级管理目标，实施分级、分类管理。根据区域内 136 个水质考核断面布设情况，近期水质目标值结合水（环境）功能分区、太湖流域水环境综合治理总体方案、水质现状与“水十条”考核目标等综合确定，远期水质目标基本依据水（环境）功能分区，到 2020 年，所有断面水质优于Ⅲ类比例与“水十条”考核目标要求保持统一（表 9-8）。依据断面代表性布设原则，在 136 个水质考核断面中挑选 53 个断面开展水生态监测并评价（附图 9-3），采用水生态健康指数为综合评价指数，由藻类、底栖生物、水质、富营养指数等组成。

表 9-8 水质、水生态分级管控目标

分级区	水质考核断面优Ⅲ类比例 /%（2030 年）	水生态健康指数（2030 年）
生态Ⅰ级区	90	良（≥ 0.70）
生态Ⅱ级区	85	良 / 中（≥ 0.55）
生态Ⅲ级区	80	中（≥ 0.47）
生态Ⅳ级区	50	中 / 一般（≥ 0.40）

注：2030 年水质断面考核目标来源于《江苏省地表水（环境）功能区划》2020 年目标。

（2）空间管控目标

空间管控目标包括生态红线、湿地、林地管控目标，主要根据江苏省生态红线保护规划、各分区现状土地利用遥感影像解译成果等制定，确保生态空间屏障不下降，生态功能不退化。根据统计分析，江苏省太湖流域生态红线面积约占国土面积的 30.1%，远高于江苏省平均 22%，且生态Ⅰ级区与生态Ⅱ级区涉及的生态红线保护区明显高于其他区域（表 9-8）。

表 9-9 空间管控分级目标

分级区	生态红线面积比例 /%	生态红线 / 流域面积 /%	湿地＋林地面积比例 /%
生态Ⅰ级区	69	7.4	68.0
生态Ⅱ级区	63	11.5	61.8
生态Ⅲ级区	21	8.7	28.4
生态Ⅳ级区	8	2.5	15.5

注：生态红线区域范围统计依据《江苏省生态红线区域保护规划》。

9.2 分区目标的制定

9.2.1 考核目标的确定

开展江苏太湖流域水生态环境功能分区管理，是实现单一水质目标管理向水质水生态双重管控的重要手段。根据江苏太湖流域水生态环境功能区目标制定原则，建立水生态管控、空间管控和物种保护 3 大类考核目标体系，其中水生态管控目标包括水质目标、水生态健康指标与总量控制目标；空间管控目标包括生态红线管控与湿地、林地管控目标；物种保护目标主要为底栖动物、鱼类等珍稀濒危、敏感种、特有种等。在此基础上形成分区、分级、分类、分期管理体系，构建江苏省太湖流域水生态环境功能分区体系。

在水生态管控、空间管控和物种保护 3 大类考核目标基础上，进一步深化考核指标，水生态管控目标包含水质、水生态、容量总量考核指标，其中将水质、水生态指标作为近、远期重点考核指标，容量总量控制指标作为近期参考指标，远期逐步实现考核；生态红线管控、湿地、林地指标作为空间管控目标需长期重点考核；针对大型底栖动物、鱼类等珍稀濒危物种、特有种、敏感种制订重要保护物种目标，作为远期一般参照性指标纳入分区考核管理体系（图 9-1）。

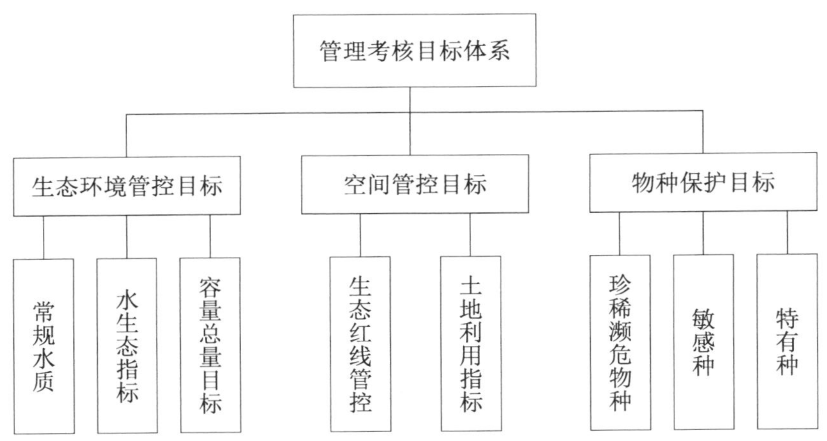

图 9-1　水生态环境功能分区管理考核目标

9.2.2　生态环境管控目标

（1）水质目标

为了便于考核管理的要求，结合江苏省环境监测中心日常监测工作，分区制定了近、远期水质目标。监测因子、方法与标准依据《地表水环境质量标准》（GB 3838—2002），评价项目为：pH、溶解氧、高锰酸盐指数、五日生化需氧量、氨氮、总磷、铜、锌、氟化物、硒、砷、汞、镉、铬（六价）、铅、氰化物、挥发酚、石油类、阴离子表面活性剂、硫化物、硫酸盐、氯化物、硝酸盐、铁和锰 25 项及表 3 特定项目中的 33 项，共 58 项。

近期（2020 年）水质目标依据国家“水十条”与《江苏省“十三五”污染防治规划》水质考核目标；远期（2030 年）水质目标结合地表水环境功能区划目标要求。

依据水生态环境功能分区的分级差异、Ⅰ级、Ⅱ级分区从严要求、Ⅲ级分区维持现状、Ⅳ级分区适度放宽的原则，涉及饮用水水源地、重要生态保护红线、太湖一级保护区严格考量的原则，不宽于国家流域考核目标的原则，同时结合分区统一管理、上下游兼顾等，对原地表水（环境）功能区划部分功能区水质目标进行了调整。此次调整评估了全流域 406 个功能河段，依据以上原则，对 32 个河段不合理的功能区目标进行了调整。

（2）水生态目标

研究建立水生态健康评价体系。考虑到河流和湖库的生境不同，关注的重点也有区别，针对河流和湖库分别提出水生态健康指数计算方法（表 9-9）。

河流水生态健康指数＝淡水大型底栖无脊椎动物指数 ×0.5 ＋河流综合污染指数 ×0.5

湖库水生态健康指数＝淡水浮游藻类指数 ×0.25 ＋淡水大型底栖无脊椎动物指 ×0.25 ＋湖库综合营养状态指数 ×0.5

其中，淡水浮游藻类指数、淡水大型底栖无脊椎动物指数、河流综合污染指数、湖库综合营养状态指数均指归一化之后的结果。

表 9-10　水生态健康指数分级标准

	优	良	中	一般	差
河流	[0.925,1]	[0.695,0.925）	[0.465,0.695)	[0.235,0.465)	[0,0.235)
湖库	[0.925,1]	[0.695,0.925）	[0.465,0.695)	[0.235,0.465)	[0,0.235)

分河流、湖库对水质理化指标、浮游藻类指标、大型底栖动物指标进行筛选，结合水质理化完整性指标和生物完整性指标筛选结果，确定太湖流域水生态健康评估指标体系，如表 9-10 所示。

表 9-11　水生态健康评估指标体系

系统层	状态层	指标层	指标意义	备注
生物完整性	浮游藻类	总分类单元数	丰富度指标，物种完整性高的点丰富性高	
		细胞密度	样品中藻类细胞密度	
		前 3 优势种细胞优势度	优势度指标，生态健康好的点优势物种优势度低	$D=N_{max3}/N$，式中：N_{max3} 为前 3 位优势种总细胞密度；N 为全部物种细胞密度
	大型底栖动物	软体动物分类单元数	丰富度指标，物种完整性高的点丰富性高	
生物完整性	大型底栖动物	优势度指数	优势度指标，完整性高的点单一物种优势度低	$D=N_{max}/N$，式中：N_{max} 为优势种的种群数量；N 为全部物种的种群数量
		BMWP 指数	物种敏感性（指示性）指标	$BMWP=\sum t_i$，式中，t_i 为 i 科 BMWP 分数
水质理化完整性	综合理化指数：河流综合污染指数	溶解氧	水质指标，数值高，水质好	
		氨氮	水质指标，数值高，水质差	
		COD_{Mn}	水质指标，数值高，水质差	
		总磷	水质指标，数值高，水质差	
		总氮	水质指标，数值高，水质差	
	综合理化指数：湖库综合营养状态指数	叶绿素 a	水质指标，数值高，藻类现存量高	
		总磷	水质指标，数值高，水质差	
		总氮	水质指标，数值高，水质差	
		透明度	感官指标，数值高，藻类现存量低	
		COD_{Mn}	水质指标，数值高，水质差	

淡水大型底栖无脊椎动物指数＝软体动物分类单元数＋优势度指数＋ BMWP 指数

淡水浮游藻类指数=总分类单元数+细胞密度+前3优势种细胞优势度

河流综合污染指数：

$$P=\sum_{i=1}^{5}P_i,\ P_i=C_i/C_s$$（溶解氧、氨氮、高锰酸盐指数、总磷和总氮）

式中，P_i 为某一水质指标的单项污染指数；C_i 为某一水质指标的监测值；C_s 为某一水质指标的标准值。

综合营养状态指数：

$$\mathrm{TLI}=\sum_{j=1}^{m}W_j\cdot \mathrm{TLI}_j$$

式中，TLI 为综合营养状态指数；W_j 为 j 指标单项营养状态指数的权重；TLI_j 为 j 指标的单项营养状态指数。

（3）**总量控制目标**

污染物排放现状总量是依据纳入环保部门环境统计的工业污染源、生活污染源，以及种植业、养殖业污染源等进行核算；总量目标依据COD、氨氮削减2.4%、总磷削减3.0%、总氮削减3.6%制定。

9.2.3 空间管控目标

（1）**生态红线管控目标**

49个分区严格实行生态红线管控要求。根据最新修订的《江苏省生态红线区域保护规划》，划分出15种生态红线区域类型，实行分级管理，划分为一级管控区和二级管控区。一级管控区是生态红线的核心，实行最严格的管控措施，严禁一切形式的开发建设活动；二级管控区以生态保护为重点，实行差别化的管控措施，严禁有损主导生态功能的开发建设活动，且作为近、远期重点考核指标。

（2）**土地利用目标**

土地利用主要为湿地、林地等生态用地管控，依据遥感卫星数据对土地利用现状进行解译，统计各用地现状情况后汇总至分区；同时根据江苏省土地利用总体规划，合理确定各分区湿地、林地等控制目标。

9.2.4 物种保护目标

通过与中国水科院淡水渔业研究中心、省淡水所、地方渔业部门和渔民的多次咨询，结合三期水质水生态调研情况，采用REDLIST筛选等方法，制定重要保护物种名录，并按49个分区进行分类，作为远期一般参照性指标纳入分区考核指标体系。

9.3 管理办法

为配套太湖流域水生态环境功能分区的实施，制定了《江苏省太湖流域水生态环境功能分区管理办法》，紧密围绕“水生态环境功能分区”分级、分区、分类、分期的管理思路，紧扣生态环境管控、空间管控和物种保护 3 类目标，从推进产业结构调整、强化污染减排、完善现有水生态环境监控网络、开展水生态功能监测与评估、加强水生态保护与修复、加大物种保护力度等方面提出了不同分区、不同时期的水生态环境管控目标实现的途径和措施。明确了省、市、县（区）各级政府及环保、发改、经信、国土、住建、交通、农业、水利、渔业等相关部门在水生态环境功能分区管理中的职责和权限，并明确了如何对各级政府和相关部门在水生态环境功能分区管理中的绩效进行考核。

9.3.1 管理规定

①在江苏省太湖流域试行水生态环境功能分区管理目标，逐步实现从单一的水质目标管理向水生态健康指数、容量总量控制、生态空间管控、物种保护等多指标综合管理转变。实施水生态健康指标考核，强化对生物物种的保护，恢复和提升水体的生态服务功能；完善排污许可证管理，逐步实现由目标总量控制向容量总量控制过渡；实施生态红线和土地利用空间管控，实现水陆统筹、系统治污和生态修复。

②水生态环境功能分区管理目标分期考核，近期（2020 年以前）以水质、水生态健康、生态红线、土地利用和目标总量控制等为主要考核指标，水陆统筹提升水环境质量，促进水生态系统健康；远期（2021—2030 年）将水环境容量总量、生物毒性、物种保护等纳入考核指标，全面保障流域水生态系统健康。

③对水生态环境功能实行分区、分级管控，在 4 级生态功能区逐步实施差别化的流域产业结构调整与准入政策，淘汰落后生产工艺、设备，加大化工、含电镀工序的电子信息及机械加工企业搬迁入园进度，完善园区外的印染、电镀企业退出机制，定期开展化工、印染、电镀等园区的环境综合整治。在生态Ⅲ级、Ⅳ级区新建项目实行污染物排放等量或减量置换；在生态Ⅰ级、Ⅱ级区新建、扩建产业开发项目逐步实现污染物排放减二增一。

④建立太湖流域水生态功能监测与评价体系，将水生态健康指标纳入现有的水环境监测与管理体系。简化水生态监测方法，加快水生态环境监测能力建设，完善现有太湖流域水生态环境质量监控网络，逐步实现水生态环境质量信息共享。

⑤在试行基础上逐步将水生态环境功能管理目标纳入太湖流域地方政府目标责任书考核体系，定期监督考核分区、分级目标完成情况，作为对领导班子和领导干部综合考核评价的依据。对未通过年度考核、水生态环境受到重大损害的市、区，提出限期整改

要求，限期整改不到位的暂停审批区域内除环保基础设施外的建设项目；对年度考核成绩优异的市、区予以表彰和奖励。

9.3.2 职责分工

①太湖流域市、区人民政府应当对本行政区域内的水生态环境质量负责，发改、经信、环保、国土、住建、交通、农业、水利、渔业、林业等相关部门在水生态环境功能分区管理中承担相应的生态保护职责。

②市、区经济与信息化行政主管部门在推动区域产业结构调整、产业优化升级等工作中应以水生态环境功能分区保护为重要依据。

③市、区环保行政主管部门应当根据分区总量控制限值分配各控制单元排污许可量，实施排污许可证管理，将所有污染物排放种类、浓度、总量、排放去向、污染防治设施建设和运营情况等纳入许可证管理范围，禁止无证排污或不按许可证规定排污。

④市、区住房与建设行政主管部门应当进一步完善城乡生活污水、垃圾集中处理等环境基础设施建设，切实提高城镇污水处理率和垃圾无害化集中处理率，加大垃圾处理和资源化利用力度。加强城市建成区黑臭水体整治工作，2020 年年底前，基本消除城市建成区黑臭水体。加强规划发展村庄生活污水治理，到 2020 年，流域内 90% 的规划发展村庄生活污水得到有效治理。依据水生态功能分区相关要求，加快生态Ⅰ级、Ⅱ级区城乡生活污水与城市黑臭水体治理进度。

⑤市、区农业行政主管部门应优化农业发展结构与布局，按照“种养结合、以地定畜”的要求，结合水生态环境功能分区相关保护目标，科学规划布局畜禽养殖业发展，编制畜牧业发展规划，报地方人民政府批准实施。指导督促各地推进畜禽养殖废弃物综合利用，积极推进粪肥还田、制备沼气、制造有机肥等畜禽养殖废弃物综合利用，指导采取种植和养殖相结合方式消纳利用畜禽养殖废弃物，促进畜禽养殖废弃物就近利用。积极开展畜禽养殖污染防治工作，根据畜禽养殖发展规划、生态红线区域保护规划等相关规划要求划定禁养限养区，2016 年年底前，依法关闭或搬迁禁养区内的畜禽养殖场(小区)和养殖专业户，到 2020 年，规模化养殖场（小区）治理率达到 90%。

⑥市、区水利、林业行政主管部门应当采取控源截污、垃圾清理、清淤疏浚、生态修复等措施，加大各分区水环境治理和水生态修复力度，采取有计划、有步骤地实施退耕、退渔、退养，还林、还湖、还湿地等措施，保持水生态功能不退化，对功能退化的水生生态系统，应当通过水生动植物恢复、水源补充、水体交换、减少污染源等措施进行科学恢复，逐年改善水生态环境质量。

⑦市、区海洋与渔业行政主管部门应当科学规划、合理开发利用水产资源，按照国家和省有关规定控制太湖水产养殖规模和范围，保护对水生态有益的水生生物和底栖生

物。根据太湖流域水生生物资源状况、重要渔业资源繁殖规律和水产种质资源保护需要，鼓励相关研究机构培育珍稀物种，开展水生生物资源增殖放流，实行禁渔区和禁渔期制度。保护太湖流域（江苏）重点保护物种名录中的水生生物物种生息繁衍场所和生存条件。因科学研究、驯养繁殖、展览或者其他特殊情况，需要根据相关规定依法申领特许猎捕证、特许捕捉证。

⑧市、区农林和渔业行政主管部门应当组织有关专家向现有水生态系统引进外来物种的，进行风险评估，禁止引进对水生态安全有危害的野生动植物。对引进的外来物种进行动态监测，发现有害的，及时报告上一级农林和渔业行政主管部门，并采取措施，消除危害。

⑨市、区交通运输行政主管部门应当开展船舶污染防治，加强对危化品船舶监管，增强港口码头污染防治能力，港口、码头建设配套的污水存储、垃圾接收暂存设施，积极采取措施减少船舶污染对水生态环境功能造成的破坏。

⑩省发展改革、经济和信息化部门负责各分区主体功能区优化、限制、禁止开发行为的监督与管理，在制定流域产业结构调整与准入政策及产业指导目录过程中，应充分考虑水生态环境功能分区管理要求，有效推动产业结构优化调整和转型升级。

⑪省林业部门负责对各分区湿地和林地保护的监督与管理；省海洋与渔业管理部门负责流域物种保护的监督与管理，开展流域保护物种跟踪监测；省国土资源、住房和城乡建设、规划、公安、商务、价格、宣传、质量技术监督等部门根据各自职责，协助做好水生态环境功能分区保护相关监督管理工作。

⑫省公安行政主管部门负责承担强化部门执法联动，指定专职人员负责案件移送审查工作，专职打击环境污染违法、犯罪行为，推进环境执法联动的常态化、制度化。

⑬省环境保护行政主管部门组织开展水生态环境质量监测，制定水生态环境监测指标与评价办法，对水生态功能分区目标完成情况进行监督与管理，定期发布水生态环境质量状况信息。完善水生态监控预警系统建设，提高污染事故应急处置能力，防范生态损害。

⑭省太湖办负责将水生态管理和空间管控目标逐步纳入太湖流域地方政府目标责任书进行考核，定期监督考核分区、分级目标完成情况，考核结果向社会公布，并作为对领导班子和领导干部综合考核评价的重要依据。

参考文献

[1] 王海燕，孟伟 . 欧盟流域水环境管理体系及水质目标 [J]. 世界环境 , 2009(2): 61-63.

[2] 夏明芳，边博，王志良，等 . 太湖流域重污染区污染物总量控制技术及综合示范 [M]. 北京：中国环境科学出版社 , 2012.

[3] 孟伟 . 流域水污染物总量控制技术与示范 [M]. 北京：中国环境科学出版社 , 2008.

[4] 崔云霞，程炜，范亚民，等 . 基于控制单元的流域水污染控制与管理 [M]. 南京：河海大学出版社 , 2011.

[5] 杨兴，谢校初 . 美、日、英、法等国的环境管理体制概况及其对我国的启示 [J]. 城市环境与城市生态 , 2002(15): 49-51.

[6] 胡夑 . 国外水资源管理体制对我国的启示 [J]. 法制与社会 , 2008(5): 168-169.

[7] 韩冬梅 . 美国流域水环境管理启示 [J]. 中华环境 , 2016(10): 36-38.

[8] 李晓锋，王双双，孟祥芳，等 . 国外水环境管理体制特征及对我国的启示 [J]. 管理观察 , 2008(10): 29-30.

[9] 汪志国，吴健，李宁 . 美国水环境保护的机制与措施 [J]. 环境科学与管理 , 2005 (6): 1-6.

[10] 晋海，韩雪 . 美国水环境保护立法及其启示 [J]. 水利经济 , 2013, 31(3).

[11] 王曦 . 美国环境法概论 [M]. 武汉：武汉大学出版社 , 1992.

[12]Crowley J. Biogeography in Canada[J]. Canadian Geographer, 1967, 11(4): 312-326.

[13] Omemik J M. Ecoregions of the conterminous United Stated(MapSupplement)[J]. Annals of the Association of American Geographers, 1987(77): 118-125.

[14] 赵解春，白文波，山下市二，等 . 日本湖泊地区水质保护对策与成效 [J]. 中国农业科技导报 , 2011, 13(6): 126-134.

[15] 陈艳卿，刘宪兵，黄翠芳 . 日本水环境管理标准与法规 [J]. 环境保护 , 2010(23): 71-72.

[16] 赵华林，郭启民，黄小赠 . 日本水环境保护及总量控制技术与政策的启示——日本水污染物总量控制考察报告 [J]. 环境保护 , 2007 (24): 82-87.

[17] 杜群 . 日本环境基本法的发展及我国对其的借鉴 [J]. 比较法研究 , 2002(4): 55-64.

[18] 徐开钦，齐连惠，蛯江美孝，等 . 日本湖泊水质富营养化控制措施与政策 [J]. 中国环境科学 , 2010, 30(A1): 86-91.

[19]Mitsumasa Okada, Spencer A. Peterson: Water pollution control policy and management: The Japanese Experience[M]. Tokyo:GYOSEI, 2000.

[20] 曾维华，张庆丰，杨志峰 . 国内外水环境管理体制对比分析 [J]. 重庆环境科学 , 2003, 25(1): 2-6.

[21] 张金锋，郭铁女 . 澳大利亚、法国水资源管理经验及启示 [J]. 人民长江 , 2012 (7): 89-93.

[22] 关琰珠 . 澳大利亚先进的环境保护经验以及对我们的启示 [J]. 厦门科技 , 2007 (4): 9-12.

[23] 陈晓婷，王树堂，李浩婷，等 . 澳大利亚水环境管理对中国的启示 [J]. 环境保护 , 2014, 42(19): 66-68.

[24] 杨马林 . 加强长江流域水环境管理迫在眉睫 [J]. 中国环境管理 , 1995(3): 32-34.

[25] 方子云 . 长江流域水环境的主要问题、原因及对策探讨 [J]. 长江流域资源与环境 , 1997, 6 (4) :346-350.

[26] 陈进，李青云 . 长江流域水环境综合治理的技术支撑体系探讨 [J]. 人民长江 , 2011, 42(2): 94-97.

[27] 王莉莉，陈南祥，贺新春 . 港澳水资源管理实践对珠江流域最严格水资源管理的借鉴与启示 [J]. 人民珠江 , 2014, 35(2): 15-18.

[28] 郭鹏，邹春辉，王旭 . 淮河流域水资源与水环境问题及对策研究 [J]. 气象与环境科学 , 2011, 34(b09): 96-99.

[29] 董秀颖，王振龙 . 淮河流域水资源问题与建议 [J]. 水文 , 2012, 32(4): 74-78.

[30] 闫云侠 . 淮河流域水污染现状及防治 [J]. 灾害学 , 2006, 21(1): 52-54.

[31] 李锦秀，徐嵩龄 . 流域水污染经济损失计量模型 [J]. 水利学报 , 2003, 34(10): 68-74.

[32] 尹明锐，李汉平，汪萍 . 淮河流域水污染控制规划及其落实情况分析 [J]. 科技创新导报 , 2009(34): 116-118.

[33] 周亮，徐建刚，蒋金亮，等 . 淮河流域水环境污染防治能力空间差异 [J]. 地理科学进展 , 2013, 32 (4): 560-569.

[34] 周志强，王飞 . 淮河流域水污染成因及防治对策探讨 [J]. 中国水利 , 2005(22): 23-25.

[35] 王畅 . 辽河流域水资源承载能力研究 [J]. 水利建设与管理 ,2014, 34(1): 37-40.

[36] 周丹卉 . 辽河流域水环境现状与污染特征分析 [J]. 现代农业科技 , 2015(6): 208.

[37] 郇姗姗，李艳红 . 辽河流域水环境管理技术研究进展 [J]. 环境与可持续发展 , 2013, 38(1): 78-80.

[38] 孟伟 . 辽河流域水污染治理和水环境管理技术体系构建——国家重大水专项在辽河流域的探索与实践 [J]. 中国工程科学 , 2013, 15(3): 4-10.

[39] 仇伟光，李艳红，郃姗姗 . 辽河流域水环境管理对策研究 [J]. 环境与可持续发展，2013(3): 89-91.

[40] 惠婷婷，李艳红 . 浅析辽河流域水环境管理现状及改善措施 [J]. 环境保护科学，2015, 41(1): 31-33.

[41] 汤育 . 辽宁省辽河流域水环境管理的思考 [J]. 环境保护与循环经济 , 2007, 27(5) : 49-51.

[42] 钟玉秀，刘洪先，韩栋 . 海河流域水资源与水环境综合管理机构改革战略研究 [J]. 水利发展研究 , 2009, 9 (11): 1-6,49.

[43] 吴光红，刘德文，丛黎明 . 海河流域水资源与水环境管理 [J]. 水资源保护 , 2007, 23(6): 80-83,88.

[44] 叶建春 . 太湖流域水资源需求分析及对策 [J]. 中国水利 , 2014(9): 15-18.

[45] 汪节，王斌 . 太湖流域水环境综合管理问题分析 [J]. 现代商贸工业 , 2012(16): 60-61.

[46] 毛新伟，徐枫，徐彬，等 . 太湖水质及富营养化变化趋势分析 [J]. 水资源保护 ,2009, 25(1): 48 -51.

[47] 周燕，朱晓东，尹荣尧，等 . 太湖流域水环境长效管理研究 [J]. 环境保护科学，2010 , 36(3): 84-85.

[48] 刘兆德，虞孝感，王志宪 . 太湖流域水环境污染现状与治理的新建议 [J]. 自然资源学报 , 2003, 18(4): 467-474.

[49] 林泽新 . 太湖流域水环境变化及缘由分析 [J]. 湖泊科学 , 2002, 14(2): 111-116.

[50] 朱耀祖 . 浅谈我国流域水环境管理的现状及应对策略 [J]. 科技与创新 , 2016(3): 55.

[51] 何大伟，陈静生 . 我国水环境管理的现状与展望 [J]. 环境科学进展 , 1998, 6(5): 20-28.

[52] 包晓斌 . 中国流域环境综合管理 [J]. 中国农村经济 , 2004(1): 50-55.

[53] 萧木华 . 从新水法看流域管理体制改革 [J]. 水利发展研究 , 2002, 2(10): 22-26.

[54] 孙中奇，张松 . 我国流域水环境管理现状与对策建议 [J]. 工程技术 , 2015(13): 175.

[55] 徐玉荣 . 基于多重视角的温瑞塘河水环境问题分析及其治理对策研究 [D]. 上海：华东师范大学 , 2012.

[56] 王资峰 . 中国流域水环境管理体制研究 [D]. 北京：中国人民大学 , 2013.

[57] 杨玉川，罗宏，张征，等 . 我国流域水环境管理现状 [J]. 北京林业大学学报 (社会科学版), 2005, 01:20-24.

[58] 彭盛华，袁弘任 . 江河流域水环境管理原理探讨 [J]. 人民长江 , 2001, 32(7): 9-12.

[59] 水利部长江水利委员会水政水资源局 . 试论流域管理与区域管理相结合体制 [J]. 中国水利 ,2003(19): 39-41.

[60] 罗承平 . 我国水资源管理机制探讨 [J]. 水系污染与保护 , 1998(1): 15-18.
[61] 王赫 . 我国流域水环境管理现状与对策建议 [J]. 环境保护与循环经济 , 2011, 7: 62-65.
[62] 唐胜德 . 加强流域水资源保护管理和机构建设 [J]. 水资源保护 , 2001, 17(2): 42-44.
[63] 李启华，姚似锦 . 流域管理体制的构建与运行 [J]. 环境保护 , 2002(10): 8-10.
[64] 高永年，高俊峰 . 太湖流域水生态功能分区 [J]. 地理研究 , 2010, 29(1): 111-117.
[65] 任静，李新 . 水环境管理中现有水功能区划的研究进展 [J]. 环境科技 , 2010, 25(1): 75-78.
[66] 梁博，王晓燕 . 我国水环境污染物总量控制研究的现状与展望 [J] . 首都师范大学学报：自然科学版 , 2005, 26 (1): 93-99.
[67] 施问超，张汉杰，张红梅 . 中国总量控制实践与发展态势 [J] . 污染防治技术，2010, 23(2): 38-47.
[68] 孟伟，张楠，张远，等 . 流域水质目标管理技术研究（Ⅰ）——控制单元的总量控制技术 [J]. 环境科学研究 , 2007, 20(4): 1-8.
[69] 孟伟，张楠，张远，等 . 流域水质目标管理技术研究（Ⅱ）——水环境基准、标准与总量控制 [J]. 环境科学研究 , 2008, 21(1): 1-8.
[70] 韩佳明 . 环境污染总量控制与环境监测实用技术手册 [M]. 北京：中国环境科学出版社 , 2007.
[71]ROHM C M，GIESH J W，BENNETT C C. Evaluation of an aquatic ecoregion classification of streams in Arkansas[J]. Journal of Freshwater Ecology,1987,4(1): 127-140.
[72]HARGROVE W W，HOFFMAN F M. Using multivariate clustering to characterize ecoregion borders[J]. Computing in Science & Engineering,1999,1(4): 18-25.
[73] ZOGARIS S，ECONOMOU A N，Dimopoulos P. Ecoregions in the southern Balkans: should their boundaries be revised[J]. Environmental Management,2009, 43(4): 682-697.
[74]USEPA. Protocol for developing nutrient TMDLs[Z]. Washington D C: Office of Water, USEPA, 1999.
[75] 信春鹰 . 中华人民共和国环境保护法学习读本 [M]. 北京：中国民主法治出版社 , 2014.
[76] 李丽平，李瑞娟，徐欣 .《生态文明体制改革总体方案》解读 [N]. 中国环境报 , 2015-10-13.
[77] 纪志博，王文杰，刘孝富，等 . 排污许可证发展趋势及我国排污许可设计思路 [J]. 环境工程技术学报 , 2016, 6(4): 323-330.

[78] 宋国君，韩冬梅，王军霞．中国水排污许可证制度的定位及改革建议 [J]. 环境科学研究 , 2012, 25(9):1071-1076.

[79] 王金南．中国排污许可制度改革框架研究 [J]. 环境保护 , 2016, 44(3-4): 10-16.

[80] 吴悦颖，叶维丽．借鉴国际经验推进我国排污许可制度改革 [N]. 中国环境报 , 2016-03-27.

[81] 叶维丽，吴悦颖，刘晨峰．落实排污单位主体责任，全面推进排污许可制度改革——对《水污染防治行动计划》的解读 [J]. 环境保护科学 , 2015(3): 23-46.

[82] 卢瑛莹，王高亭，冯晓飞．浙江省排污许可证制度实践与思考 [J]. 环境保护 , 2014, 42(14): 30-32.

[83] 陈冬．中美水污染物排放许可证制度之比较 [J]. 环境保护 , 2005(12B): 75-77.

[84] 张建宇，秦虎．差异与借鉴：中美水污染防治比较 [J]. 环境保护 , 2007(7B): 74-76.

[85] 胡景星，匡运臣．实施排污许可证制度是深化环境管理的重要措施 [J]. 环境科学研究，1995, 8(3): 43-44.

[86] 李蕾．推进排污许可证制度逐步实现“三个过渡”[J]. 环境保护 , 2009(4A): 10-12.

[87] 夏光，冯东方，程路连，等．六省市排污许可证制度实施情况调研报告 [J]. 环境保护，2005(6): 57-62.

[88] 刘鸿志，刘贤春，周仕凭，等．关于深化河长制制度的思考 [J]. 环境保护 , 2016(24): 43-46.

[89] 张嘉涛．江苏“河长制”的实践与启示 [J]. 中国水利 , 2010(12): 13-15.

[90] 潘田明．浙江省全面推行“河长制”和“五水共治”[J]. 水利发展研究 , 2014, 14(10): 35-35.

[91] 刘颖，刘丹．中国流域水环境监测现状分析 [J]. 环境科学与管理 , 2008, 33(3): 127-131.

[92] 傅德黔，孙宗光，章安安．我国水环境优先监测的现状与发展趋势 [J]. 中国环境监测，1996, 12(3): 1-3.

[93] 孟伟，秦延文，郑丙辉，等．流域水质目标管理技术研究（Ⅲ）——水环境流域监控技术研究 [J]. 环境科学研究 , 2008, 21(1): 9-16.

[94] 高娟，李贵宝，华络．地表水环境监测与进展 [J]. 水资源保护 , 2006, 22(1): 5-14.

[95] 席俊清，吴怀民，蒋火华．我国环境监测能力的现状及其建议 [J]. 环境监测管理与技术 , 2001, 13(6): 1-4.

[96] 李贵宝，周怀东，郭翔云，等．我国水环境监测存在的问题及决策 [J]. 水利技术监督，2005, 13(3): 57-60.

[97] 韩晶．基于“大部制”的流域管理体制研究 [J]. 生态经济 , 2008 (10): 154-157.

[98] 夏光 . 政策组合拳意味着什么——国家设立区域环保督查中心意味着什么 [J]. 经济展望 , 2006 (11): 88.

[99] 熊向阳 . 建立流域管理与行政区域管理相结合的水资源管理体制的相关问题探讨 [J]. 水利发展研究 , 2006 (6): 4-9.

[100] 姬鹏程，孙长学 . 完善流域水污染防治体制机制的建议 [J]. 宏观经济研究 , 2009(7): 33-37.

[101] 王勇 . 论流域政府间横向协调机制：流域水资源消费负外部性治理的视阈 [J]. 公共管理学报 , 2009, 6(1): 84-93.

[102] 李运宝 . 太湖流域水资源管理研究 [D]. 上海：上海交通大学 ,2005.

[103] 王树义 . 流域管理体制研究 [J]. 长江流域资源与环境 (学报), 2000, 9(4).

[104] 孟伟 . 中国流域水环境污染综合防治战略 [J]. 中国环境科学 , 2007, 27(5): 712-716.

[105] 孟伟，张远，郑丙辉 . 水环境质量基准、标准与流域水污染物总量控制策略 [J]. 环境科学研究 , 2006, 19(3): 1-6.

[106] 王金南 . 为什么要对环境政策进行评估？——关于环境政策评估九大问题解答 [J]. 生态环境与保护 , 2008(1): 32-37.

[107] 王亚华，吴丹 . 淮河流域水环境管理绩效动态评价 [J]. 中国人口·资源与环境 , 2012, 22(12): 32-38.

[108] 邓红兵，王庆礼，蔡庆华 . 流域生态系统管理研究 [J]. 中国人口·资源与环境 , 2002, 12(6): 20-22.

[109]KARR J, DUDLEY D. Ecological perspective on water quality goals[J]. Environmental Management, 1981, 5(1): 55-68.

[110] 傅伯杰，刘国华，陈利顶，等 . 中国生态区划方案 [J]. 生态学报 , 2001, 21(1): 1-6.

[111] 高俊峰，高永年，等 . 太湖流域水生态功能分区 [M]. 北京：中国环境科学出版社 , 2012.

[112]LOUCKS OL. A forest classification for the Maritime Provinces[M]. Proceedings of the Nova Scotian Institute of Science, Rolph-Clark-Stone, Maritimes, Limited, 1962, 25 (2): 86-167.

[113]BRYCE S A，CLARKE S E. Landscape-level ecological regions: Linking state -level ecoregion framew orks with stream habitat classifications[J]. Environmental Management, 1996, 20(3): 297-311.

[114]OLSON D M，DINERSTEIN E，WIKRAMANAYAKE E D，et al. Terres trial ecoregions of the world: a new map of life on earth[J]. BioScience, 2001, 51(11): 933-938.

[115]WIKRAMANAYAKE E，DINERSTEIN E，LOUCKS C，et al. Ecoregions in ascendance: reply to Jepson and Whittaker[J]. Conservation Biology, 2002, 16(1) : 238-243.

[116] 谢高地，鲁春霞，甄霖，等 . 区域空间功能分区的目标、进展与方法 [J]. 地理研究，2009, 28(3): 561-570.

[117]SPALDING M D，FOX H E，ALLEN G R，et al. Marine eco regions of the world: a bioregionalization of coast and shelf areas[J]. BioScience, 2007, 57(7): 573-583.

[118] ABELL R，THIEME M L，REVENGA C，et al. Freshwater ecoregions of the world: a new map of biogeographic units for freshwater biodiversity con servation[J]. BioScience, 2008, 58(5): 403-414.

[119] 孟伟，张远，郑丙辉 . 水生态区划方法及其在中国的应用前景 [J]. 水科学进展，2007, 18(2): 293-300.

[120] 孟伟，张远，郑丙辉，等 . 生态系统健康理论在流域水环境管理中应用研究的意义、难点和关键技术——代“流域水环境管理战略研究”专栏序言 [J]. 环境科学学报，2007, 27(6): 906-910.

[121] 张远，杨志峰，王西琴 . 河道生态环境分区需水量的计算方法与实例分析 [J]. 环境科学学报 , 2005, 25(4): 429-435.

[122] 何萍，王家骥，苏德毕力格，等 . 河海流域生态功能区域划分研究 [J]. 海河水利，2002(2): 8-11.

[123] 李艳梅，曾文炉，周启星 . 水生态功能分区的研究进展 [J]. 应用生态学报 , 2009, 20(12):3101-3108.

[124]OMERNIK JM，BAILEY R G. Distinguishing between watershed and ecoregion[J]. Journal of American Water Resources Association, 1997, 33(5), 935-949.

[125]HUGHES R，WHITTIER T，ROHM C，et al. A regional framework for establishing recovery criteria[J]. Environmental Management, 1990, 14(5): 673-683.

[126]BAILEY RG. Map: Ecoregions of the United States[M]. Utah: USDA Forest Service,Scale 1:750000, 1976.

[127]BAILEY RG. Map:Ecoregions of the United States (rev.)[M]. Washington DC: USDA Forest Service,Scale 1:750000, 1994.

[128]BAILEY RG，Cushwa CT. Ecoregions of North America FWS/OBS-81/29[M]. Washington DC: US Fish and wildlife Service Scale 1:12000000, 1981.

[129]BAILEY RG. Map:Ecoregions of North Americal (rev.)[M]. Washington DC: USDA Forest Service,Scale 1:15000000, 1997.

[130]BAILEY R G. Ecoregions of the Continents (rev.)[M]. Washington DC: USDA Forest Service,Scale 1:30000000, 1989.

[131]OMERNIK J M. Ecoregions: a spatial framework for environmental management[A]// Davis WS,Simon TP. Biological assessment and criteria: Tools for water resource planning and decision making[C]. Florida: Lewis Publishing, 1995.

[132]OMERNIK J M. Ecoregions of the conterminous Unites States[J]. Annals of the Association of American Geographers, 1987, 77: 118-125.

[133] 田玉红 . 国内外水生态功能分区研究进展 [J]. 安徽农业科 , 2012, 40(1): 316-319.

[134]ILLIES J. Limnofauna europaea[M]. New York: Gustav Fischer,1978.

[135]MOOG O，KLOIBER A S，Thomas O. Does the ecoregion approach support the typological demands of the EU`Water Frame Directive?[J]. Hydrobiologia, 2004: 21-33.

[136]DAVIES P E. Development of a national river bioassessment system, AUSRIVAS in Australia //Wright J F, Sutcliffe D W, Furse M T, eds. Assessing the Biological Quality of Fresh Waters RIVPACS and Other Techniques[M]. Cumbria, UK: Freshwater Biological Association , 2000: 113-124.

[137]WELLS F, Peter N. An examination of an aquatic ecoregion protocol for Austrialia[R]. Australian and New Zealand Environment and Conservation Council (ANZECC), 1997.

[138] 郑乐平，乐嘉斌，瞿书锐 . 国外水生态区评价对我国的启示 [J]. 水资源保护 , 2010, 26(3): 83-86.

[139] 黄秉维 . 中国综合自然区划草案 [J]. 科学通报 , 1959(18): 594-602.

[140] 熊怡，张家桢 . 中国水文区划 [M]. 北京：科学出版社 , 1995.

[141] 曾祥琮 . 中国内陆水域渔业区划 [M]. 杭州：浙江科学技术出版社 , 1990.

[142] 李思忠 . 中国淡水鱼类的分布区划 [M]. 北京：科学出版社 , 1981.

[143] 郑度，葛全胜，张雪芹，等 . 中国区划工作的回顾与展望 [J]. 地理研究 , 2005, 03: 330-344.

[144] 傅伯杰 , 刘世梁 , 马克明 . 生态系统综合评价的内容与方法 [J]. 生态学报 ,2001,11:1885-1892.

[145] 尹民，杨志峰，崔保山 . 中国河流生态水文分区初探 [J]. 环境科学学报 , 2005, 04: 423-428.

[146] 王海花，叶亚平，晁丽君，等 . 江苏省流域水生态功能分区 [J]. 重庆理工大学学报 (自然科学版), 2015, 29 (5): 130-136.

[147]ZHOU B，ZHENG B. Research on aquatic ecoregions for lakes and reservoirs in C hina[J]. Environmental Monitoring and Assessment, 2008, 147(1-3): 339-350 .

[148] 孙然好，汲玉河，尚林源，等 . 海河流域水生态功能一级、二级分区 [J]. 环境科学 , 2013, 34(2): 509-516.

[149] 孟伟，张远，张楠，等 . 流域水生态功能分区与质量目标管理技术研究的若干问题 [J]. 环境科学学报 , 2011, 31(7): 1345-1351.

[150] 高永年，高俊峰，陈坰烽，等 . 太湖流域水生态功能三级分区 [J]. 地理研究 , 2012, 31(11): 1941-1951.

[151] 刘纪远，布和敖斯尔 . 中国土地利用变化现代过程时空特征的研究——基于卫星遥感数据 [J]. 第四纪研究 , 2000, 20(3):229-239.

[152]EELES C W O，BLACKIE J R. Land-use changes in the Balquhidder catchments simulated by a daily streamflow model[J]. Journal of hydrology, 1993, 145(3-4): 315-336.

[153] 李昌峰，高俊峰，曹慧 . 土地利用变化对水资源影响研究的现状和趋势 [J]. 土壤 , 2002, 34(4): 191-196.

[154] 高俊峰，闻余华 . 太湖流域土地利用变化对流域产水量的影响 [J]. 地理学报 , 2002, 57(2): 194-200.

[155] 范成新 . 太湖水体生态环境历史演变 [J]. 湖泊科学 , 1996, 8(4): 297-305.

[156] 中国科学院南京地理研究所 . 太湖综合调查初步报告 [M]. 北京：科学出版社 , 1965.

[157] 孙顺才，黄漪平 . 太湖 [M]. 北京：海洋出版社 , 1993.

[158] 中国科学院南京地理研究所湖泊室 . 江苏湖泊志 [M]. 南京：江苏科技出版社 , 1982.

[159] 张圣照，千金良 . 东太湖水生植被及其沼泽化趋势 [J]. 植物资源与环境 , 1999, 8(2): 1-6.

[160] 黄祥飞 . 湖泊生态调查观测与分析 [M]. 北京：中国标准出版社 , 2000.

[161] 章宗涉，黄祥飞 . 淡水浮游生物研究方法 [M]. 北京：科学出版社 , 1995.

[162] 王正军，杜桂森，洪剑明 . 浮游动物群落结构和多样性的研究进展 [J]. 首都师范大学学报 (自然科学版), 2008, 29(3): 41-43,50.

[163] 杨宇峰，黄祥飞 . 浮游动物生态学研究进展 [J]. 湖泊科学 , 2000, 12(1): 81-89.

[164]BROOKS J L，Dodson. Body-size and composition of plankton[J]. Science, 1965: 28-36.

[165]ANDRONIKOVA I N. Zooplankton characteristics in monitoring of Lake Ladoga[J]. Hydrobiologia, 1996: 173-181.

[166]MÜLLER J，Seitz A. Differences in genetic structure and ecological diversity between

parental forms and hybrids in a Daphnia species complex[J]. Hydrobiologia, 1995: 25-33.
[167] 贾更华 . 太湖流域管理体制机制评析 [J]. 中国水利 , 2012(10): 49-51.
[168] 周菊平 . 太湖流域水资源管理体制机制研究 [D]. 上海 : 同济大学 , 2013.
[169] 郭文芳 . 《太湖流域管理条例》立法背景及主要内容 [J]. 中国水利 , 2011(21): 5-6.
[170] 江苏省水利厅，江苏省环境保护厅 . 江苏省地表水（环境）功能区划 [Z]. 2003.
[171] 张红举，臧贵敏 . 太湖流域水功能区划与管理措施建议 [C]. 中国环境科学学会学术年会论文集（第一卷）, 2011.
[172] 王海花，叶亚平 . 江苏省流域水生态功能分区 [J]. 城市环境与城市生态 , 2014, 27(2): 42-46.
[173] 朱琳，姚庆帧，冯剑丰，等 . 流域水环境生态学基准值推导方法：以太湖、大辽河和辽河口为例 [C]. 环境安全与生态学基准 / 标准国际研讨会、中国毒理学会环境与生态毒理学专业委员会第三届学术研讨会、中国环境科学学会环境标准与基准专业委员会 2013 年学术研讨会会议论文集（一）.
[174]SHAFER D J, HERCZEG B, MOULTON D W, et al. Regional Guidebook for Applying the Hydrogeomorphic Approach to Assessing Wetland Functions of Northwest Gulf of Mexico Tidal Fringe Wetlands[J]. Remote Sensing, 2002, 5(11): 5851-5870.
[175] 彭静 , 董哲仁，李翀 . 河流生态功能综合评价的层次决策分析方法 [J]. 水资源保护 , 2008, 24(1): 45-48.
[176] 董哲仁 . 河流健康评估的原则和方法 [J]. 中国水利 , 2005(10): 17-19.
[177]KALLIS G，BUTLER D. The EU Water Framework Directive:measures and directives[J]. Water Policy, 2001(3): 124-125.
[178] 万峻，孟伟，郑丙辉 . 潮间带湿地稳定岸线功能退化评价方法研究 [J]. 海洋环境科学 , 2010, 29(4): 594-598.
[179] 翟金良，何岩，邓伟 . 向海国家级自然保护区湿地功能研究 [J]. 水土保持通报 , 2002, 22(3): 5-9.
[180] 薛雄志，齐涛，曹晓海，等 . 海岸带生态安全指标体系研究 [J]. 厦门大学学报：自然科学版 , 2004，43(A1): 179-183.
[181] 孟伟，雷坤，郑炳辉 . 渤海湾海岸带生境退化诊断方法 [J]. 环境科学研究 , 2009, 22(12): 1361-1365.
[182] 储金龙，高抒，徐建刚 . 海岸带生态系统脆弱性评估方法研究进展 [J]. 海洋通报 , 2005, 24(3): 80-87.
[183] 万峻，李子成，雷坤 . 1954—2000 年渤海湾典型海岸带（天津段）景观空间格局

动态变化分析 [J]. 环境科学研究 , 2009, 22(1): 77-82.

[184] 郑丙辉，刘宏娟，王丽婧 . 渤海海岸带生态分区研究 [J]. 环境科学研究 , 2007, 20(4): 75-80.

[185] 刘学海，袁业立 . 渤海近岸水域近年生态退化状况分析 [J]. 海洋环境科学 , 2008, 27(5): 531-536.

[186] 胡嘉东，郑丙辉，万峻 . 潮间带湿地栖息地功能退化评价方法研究与应用 [J]. 环境科学研究 , 2009, 22(2): 171-175.

[187] 麦少芝，徐颂军，潘颖君 . 模型在湿地生态系统健康评价中的应用 [J]. 热带地理 , 2005, 25(4): 317-321.

[188] 严承高，张明祥，王建春 . 湿地生物多样性价值评价指标及方法研究 [J]. 林业资源管理 , 2000(1): 41-46.

[189] 王心源，王飞跃，杜方明，等 . 阿拉善东南部自然环境演变与地面流沙路径的分析 [J]. 地理研究 , 2002, 21(4): 479-487.

[190] 俞小明，石纯，陈春来，等 . 河口滨海湿地评价指标体系研究 [J]. 国土与自然资源研究 , 2006(2): 42-45.

[191] 崔保山，杨志峰 . 湿地生态系统健康评价指标体系 [J]. 生态学报 , 2002, 22(8): 1231-1239.

[192] 曲建升，孙成权，赵转军 . 湿地功能参数评价及其在湿地研究中的应用——以 CH_4 为例 [J]. 国土与自然资源研究 , 2001(4): 42-45.

[193] 彭建，王仰麟 . 我国沿海滩涂景观生态初步研究 [J]. 复印报刊资料 (中国地理), 2000, 19(11): 39-47.

[194] 彭建，王仰麟我国沿海滩涂的研究我国沿海滩涂的研究 [J]. 北京大学学报 (自然科学版), 2000, 36(6) .

[195]COSTANZA R. The value of the world' s ecosystem services and natural capital[J]. Nature, 1997: 253–260.

[196] 谢高地，孙新章，周海林 . 中国农田生态系统的服务功能及其经济价值 [J]. 中国人口·资源与环境 , 2007, 17(4): 55-60.

[197] 肖玉，谢高地，鲁春霞，等 . 稻田生态系统气体调节功能及其价值 [J]. 自然资源学报 , 2004, 19(5): 617-623.

[198] 胡金杰 . 太湖生态系统服务价值评估 [D]. 扬州：扬州大学 , 2009.

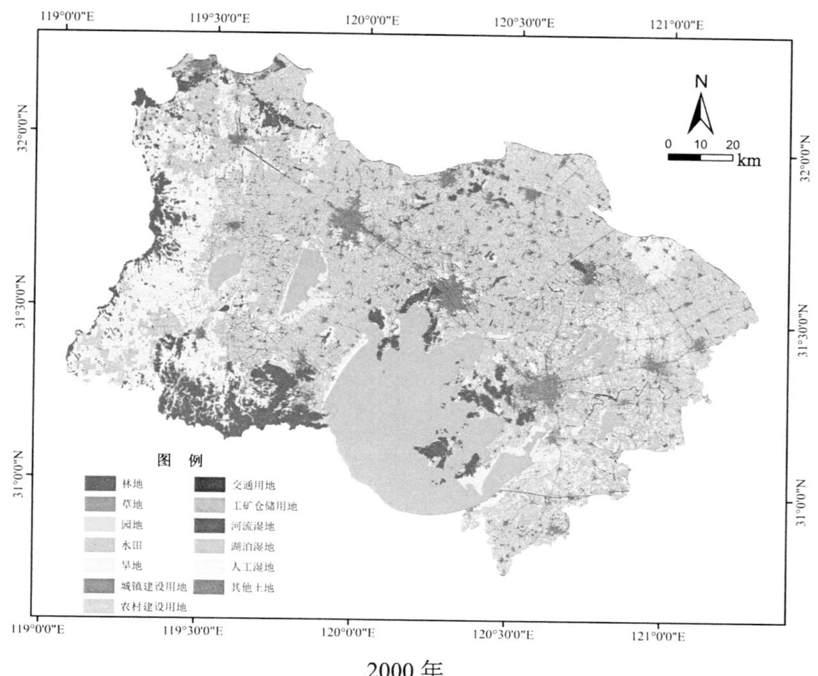

2000 年

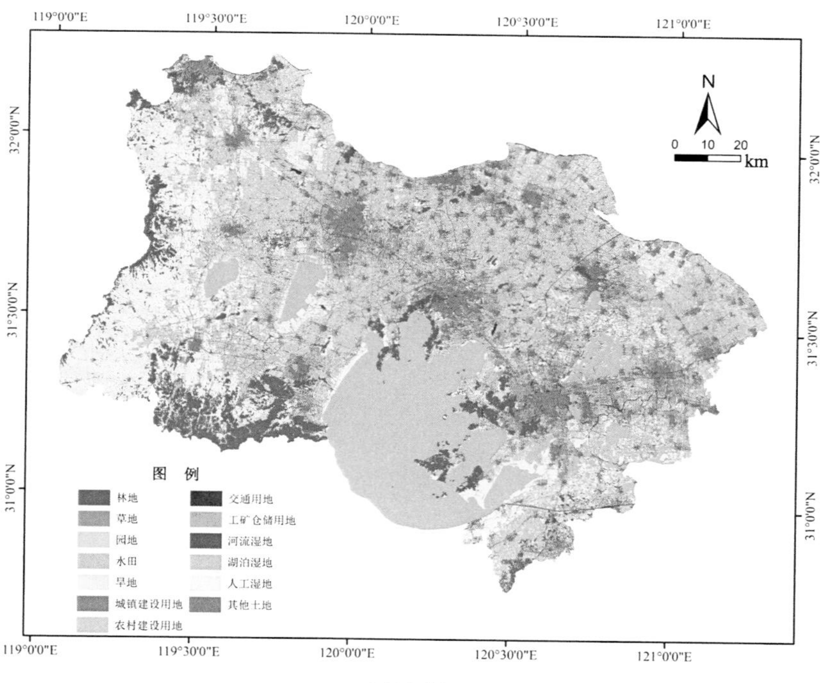

2010 年

附图 3-1 太湖流域土地利用现状图

［审图号：苏 S（2017）017 号］

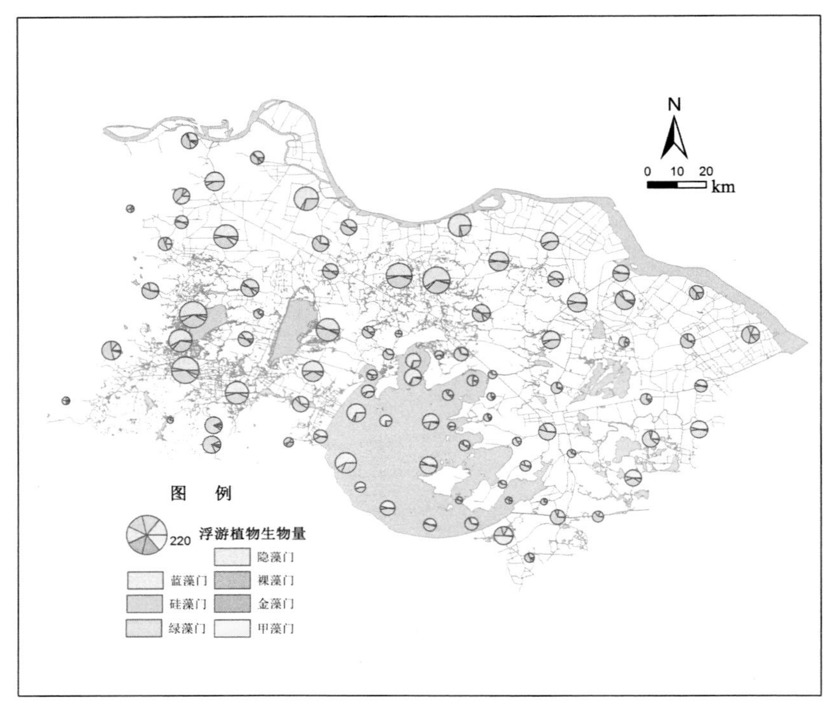

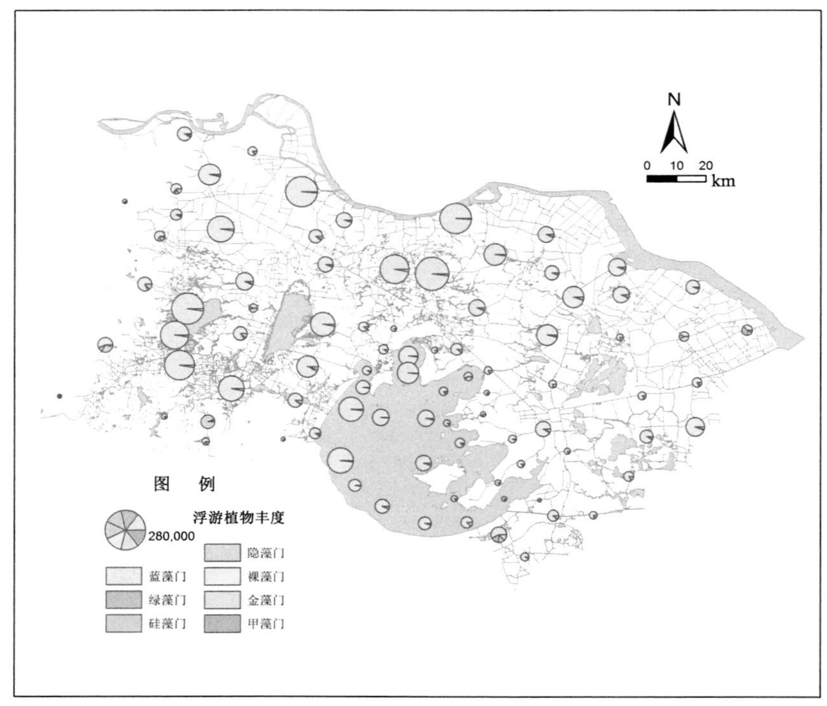

附图 3-2 浮游植物生物量及丰度

［审图号：苏 S（2017）017 号］

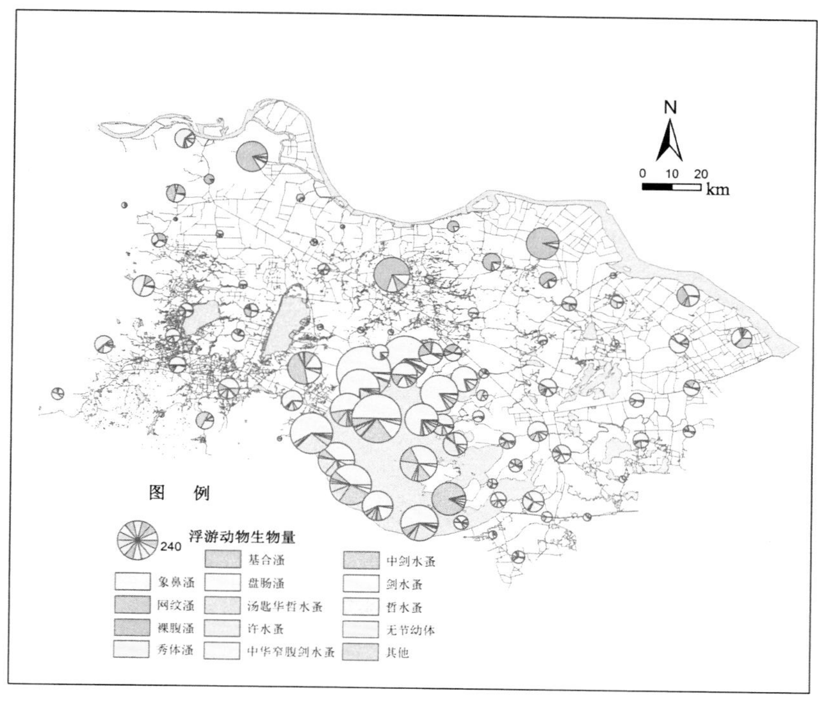

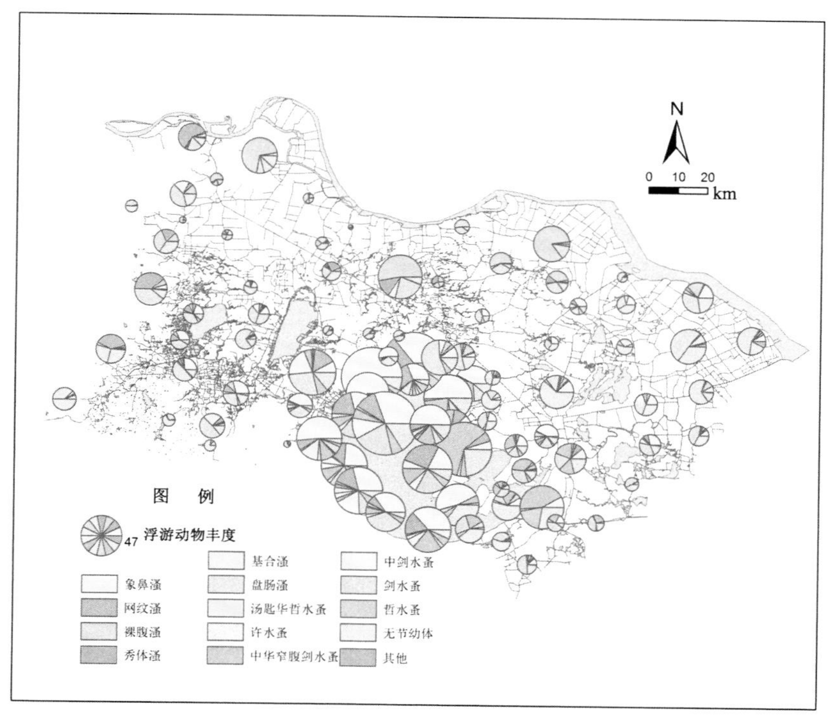

附图 3-3 浮游动物生物量及丰度

[审图号：苏 S（2017）017 号]

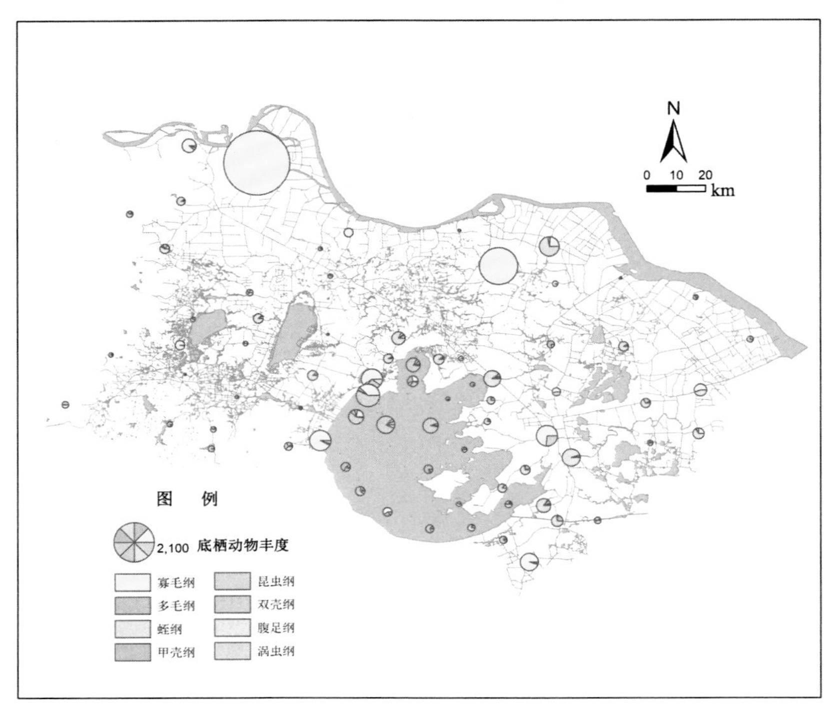

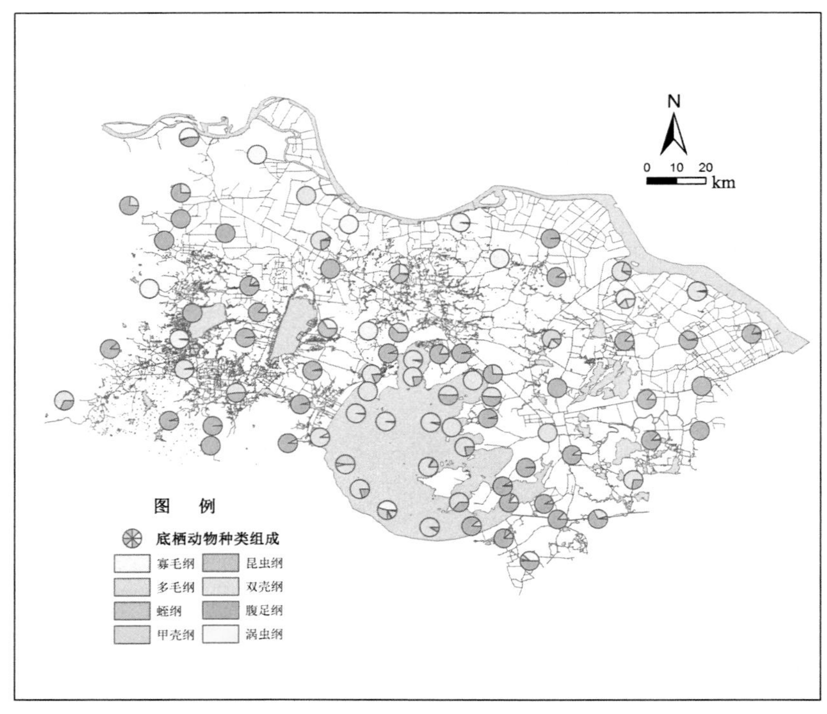

附图 3-4 底栖动物丰度及种类组成

［审图号：苏 S（2017）017 号］

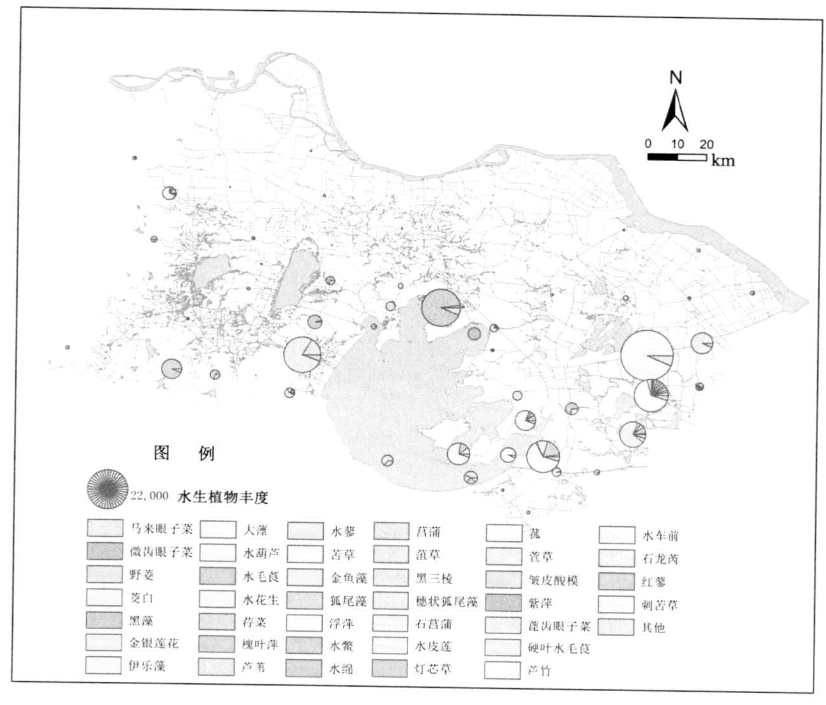

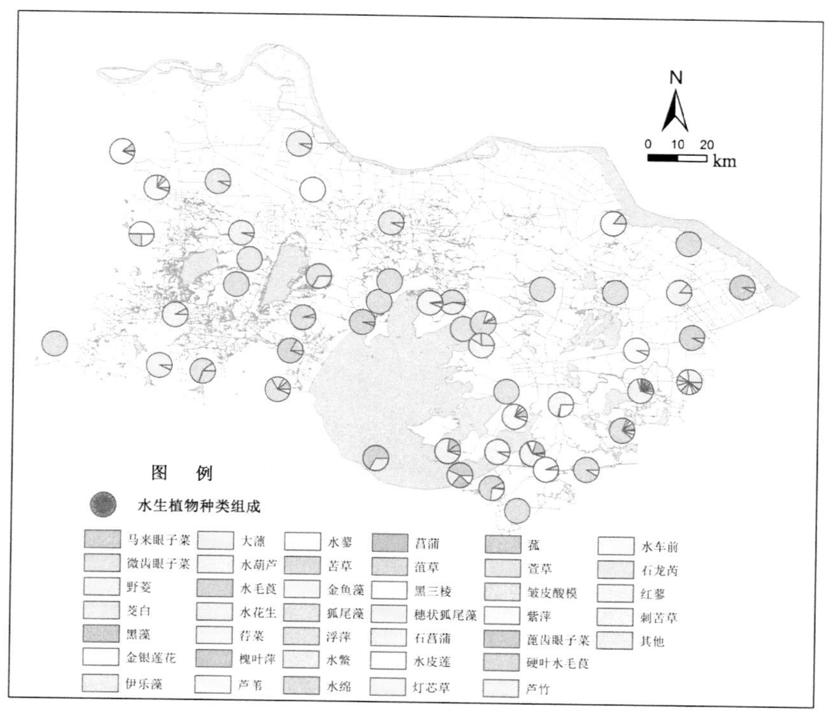

附图 3-5 水生植物丰度及种类组成

［审图号：苏 S（2017）017 号］

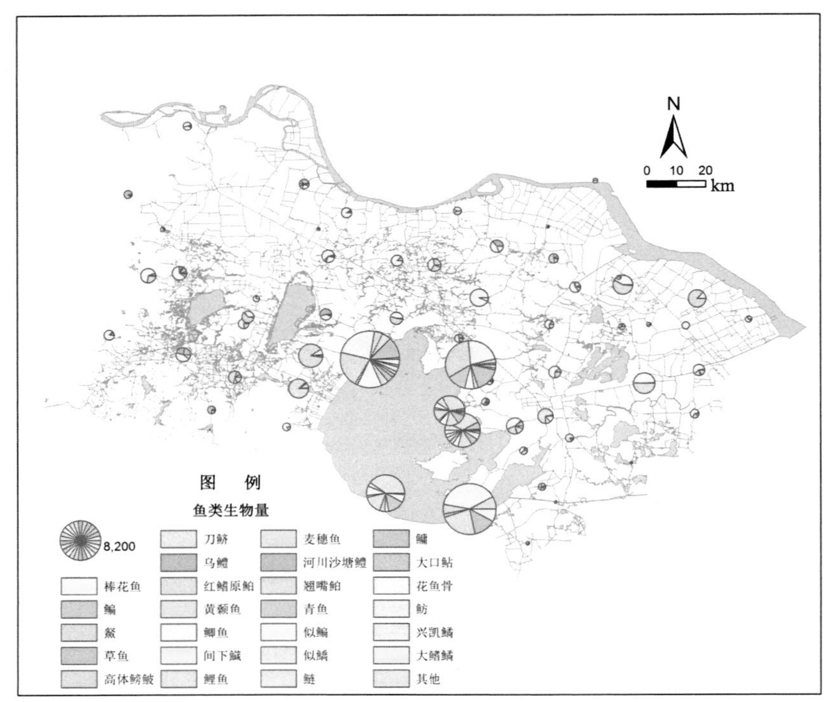

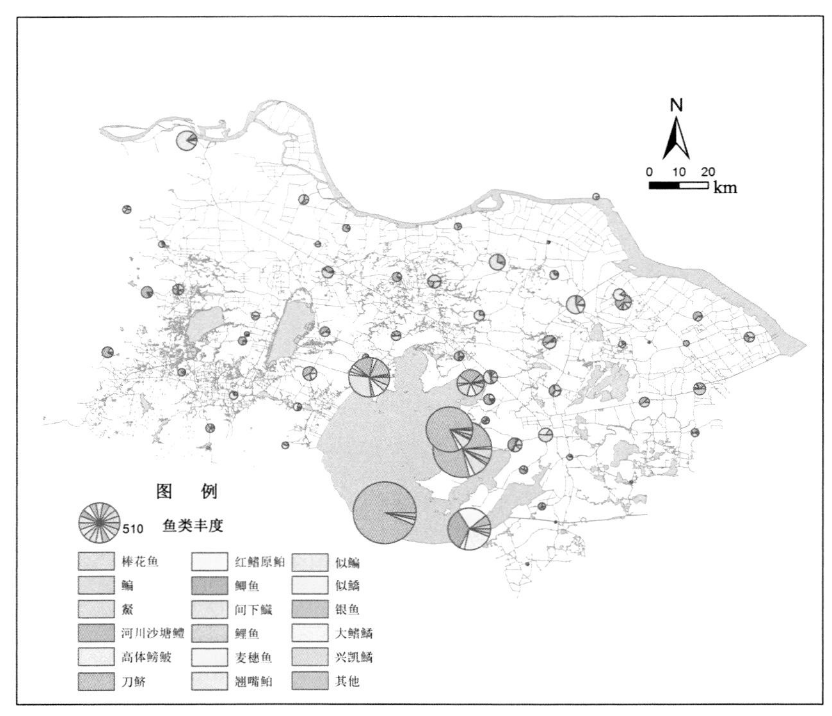

附图 3-6 鱼类生物丰度及种类组成

［审图号：苏 S（2017）017 号］

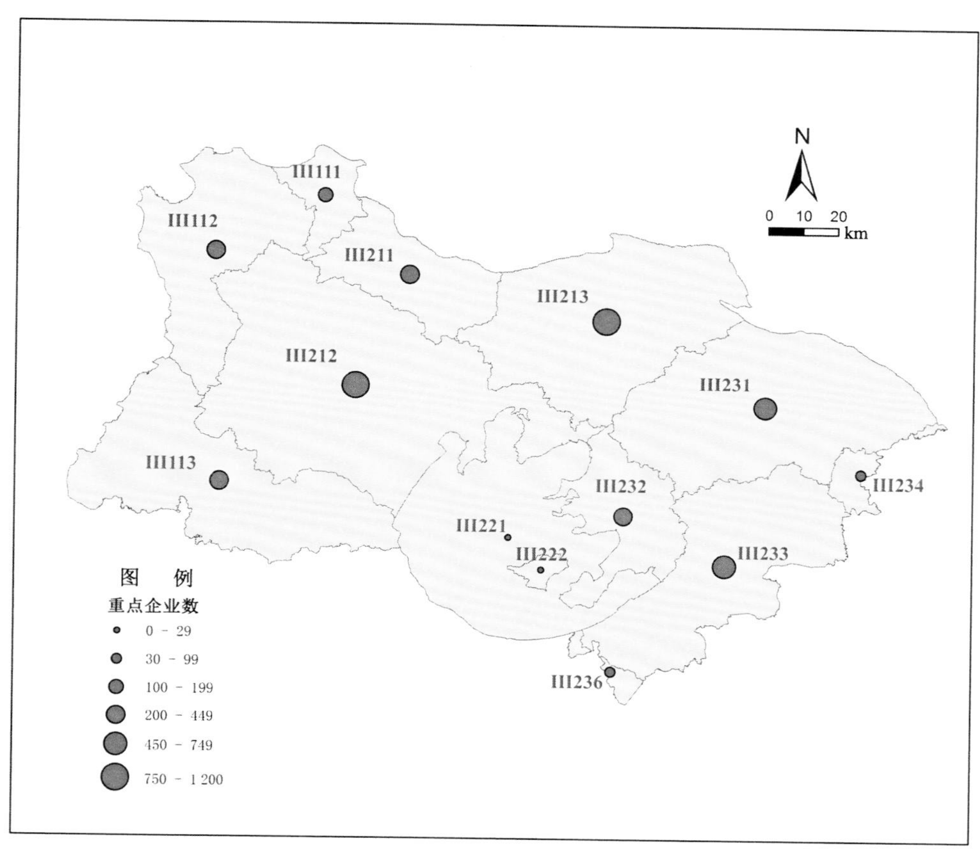

附图 4-1 不同分区重点企业

［审图号：苏 S（2017）017 号］

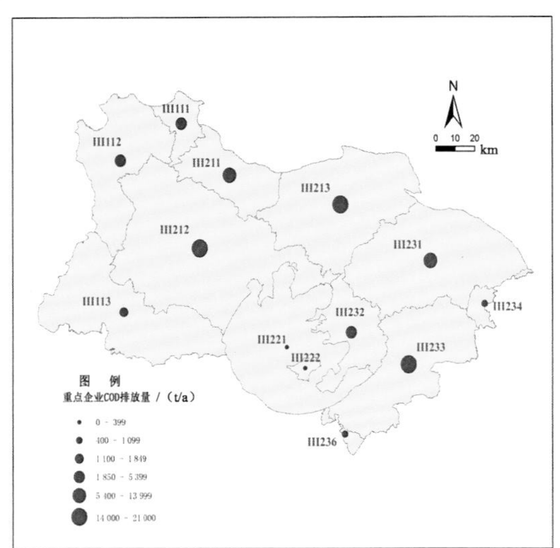

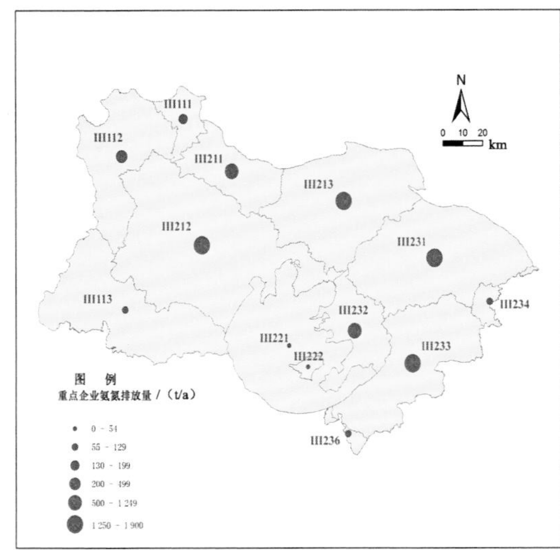

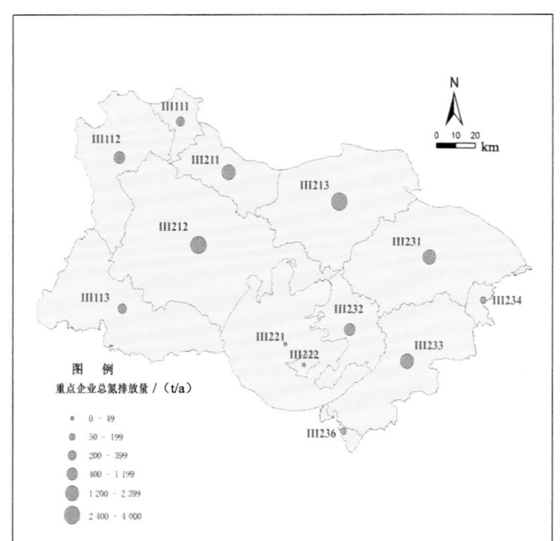

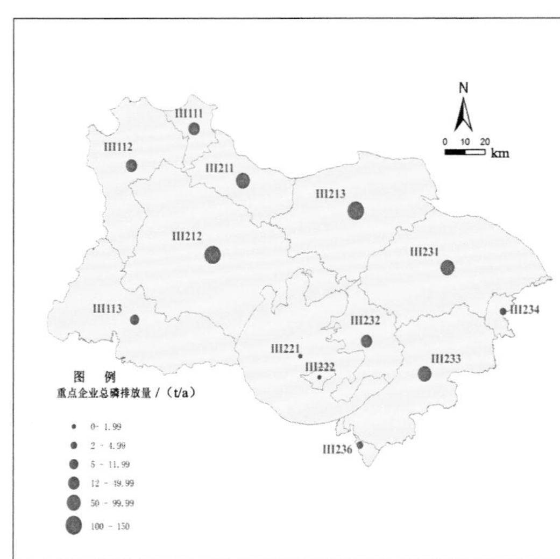

附图 4-2　分区重点企业 COD/ 氨氮 / 总氮 / 总磷排放情况

［审图号：苏 S（2017）017 号］

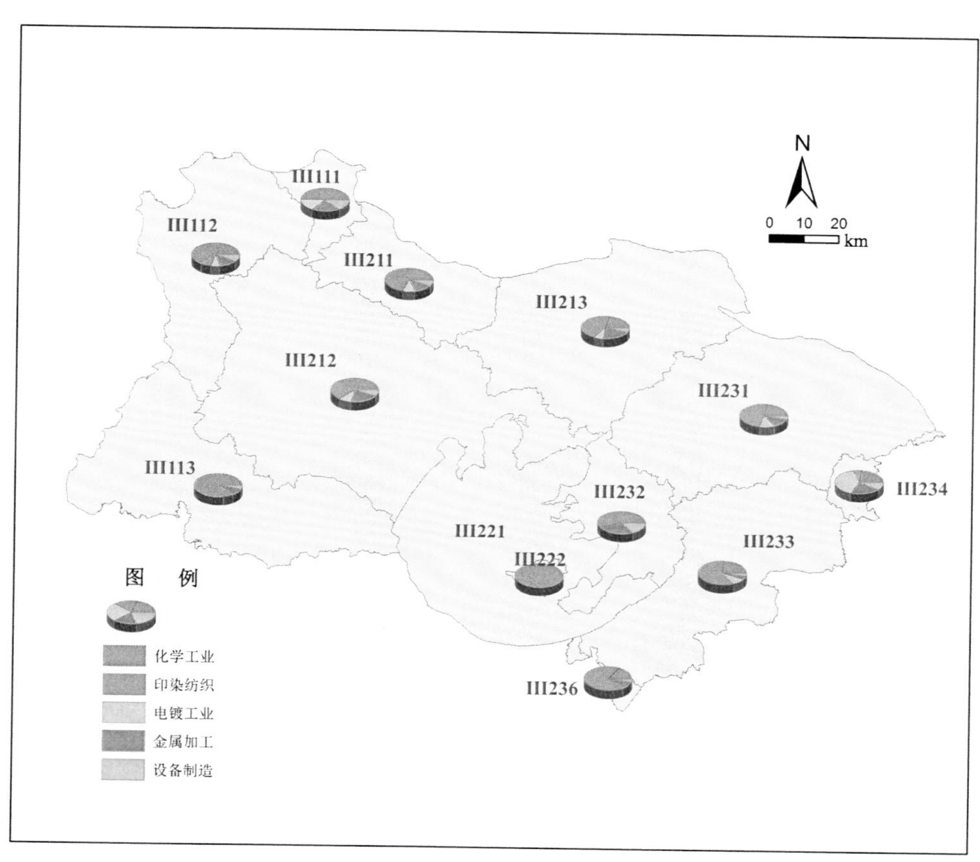

附图 4-3　分区重点行业分布及主导行业情况

［审图号：苏 S（2017）017 号］

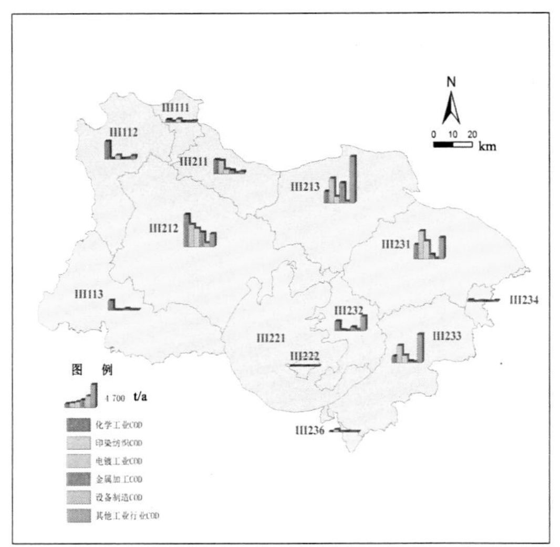

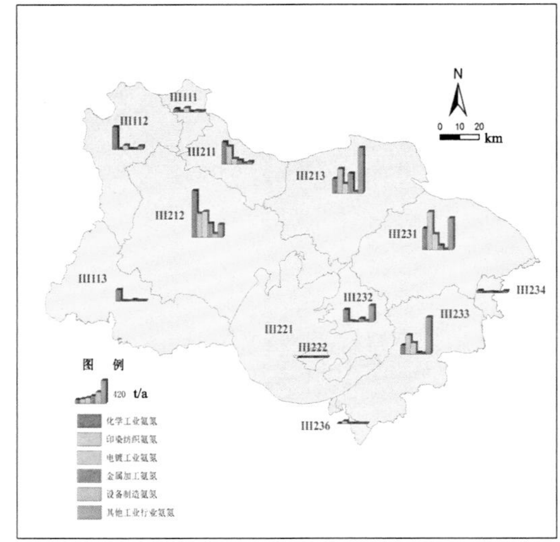

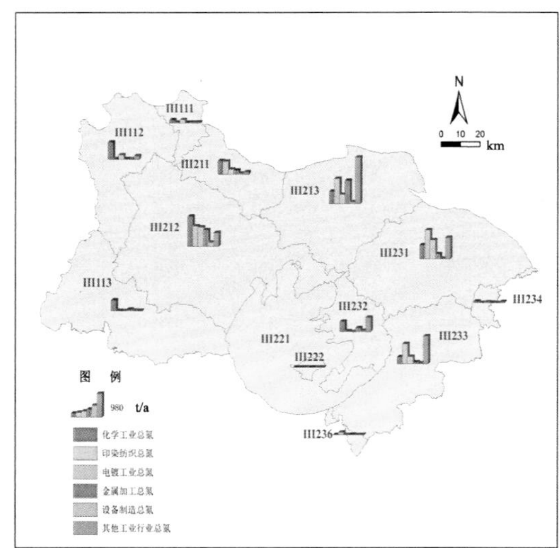

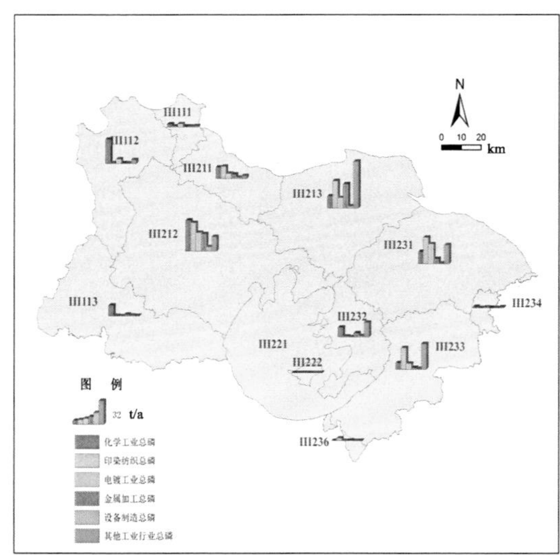

附图 4-4　分区重点行业 COD/ 氨氮 / 总氮 / 总磷排放情况

［审图号：苏 S（2017）017 号］

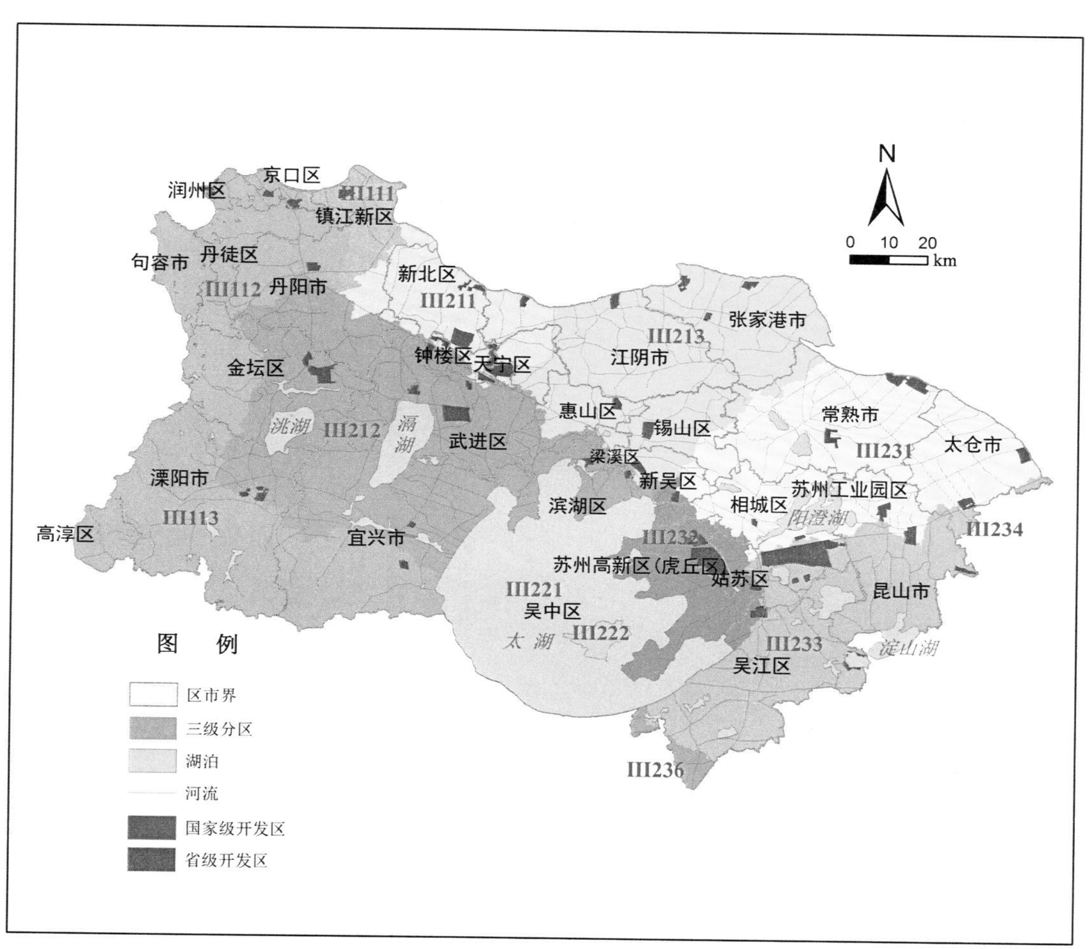

附图 4-5 江苏省太湖流域省级以上开发区建设范围

［审图号：苏 S（2017）017 号］

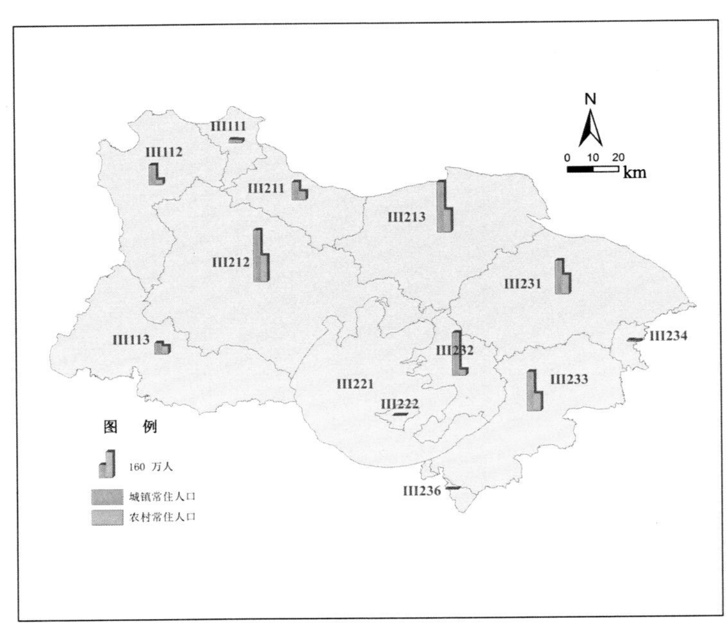

附图 4-6 各分区常住人口情况

［审图号：苏 S（2017）017 号］

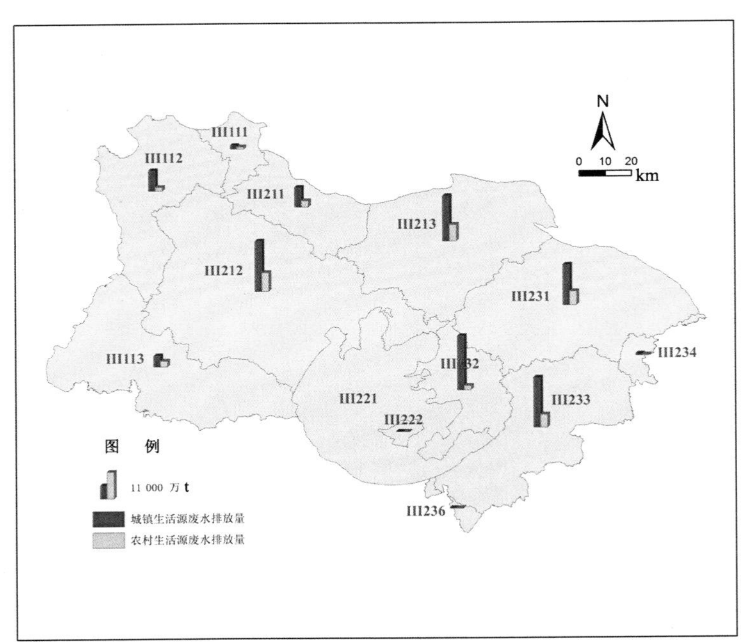

附图 4-7 分区城镇、农村生活污水排放情况

［审图号：苏 S（2017）017 号］

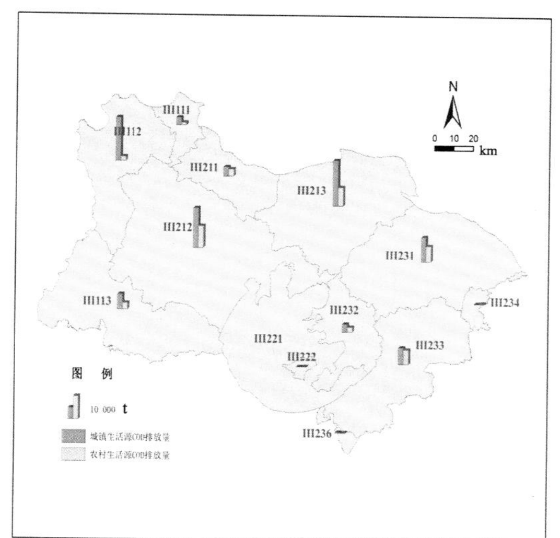

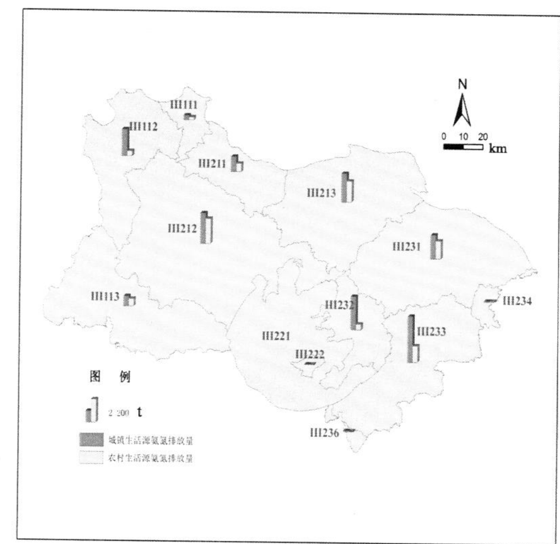

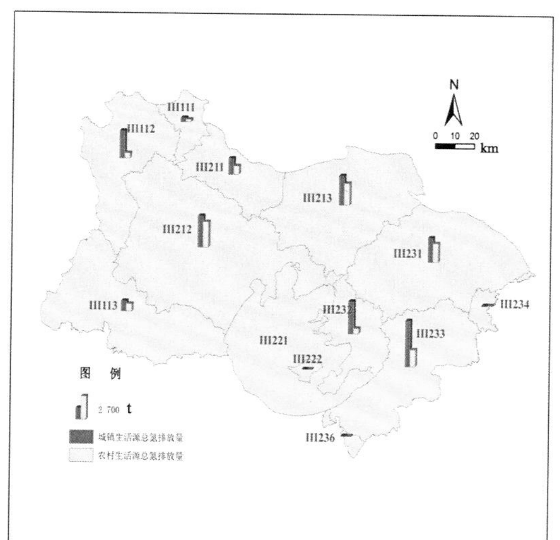

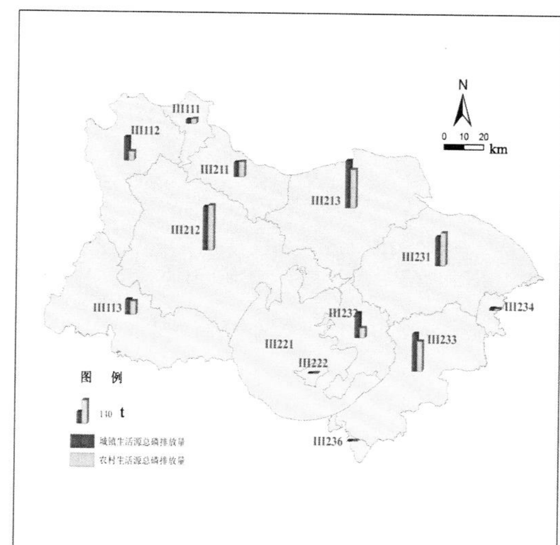

附图 4-8　分区城镇、农村生活源 COD/ 氨氮 / 总氮 / 总磷排放情况

［审图号：苏 S（2017）017 号］

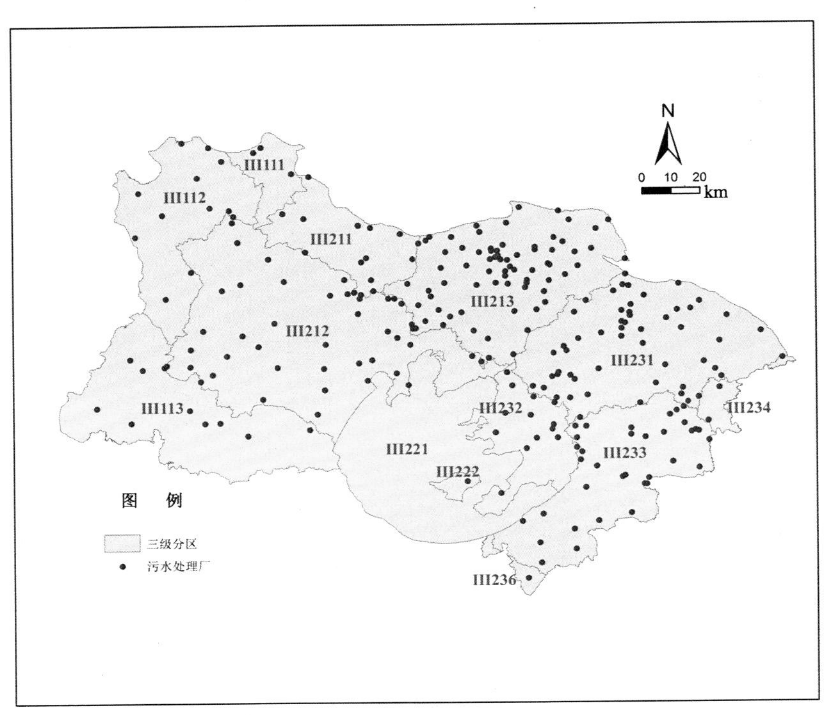

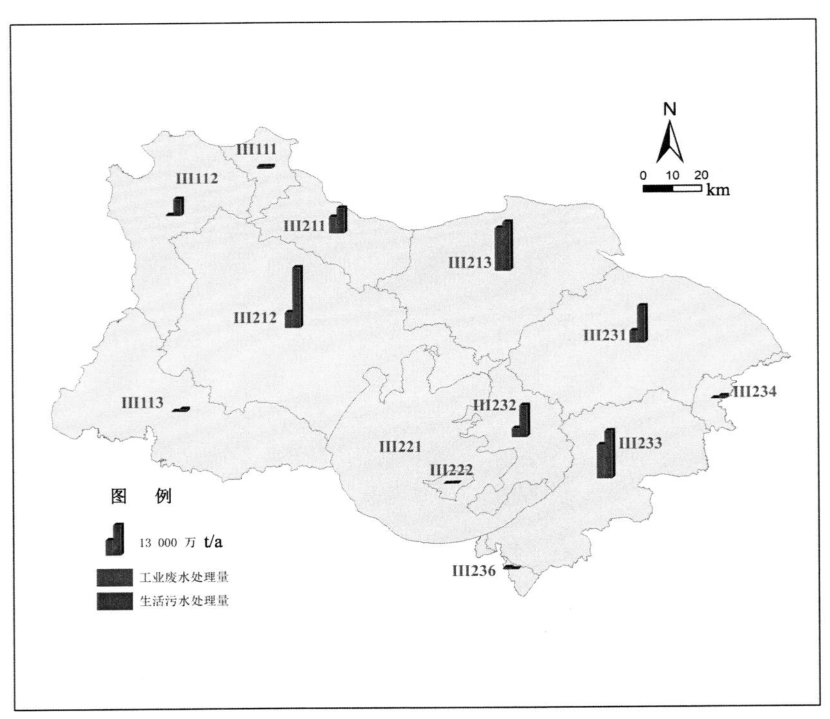

附图 4-9　研究区污水处理厂分布和废水处理情况

［审图号：苏 S（2017）017 号］

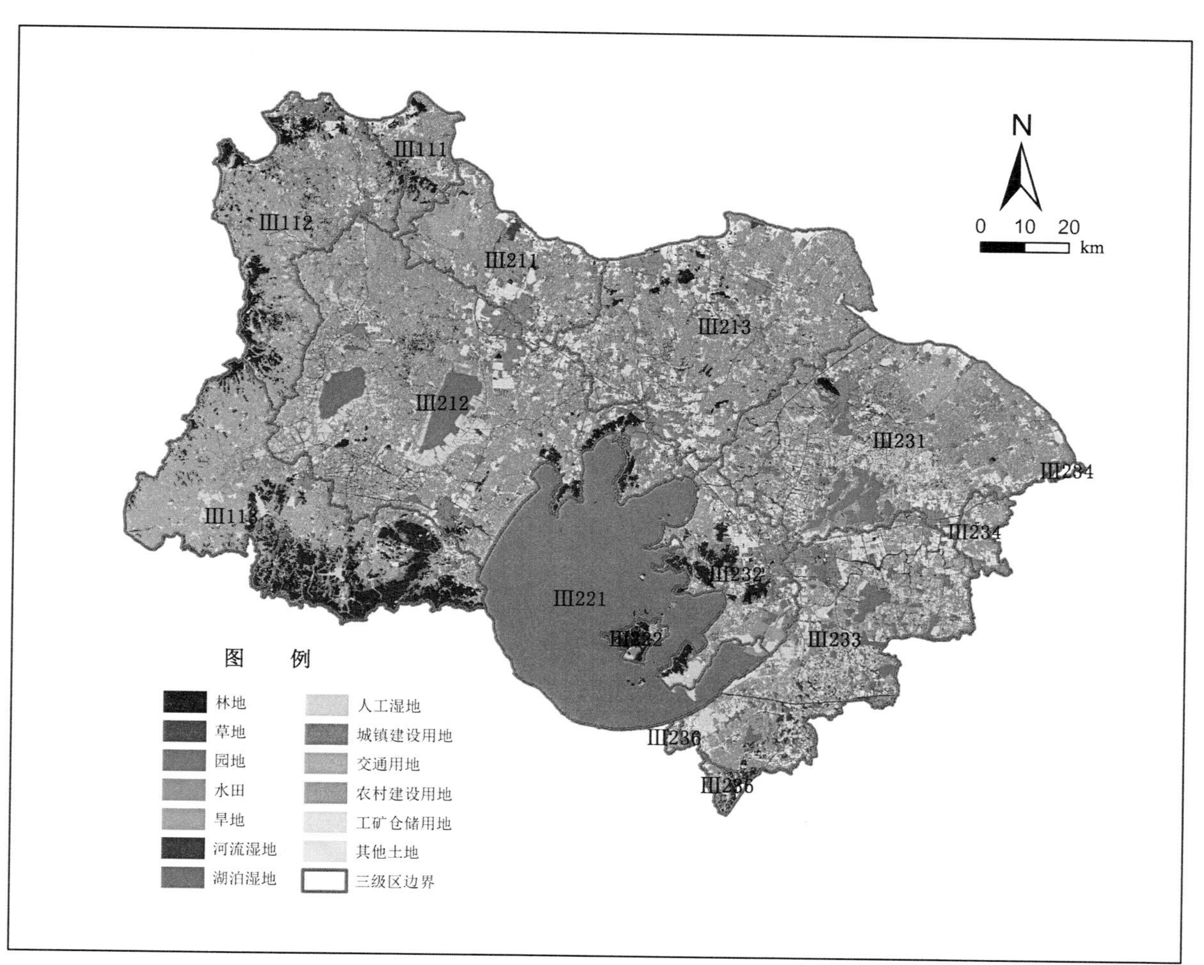

附图 4-10　研究区土地利用类型

［审图号：苏 S（2017）017 号］

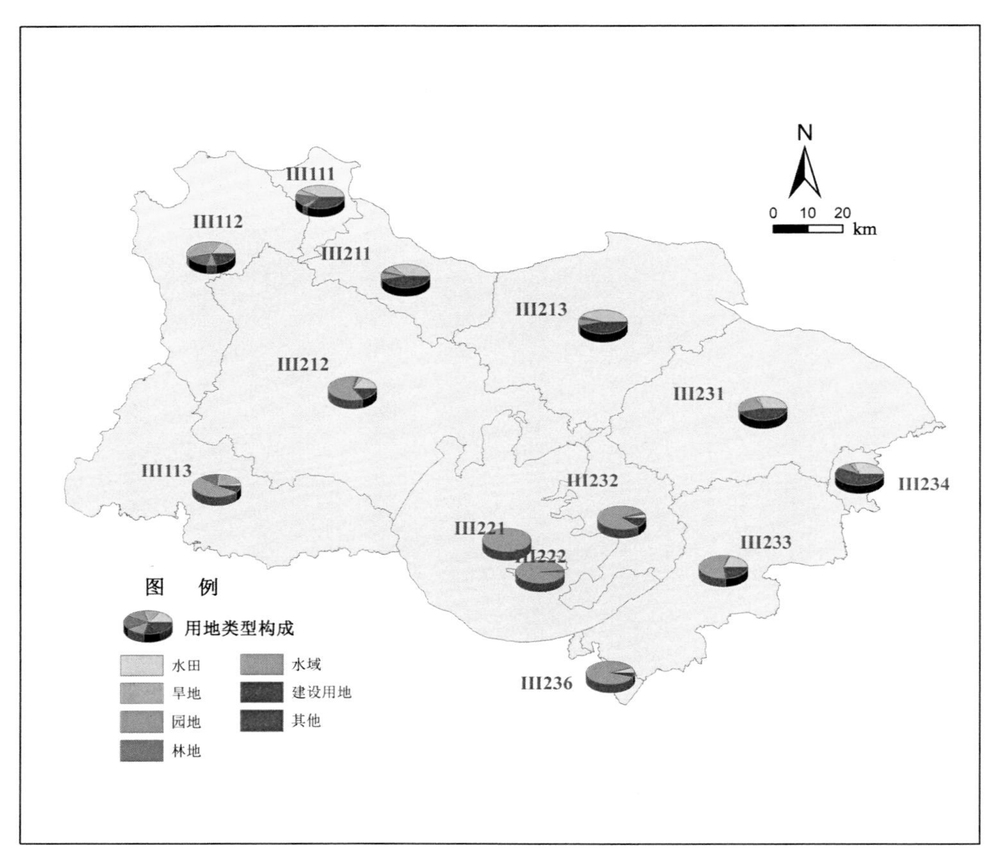

附图 4-11 分区土地利用分类统计

［审图号：苏 S（2017）017 号］

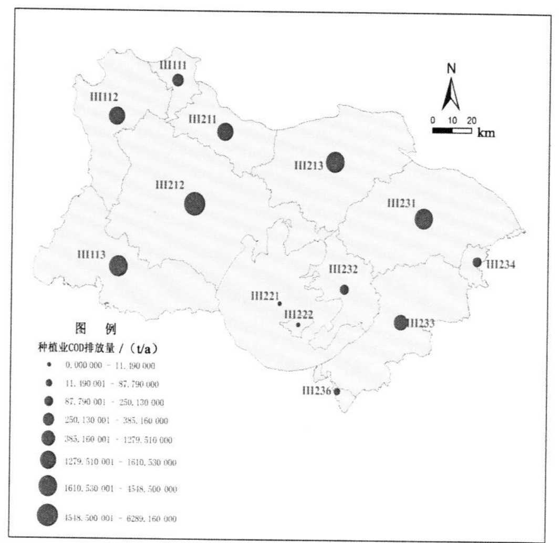

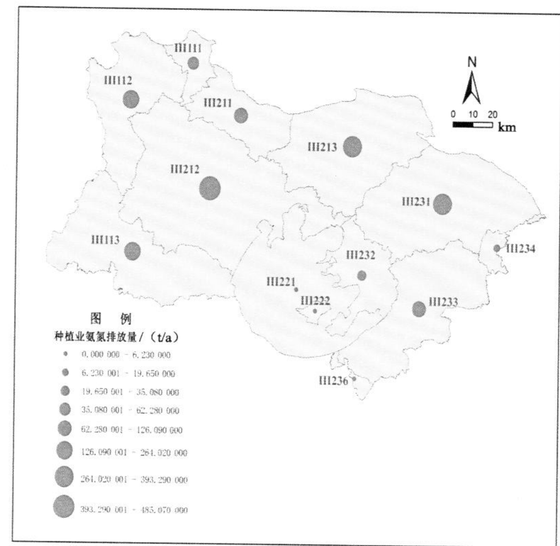

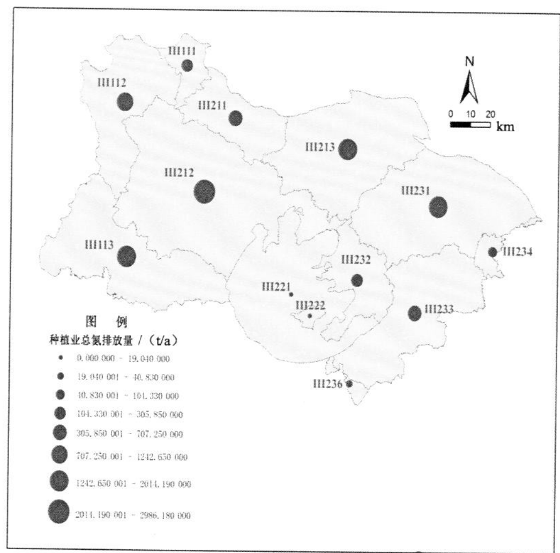

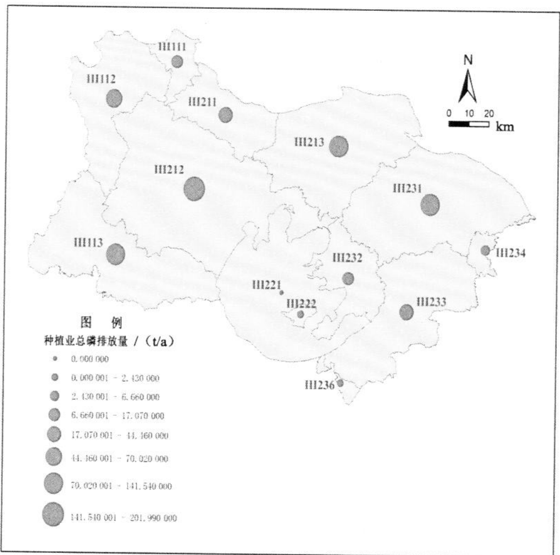

附图 4-12 分区农业面源 COD/ 氨氮 / 总氮 / 总磷排放情况

［审图号：苏 S（2017）017 号］

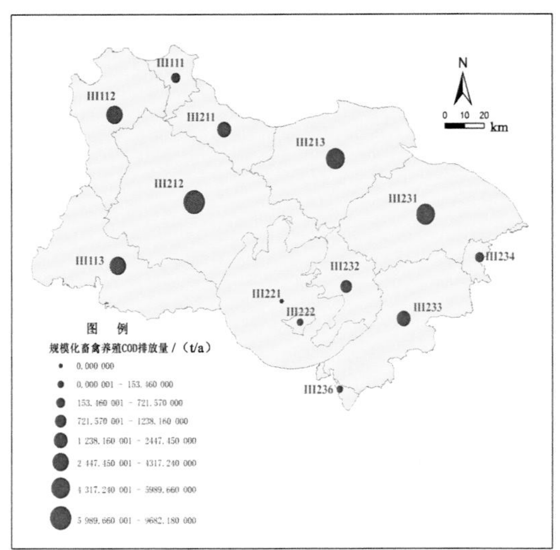

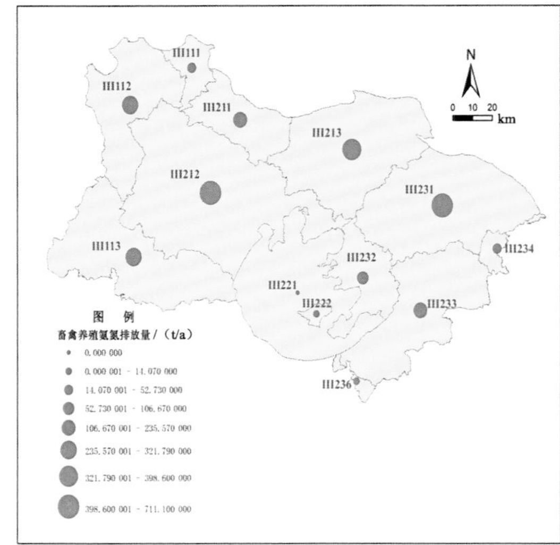

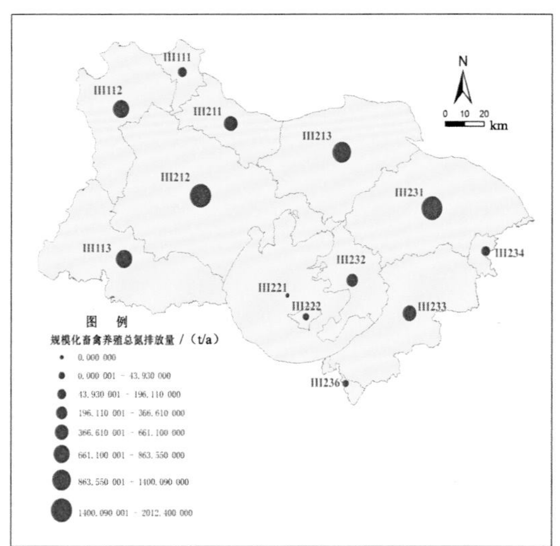

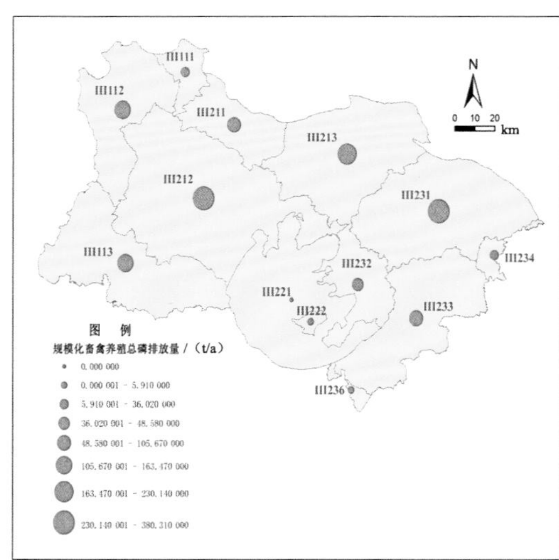

附图 4-13　分区规模化畜禽养殖 COD/ 氨氮 / 总氮 / 总磷排放情况

［审图号：苏 S（2017）017 号］

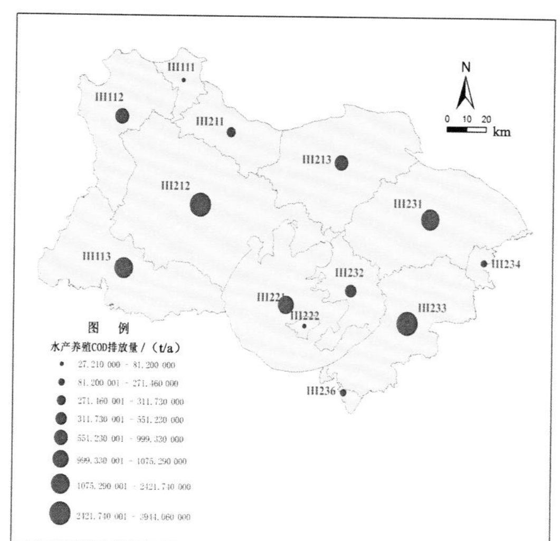

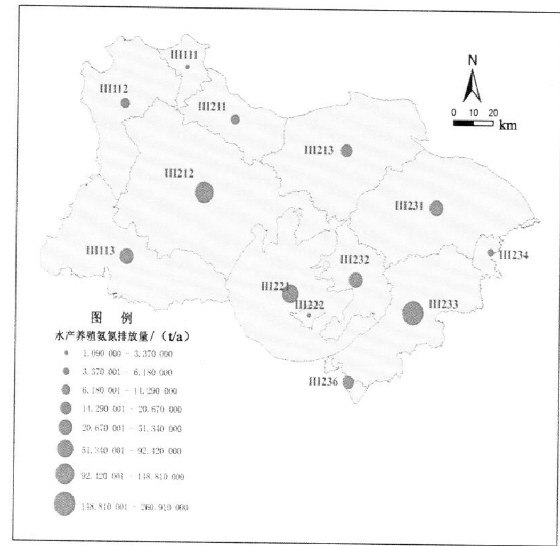

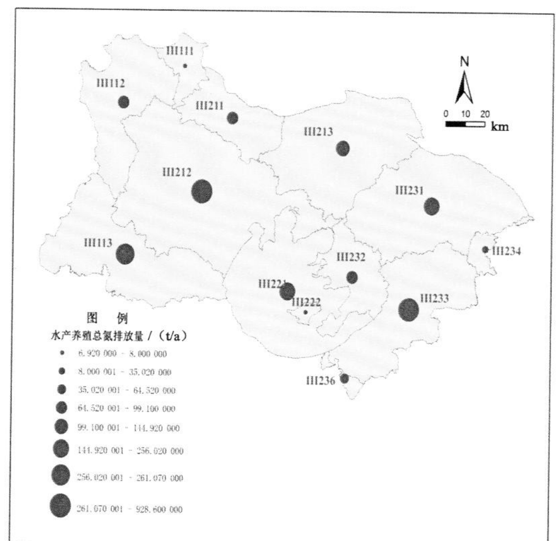

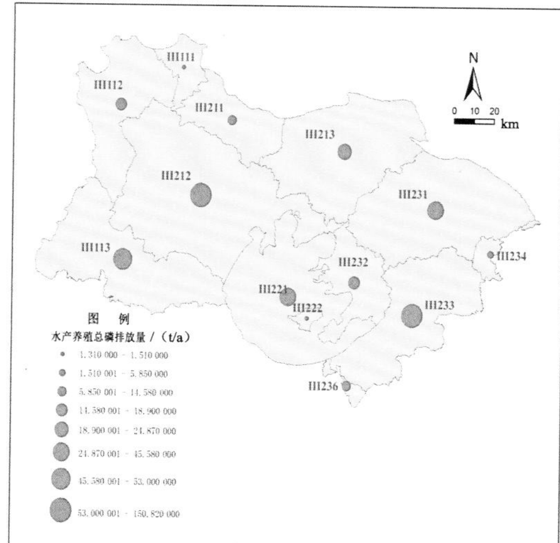

附图 4-14　分区水产养殖 COD/ 氨氮 / 总氮 / 总磷排放情况

［审图号：苏 S（2017）017 号］

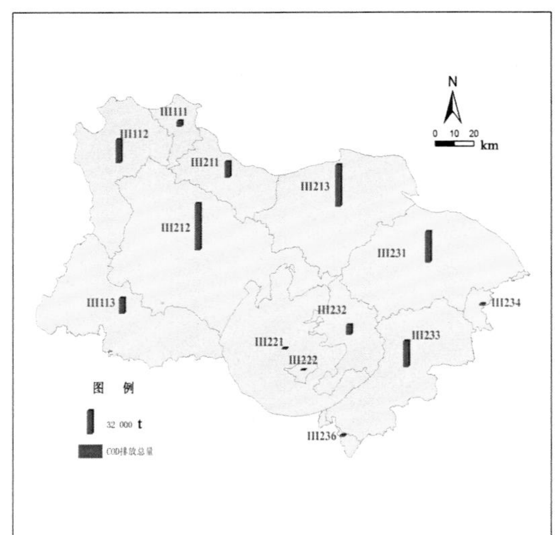

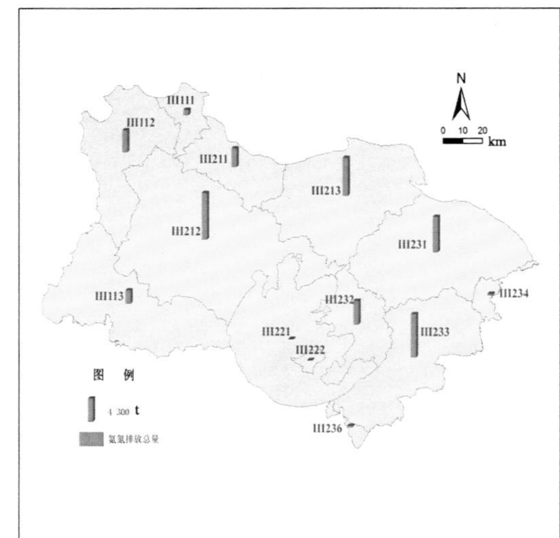

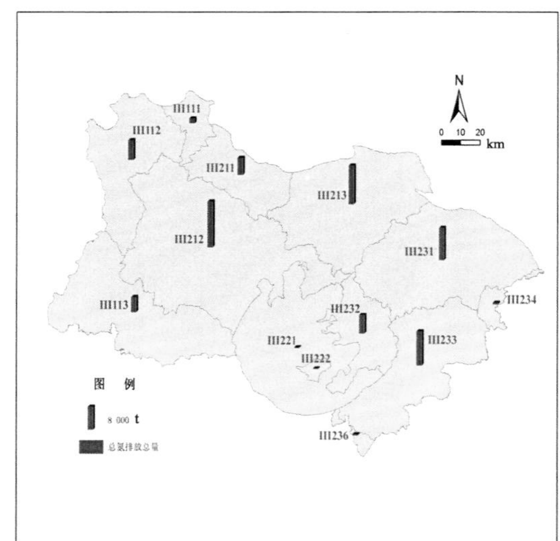

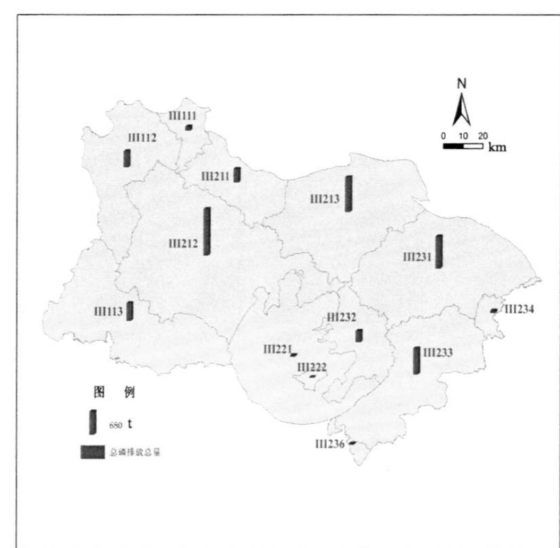

附图 4-15　分区 COD/ 氨氮 / 总氮 / 总磷排放情况

［审图号：苏 S（2017）017 号］

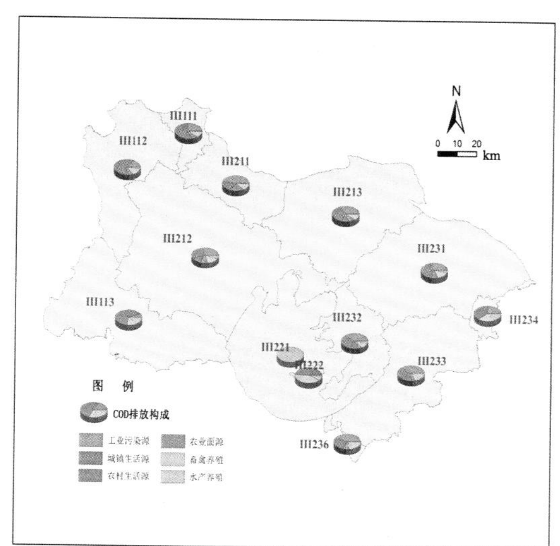

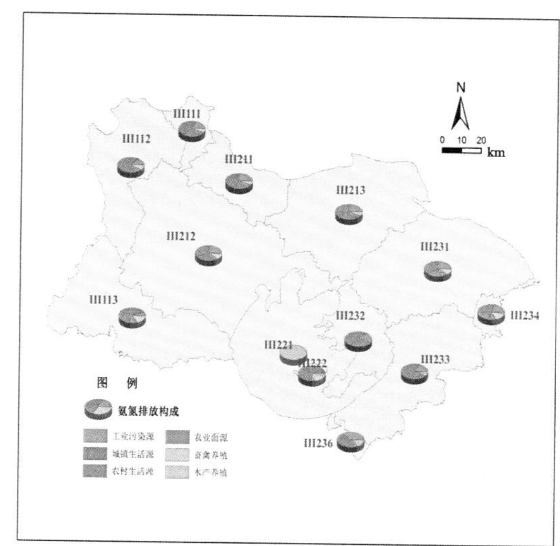

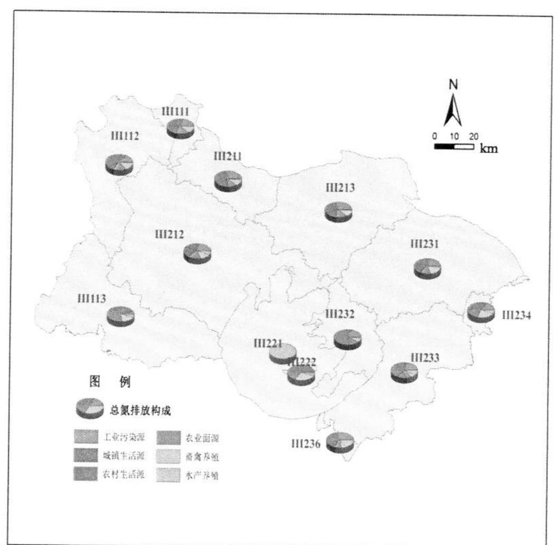

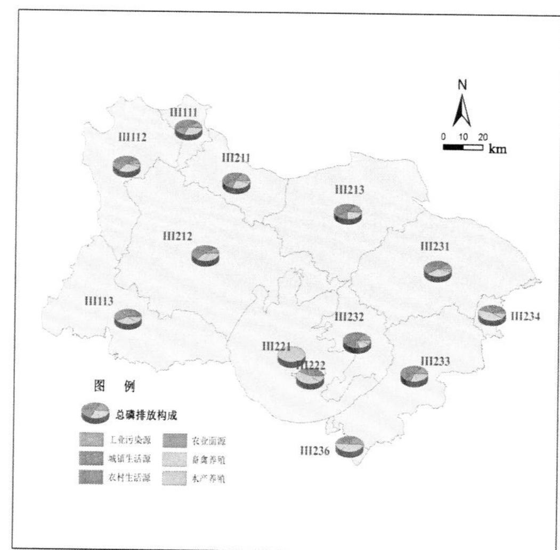

附图 4-16　分区 COD/ 氨氮 / 总氮 / 总磷排放构成

［审图号：苏 S（2017）017 号］

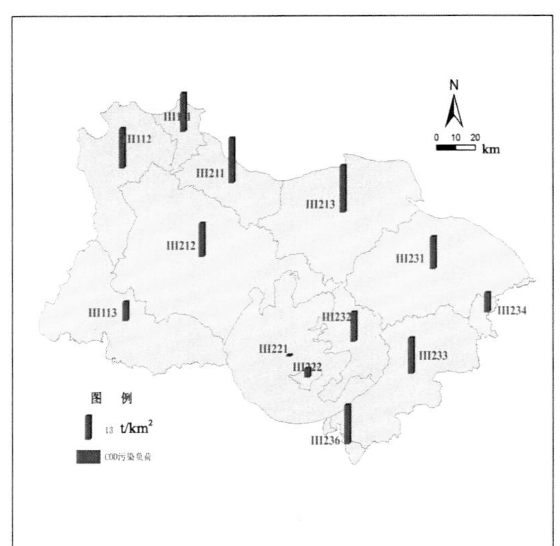

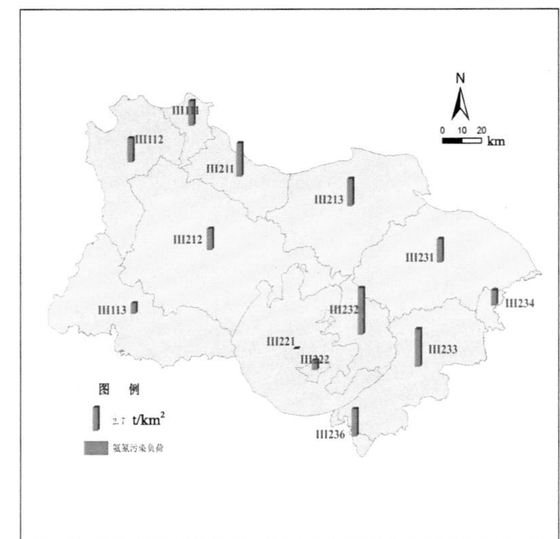

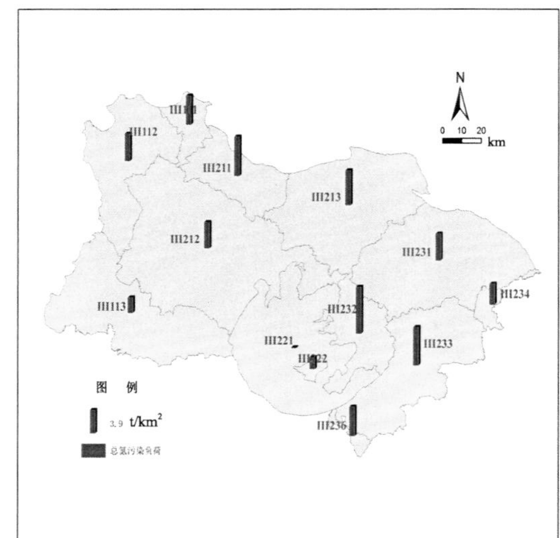

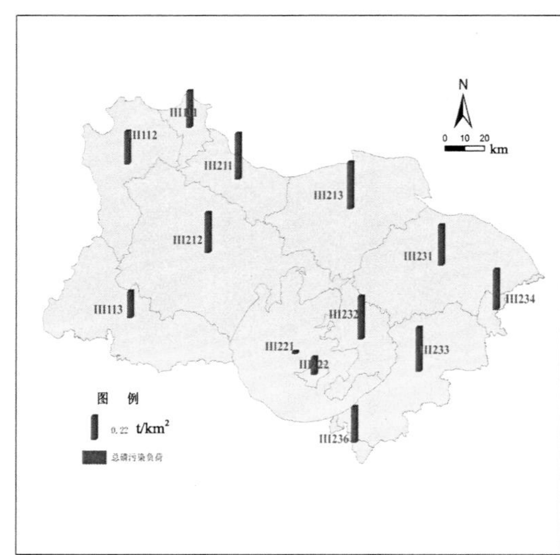

附图 4-17　分区 COD/ 氨氮 / 总氮 / 总磷污染负荷

［审图号：苏 S（2017）017 号］

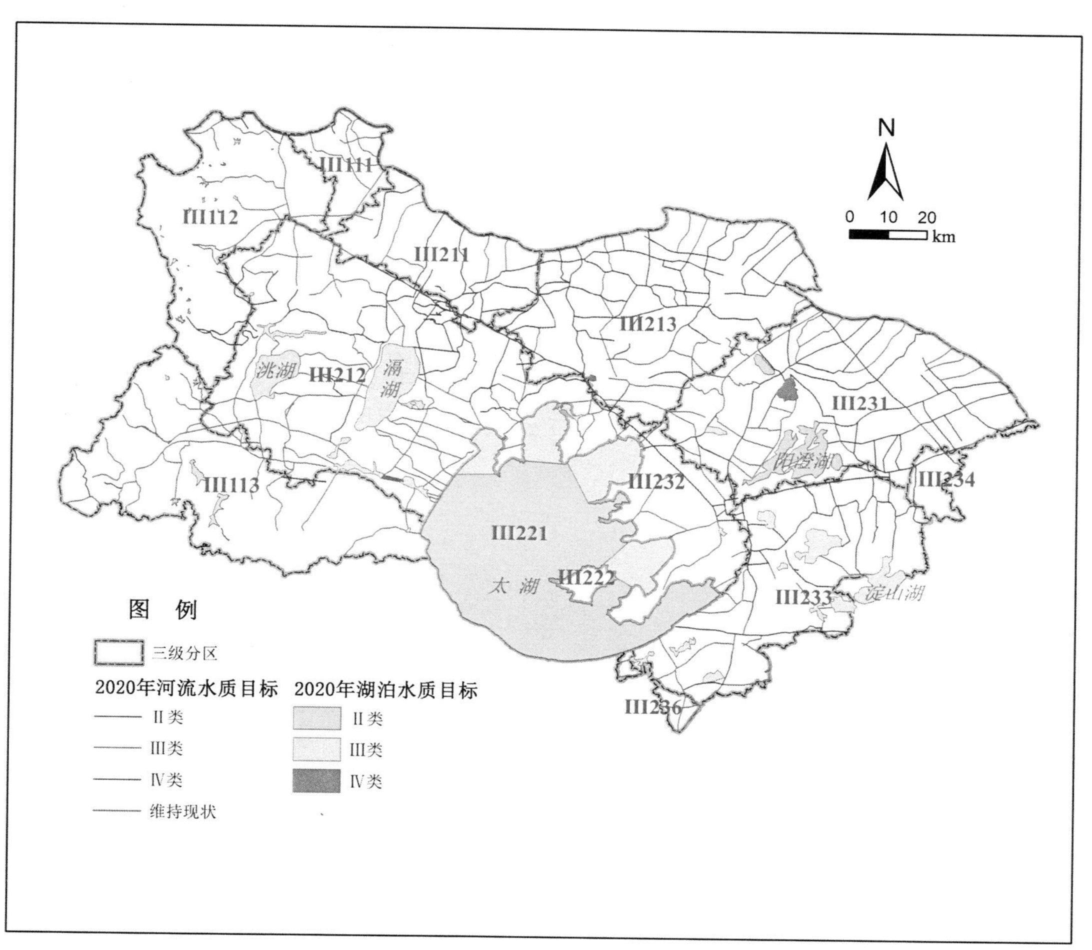

附图 6-1　太湖流域水（环境）功能区划

［审图号：苏 S（2017）017 号］

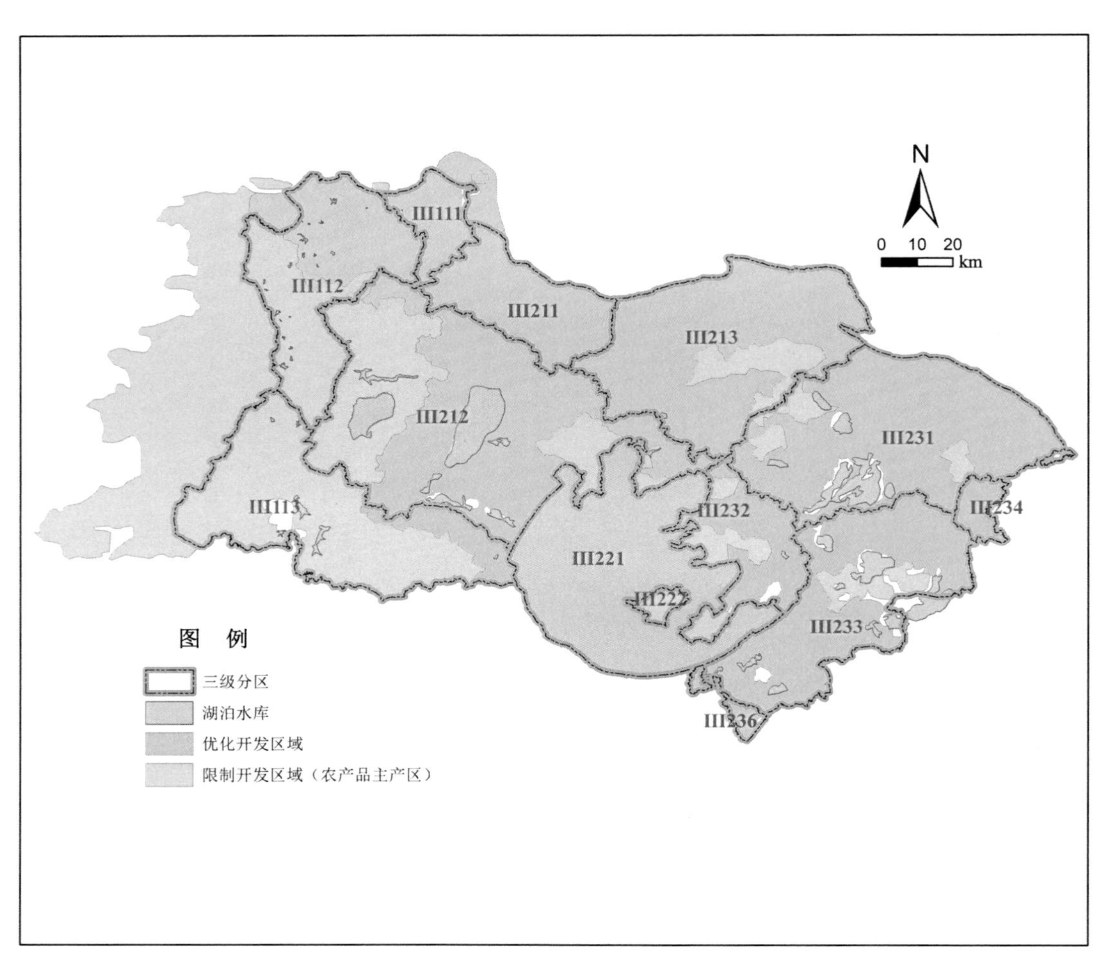

附图 6-2 太湖流域（江苏）主体功能区划

［审图号：苏 S（2017）017 号］

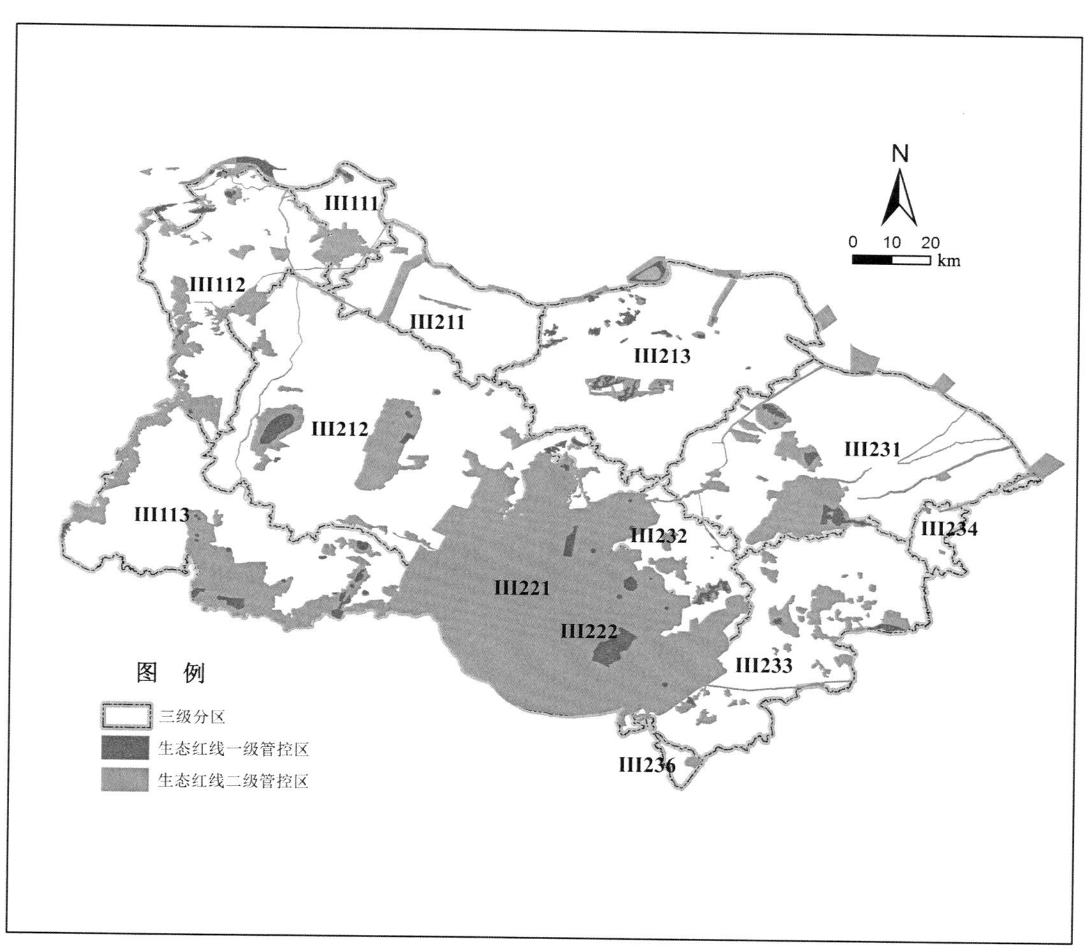

附图 6-3 江苏省生态红线保护区域分布

［审图号：苏 S（2017）017 号］

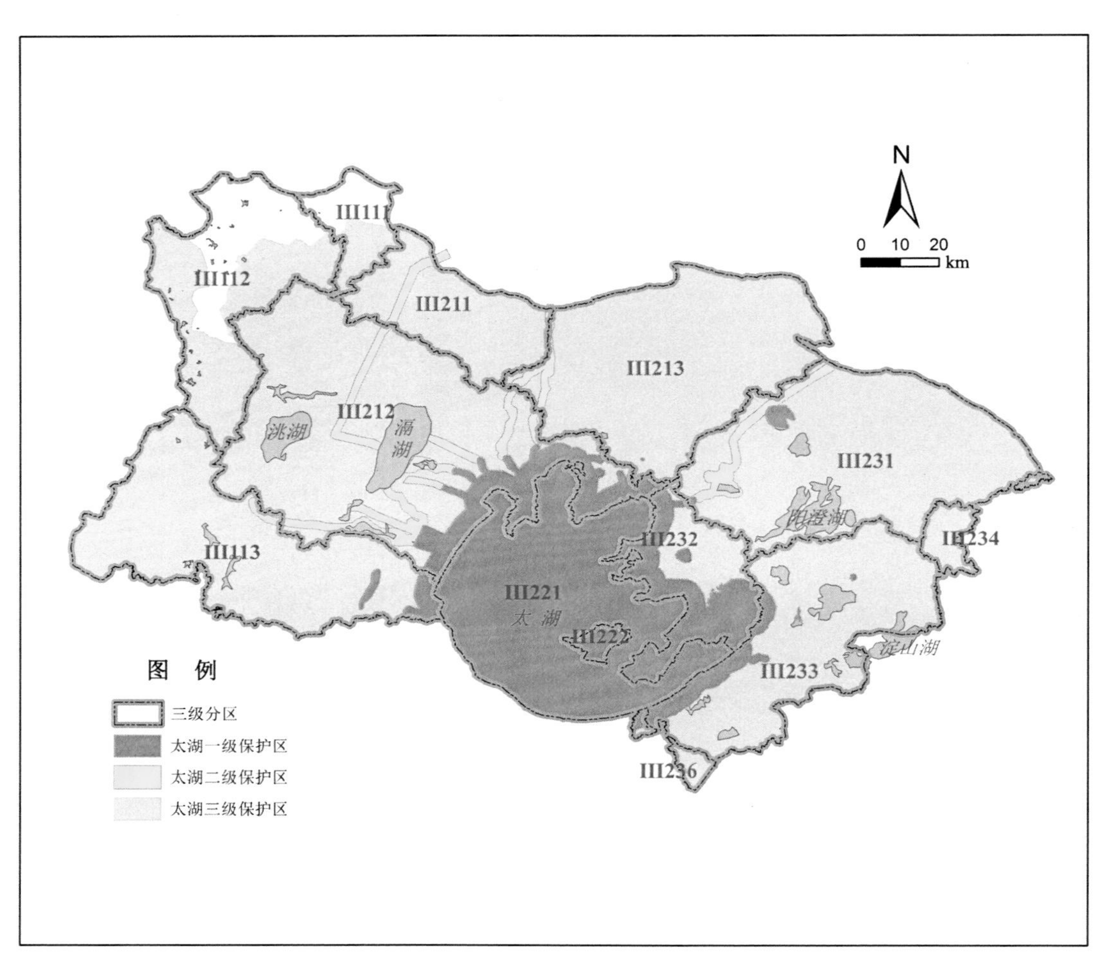

附图 6-4 江苏太湖流域三级保护区示意图

［审图号：苏 S（2017）017 号］

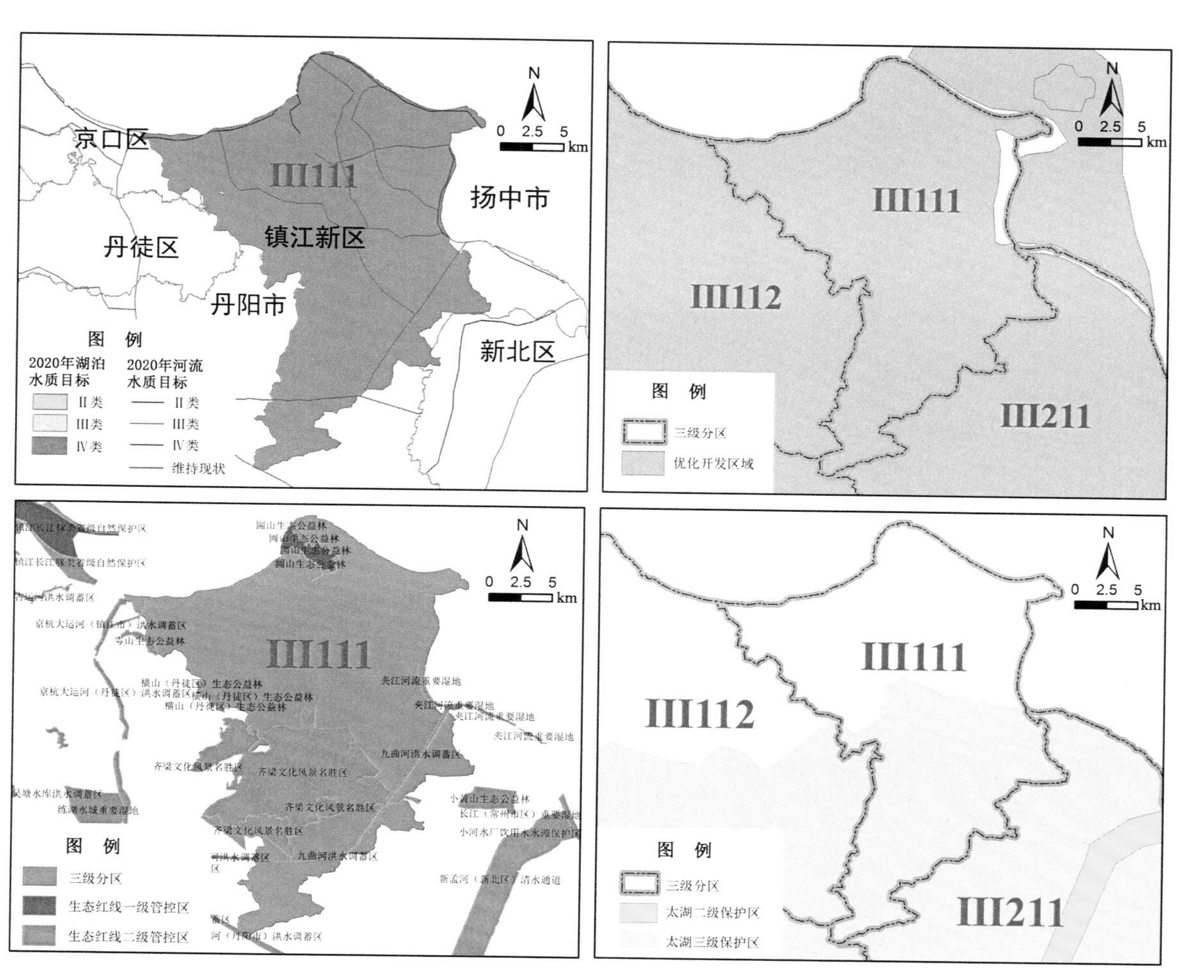

附图 6-5　III 111 水生态功能分区与行政区划关联情况

［审图号：苏 S（2017）017 号］

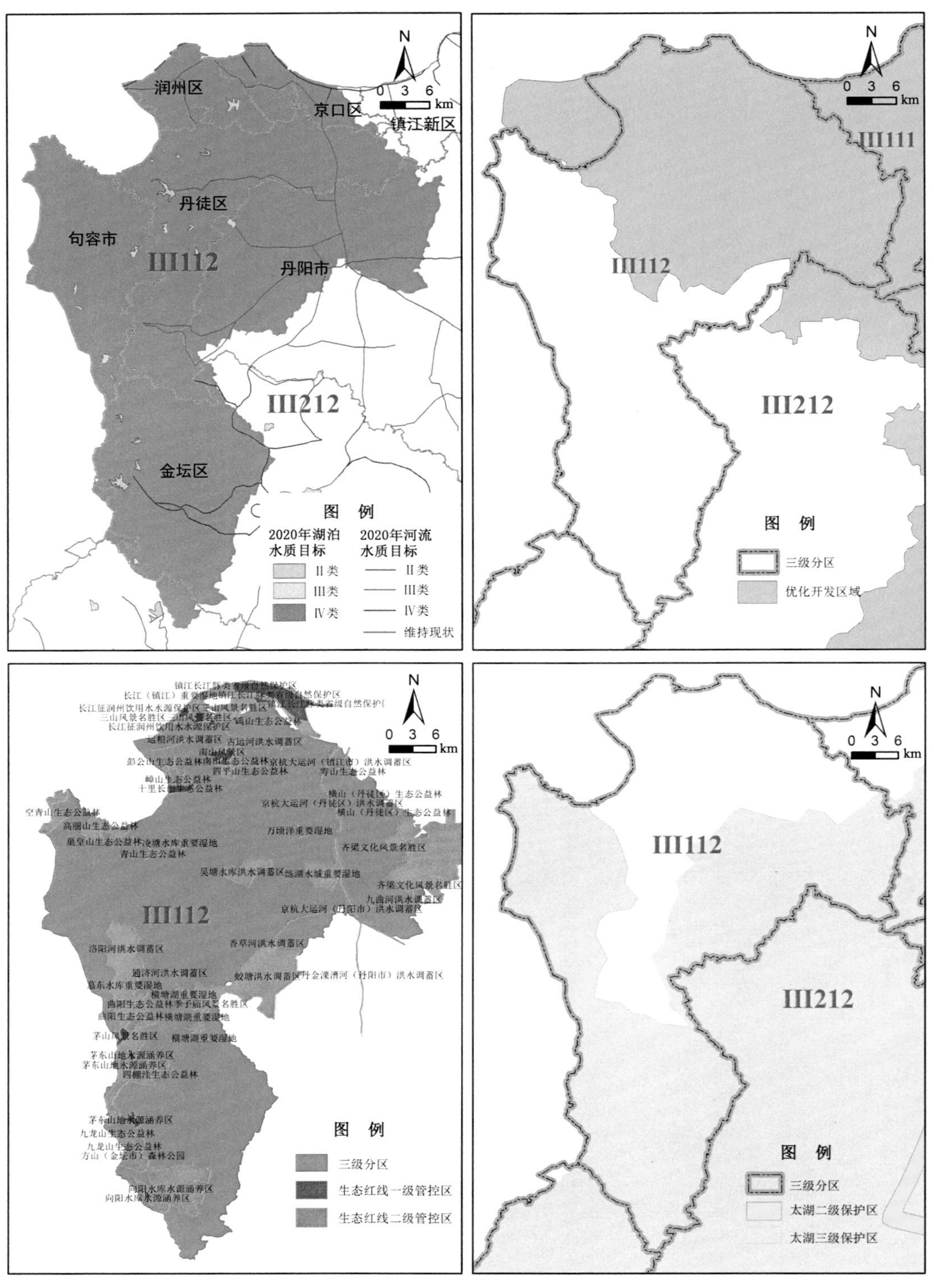

附图 6-6 III 112 水生态功能分区与行政区划关联情况

［审图号：苏 S（2017）017 号］

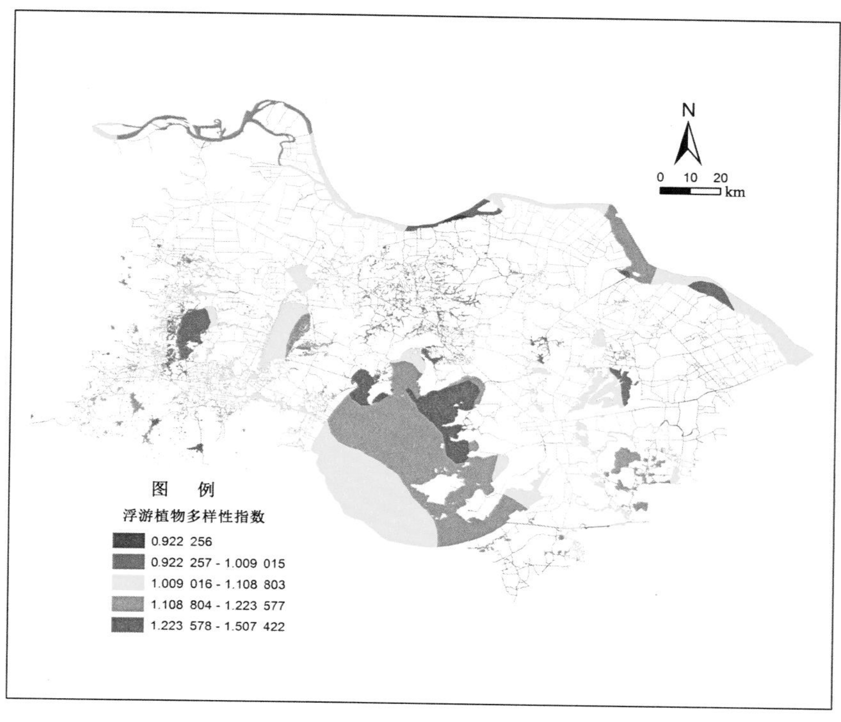

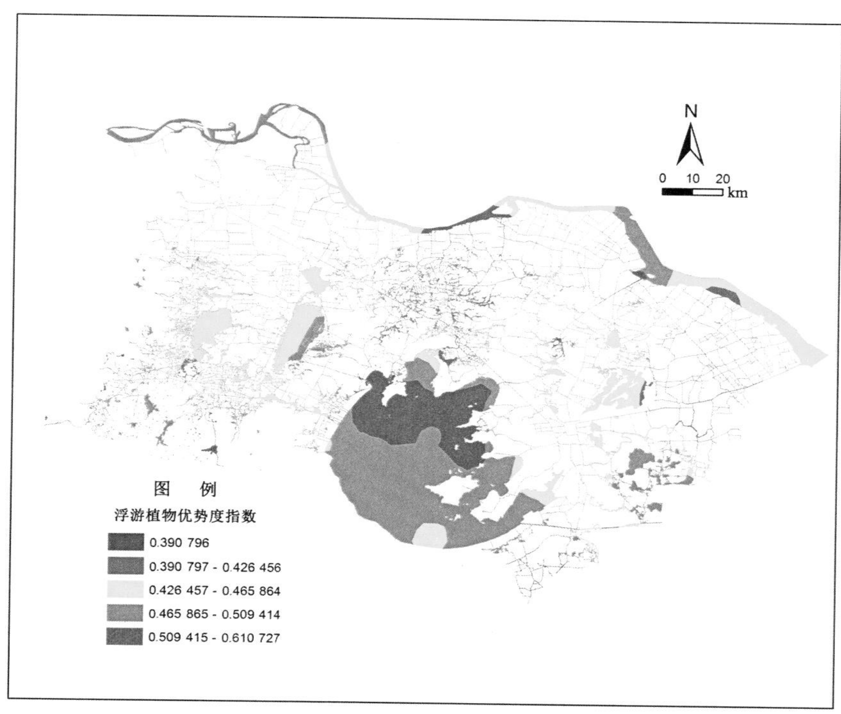

附图 7-1 浮游植物多样性指数 / 优势度指数空间分布

［审图号：苏 S（2017）017 号］

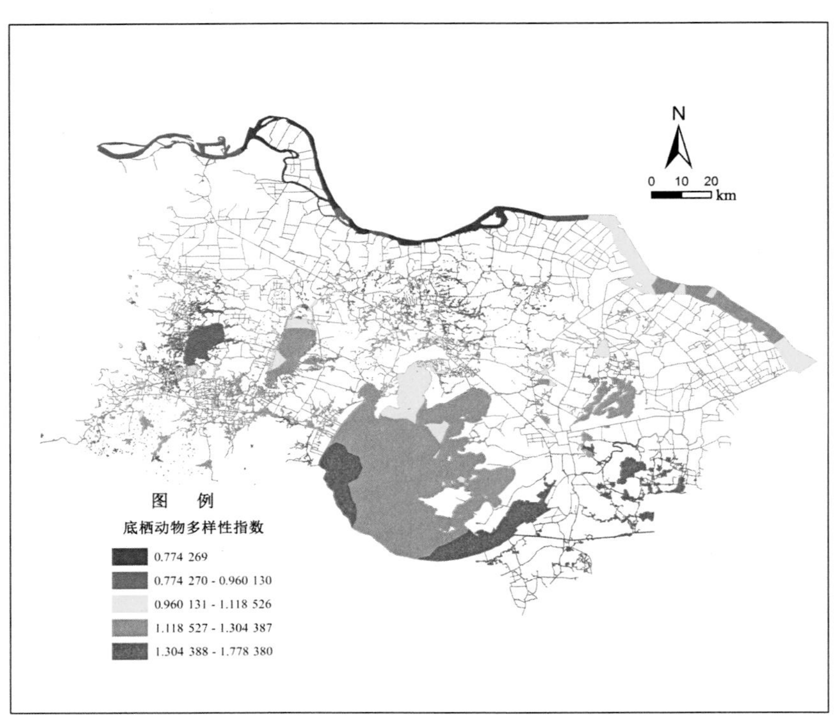

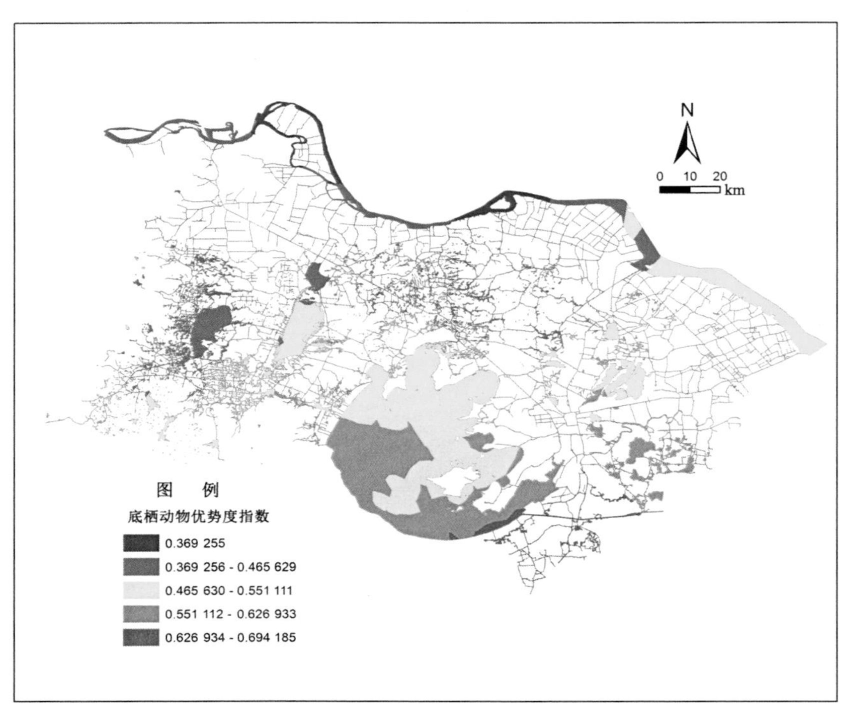

附图 7-2 底栖动物多样性指数 / 优势度指数空间分布

［审图号：苏 S（2017）017 号］

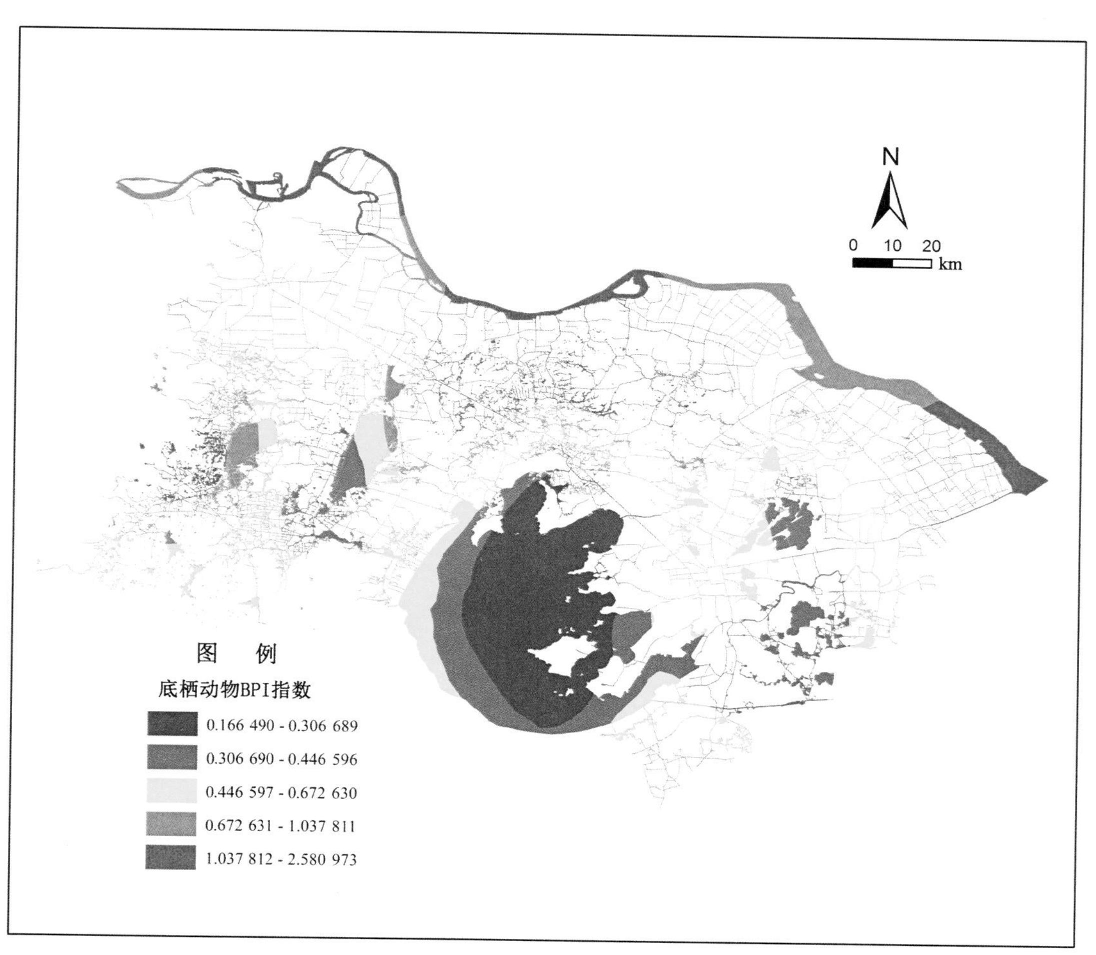

附图 7-3 底栖动物 BPI 指数空间分布

［审图号：苏 S（2017）017 号］

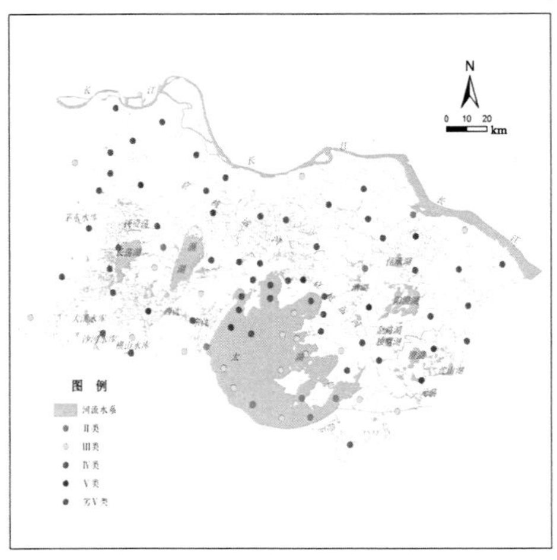

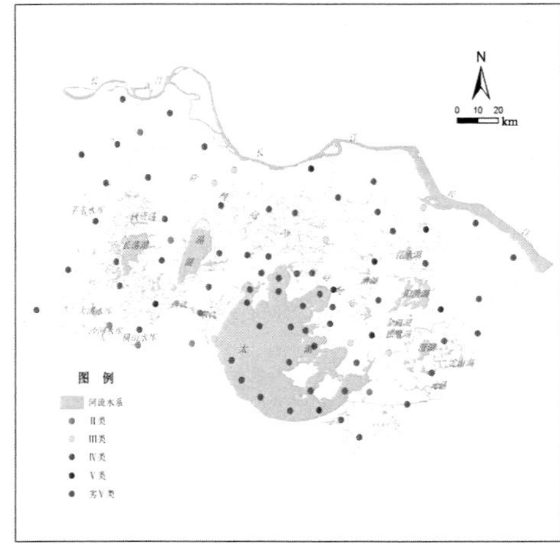

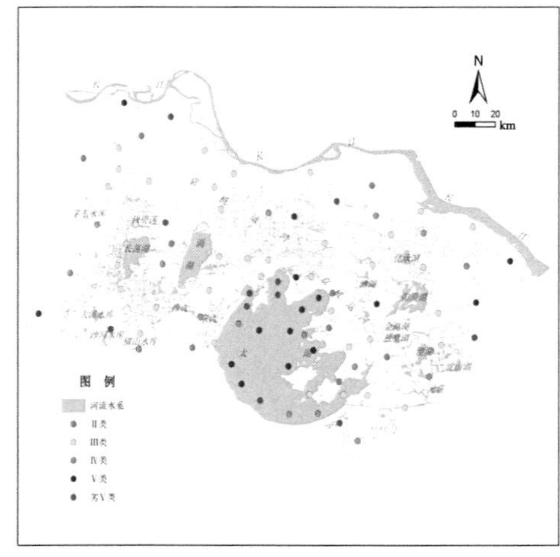

附图 7-4　枯、平、丰水期常规指标水质类别

［审图号：苏 S（2017）017 号］

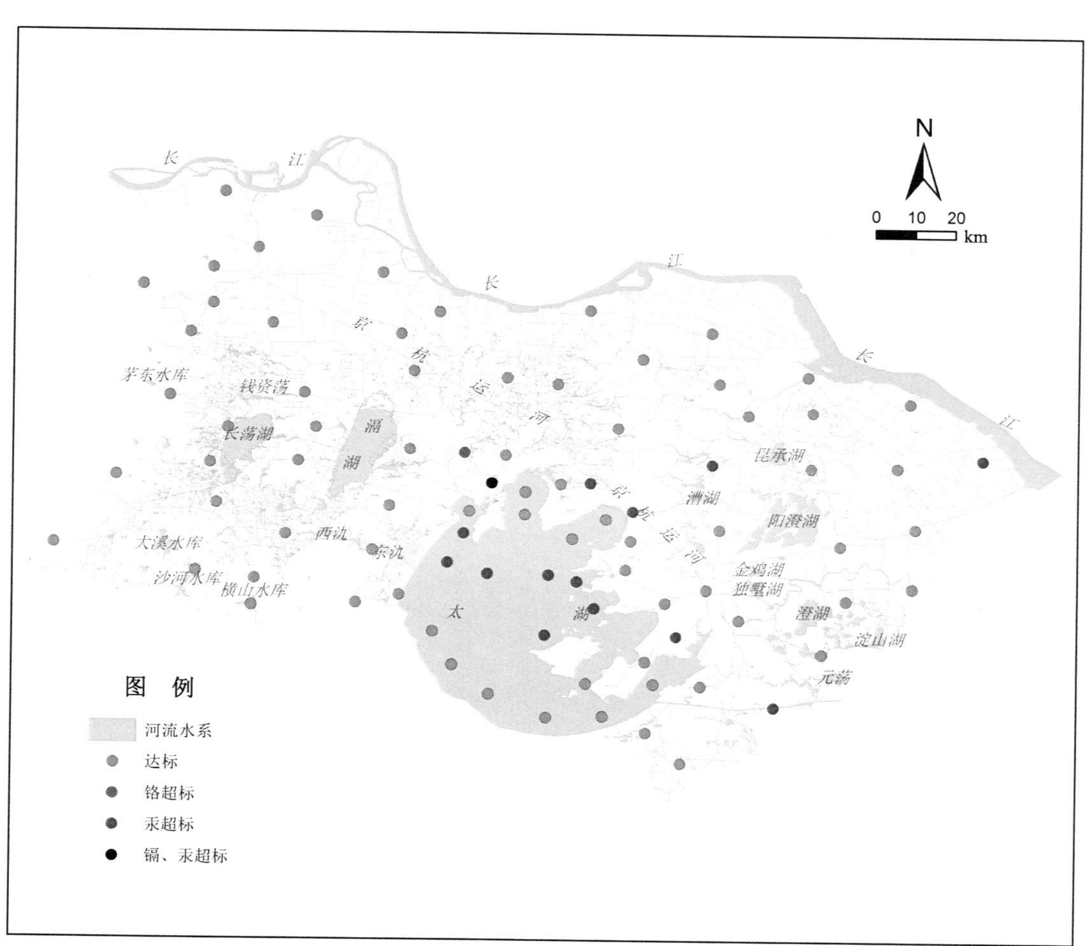

附图 7-5 特征水质指标达标情况

［审图号：苏 S（2017）017 号］

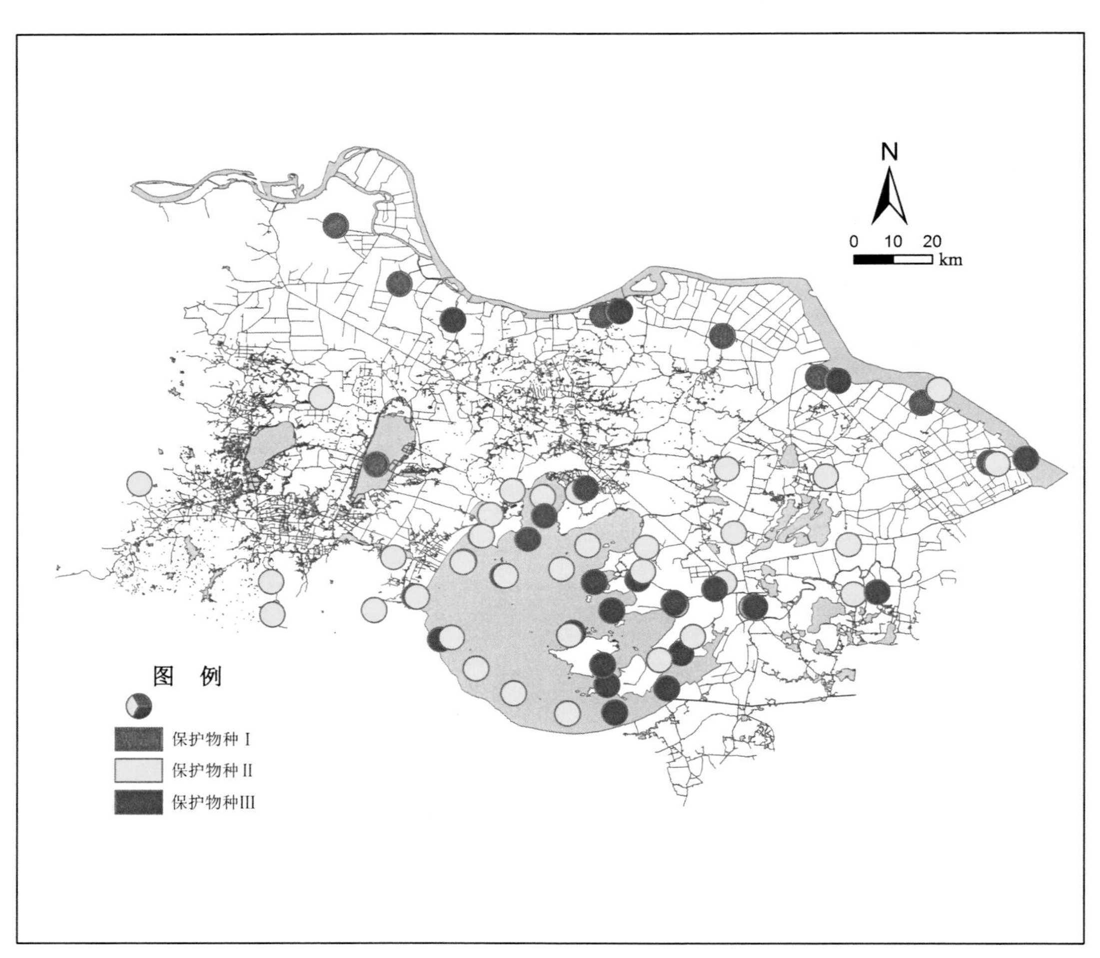

附图 7-6　重点保护物种分级分布

［审图号：苏 S（2017）017 号］

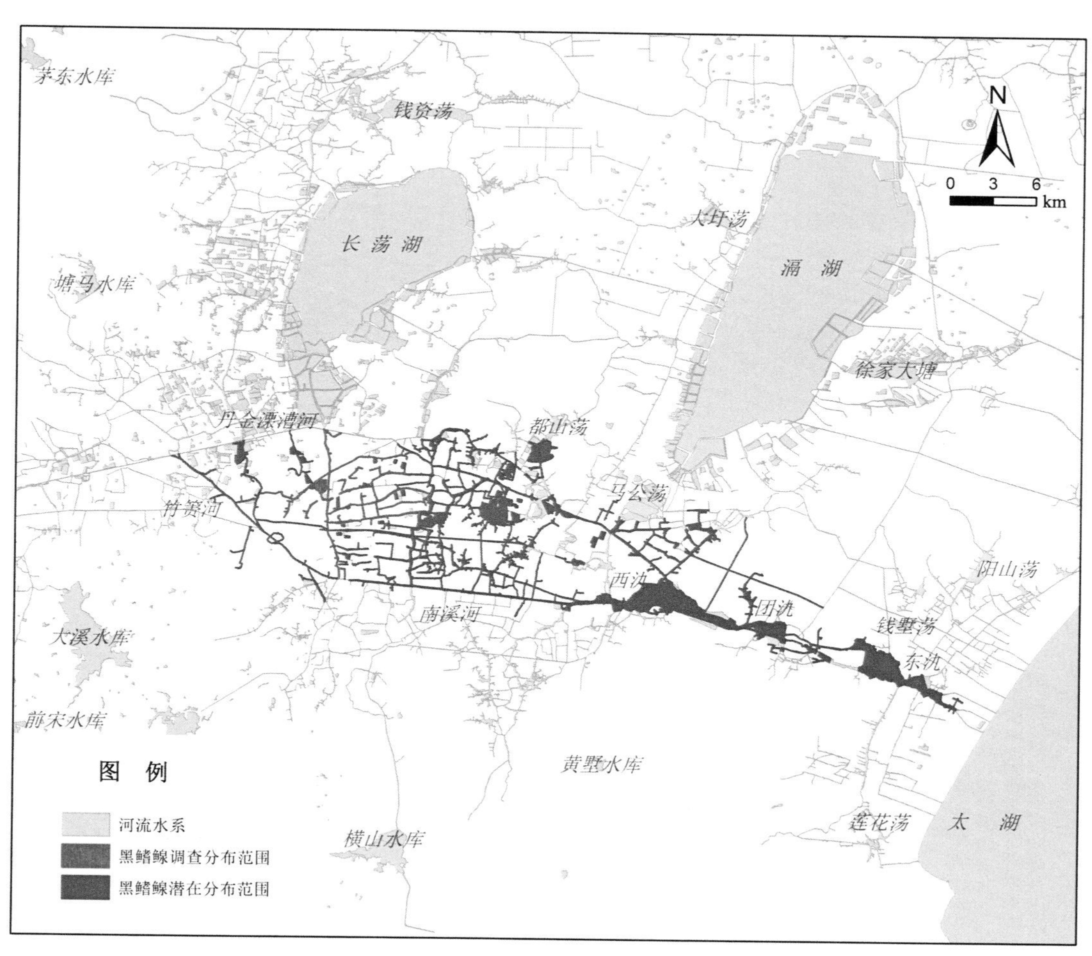

附图 7-7 黑鳍鳈预测分布范围

［审图号：苏 S（2017）017 号］

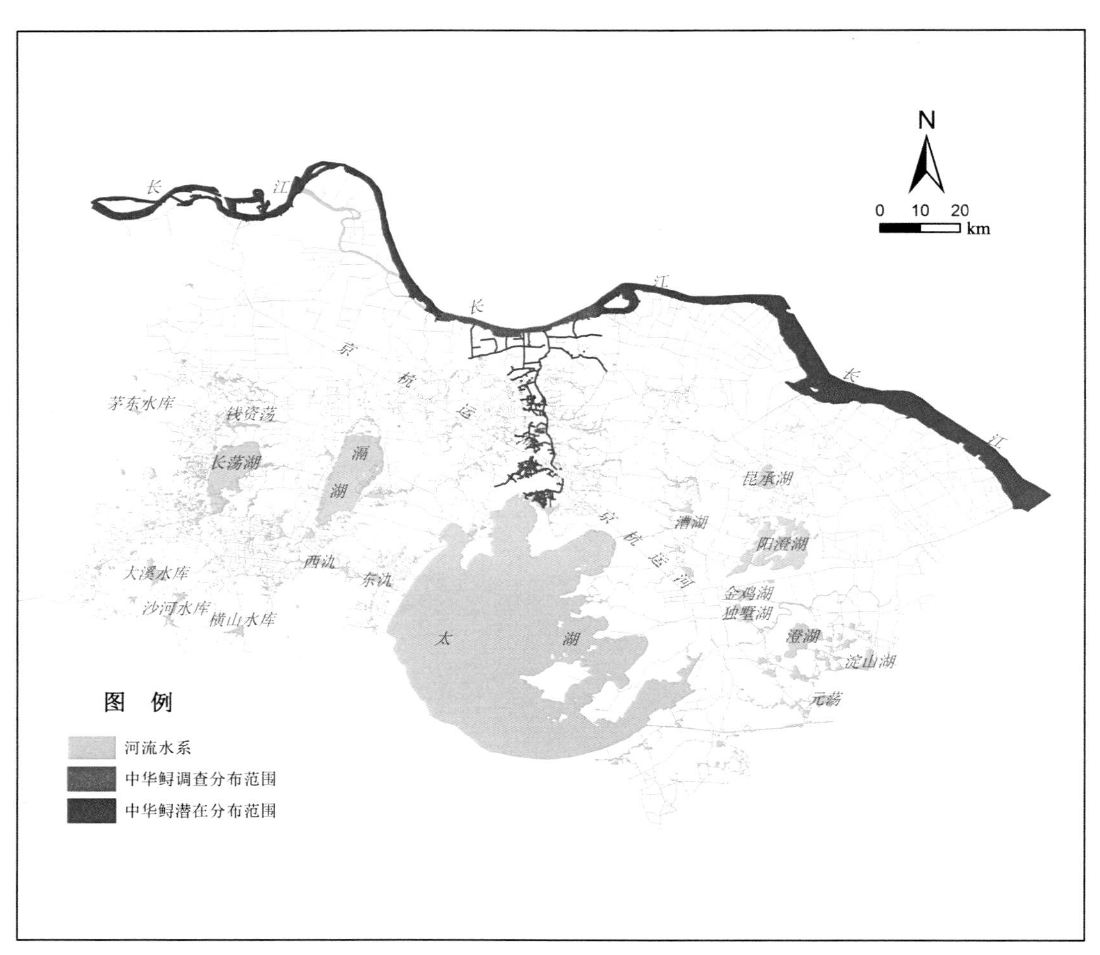

附图 7-8 中华鲟预测分布范围

［审图号：苏 S（2017）017 号］

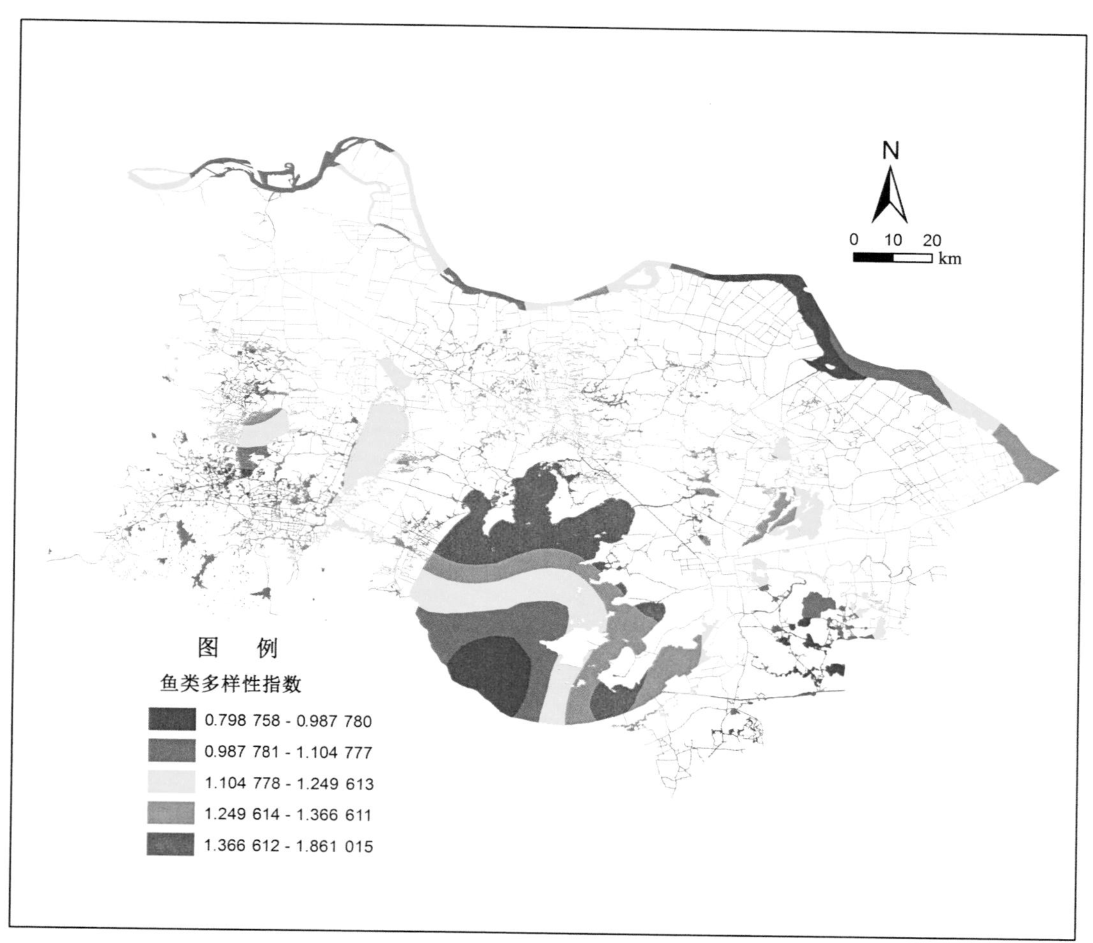

附图 7-9 鱼类多样性指数空间分布

[审图号：苏 S（2017）017 号]

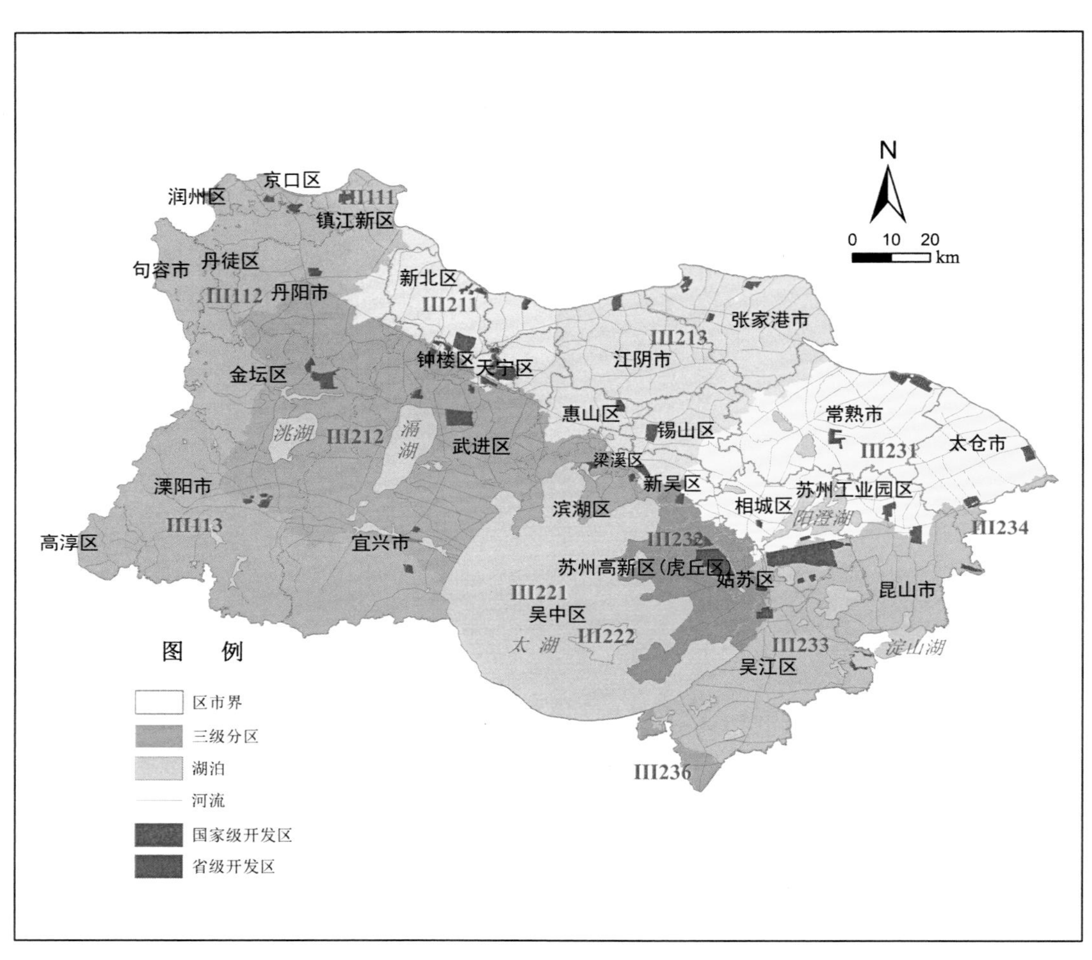

附图 7-10　太湖流域（江苏）省级以上开发区分布情况和建设范围

［审图号：苏 S（2017）017 号］

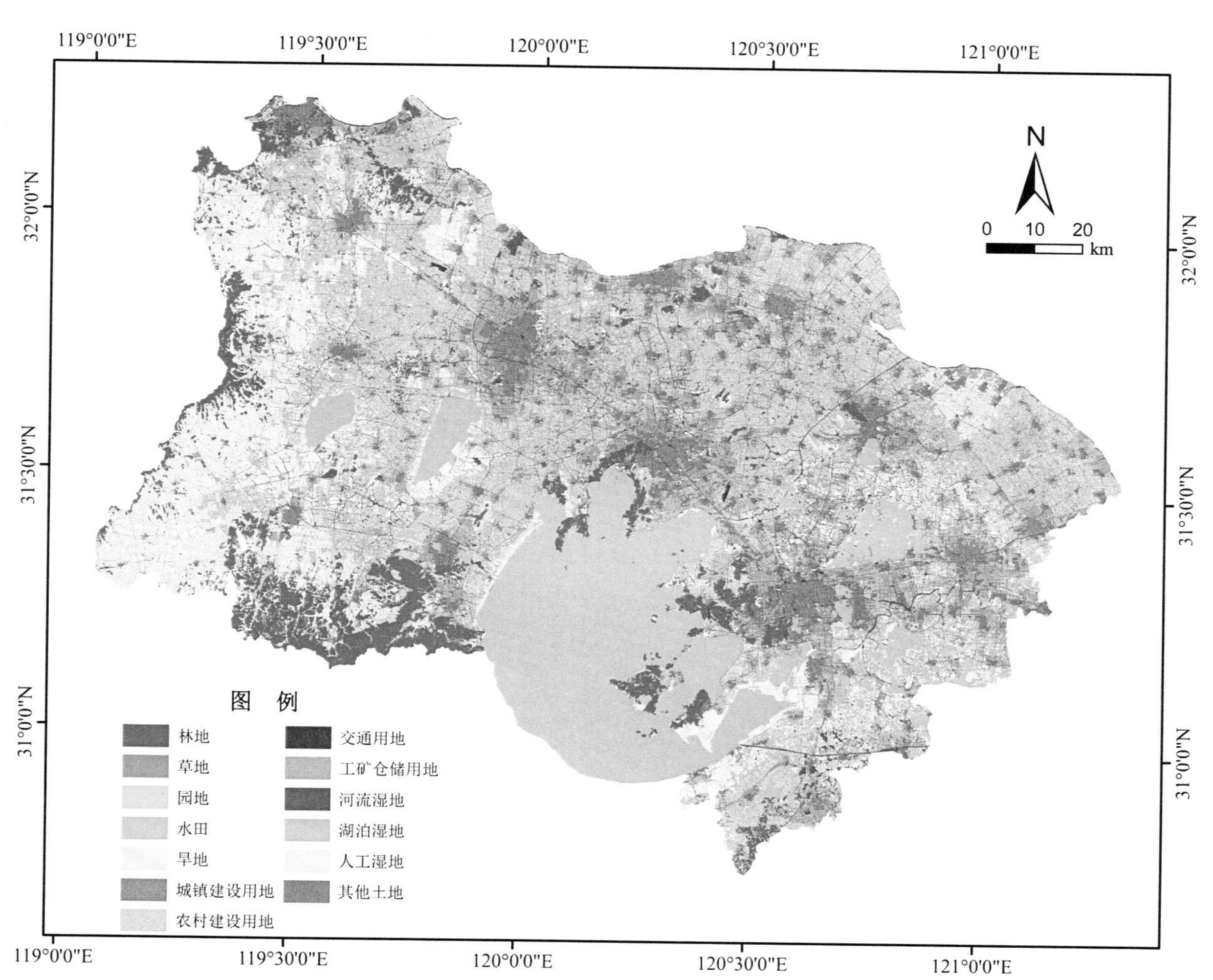

附图 7-11　土地利用类型空间分布

［审图号：苏 S（2017）017 号］

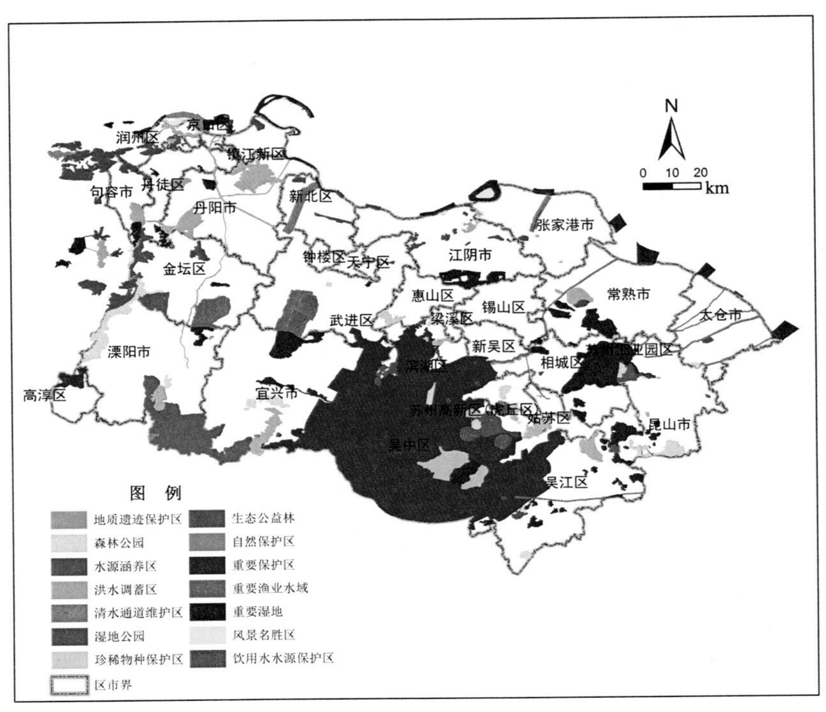

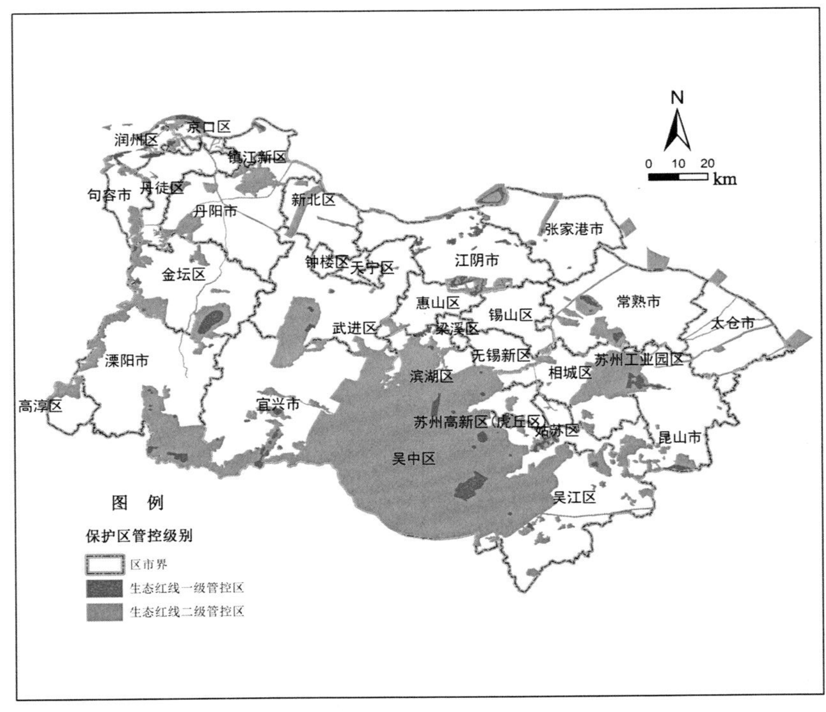

附图 7-12　各类保护区空间分布与管控等级

［审图号：苏 S（2017）017 号］

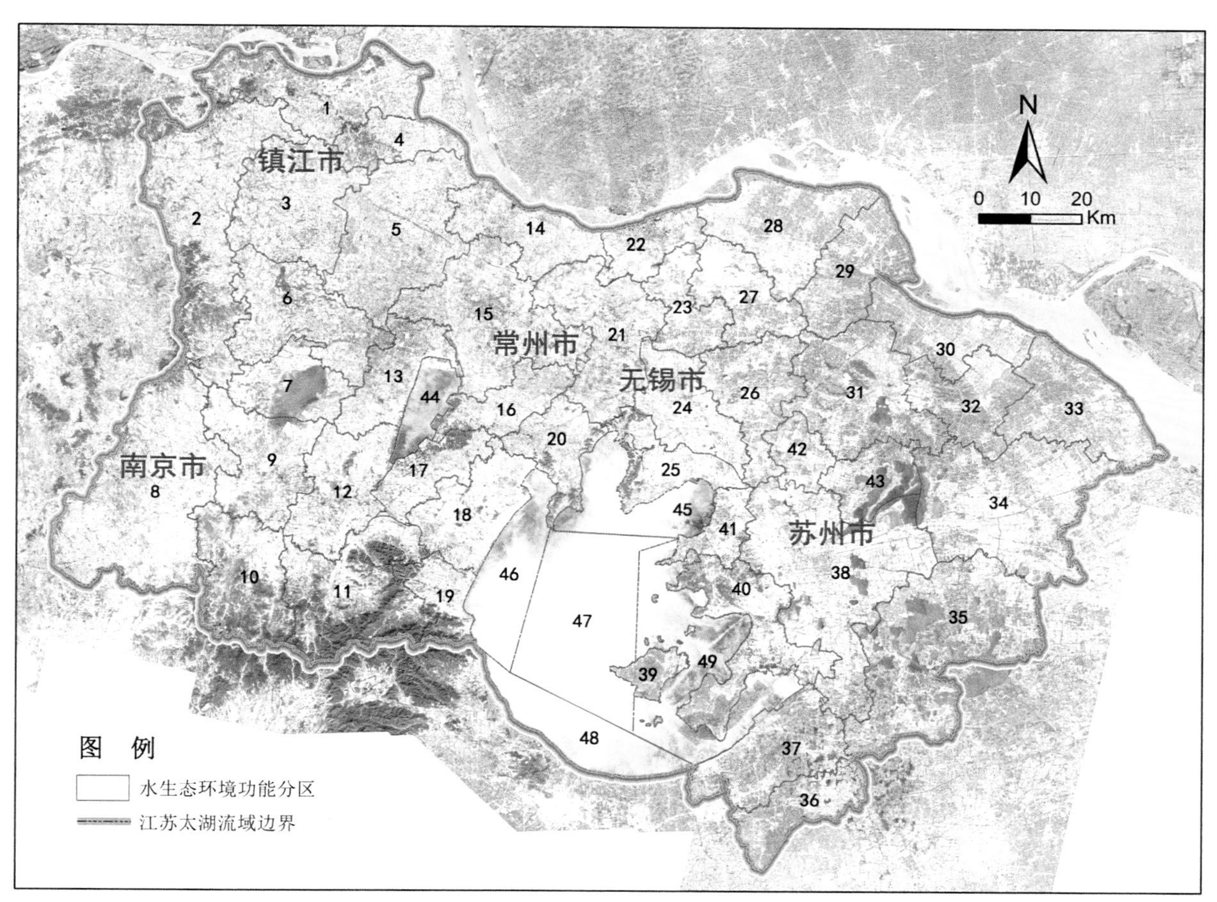

附图 7-13　太湖流域（江苏）水生态环境功能分区

［审图号：苏 S（2017）017 号］

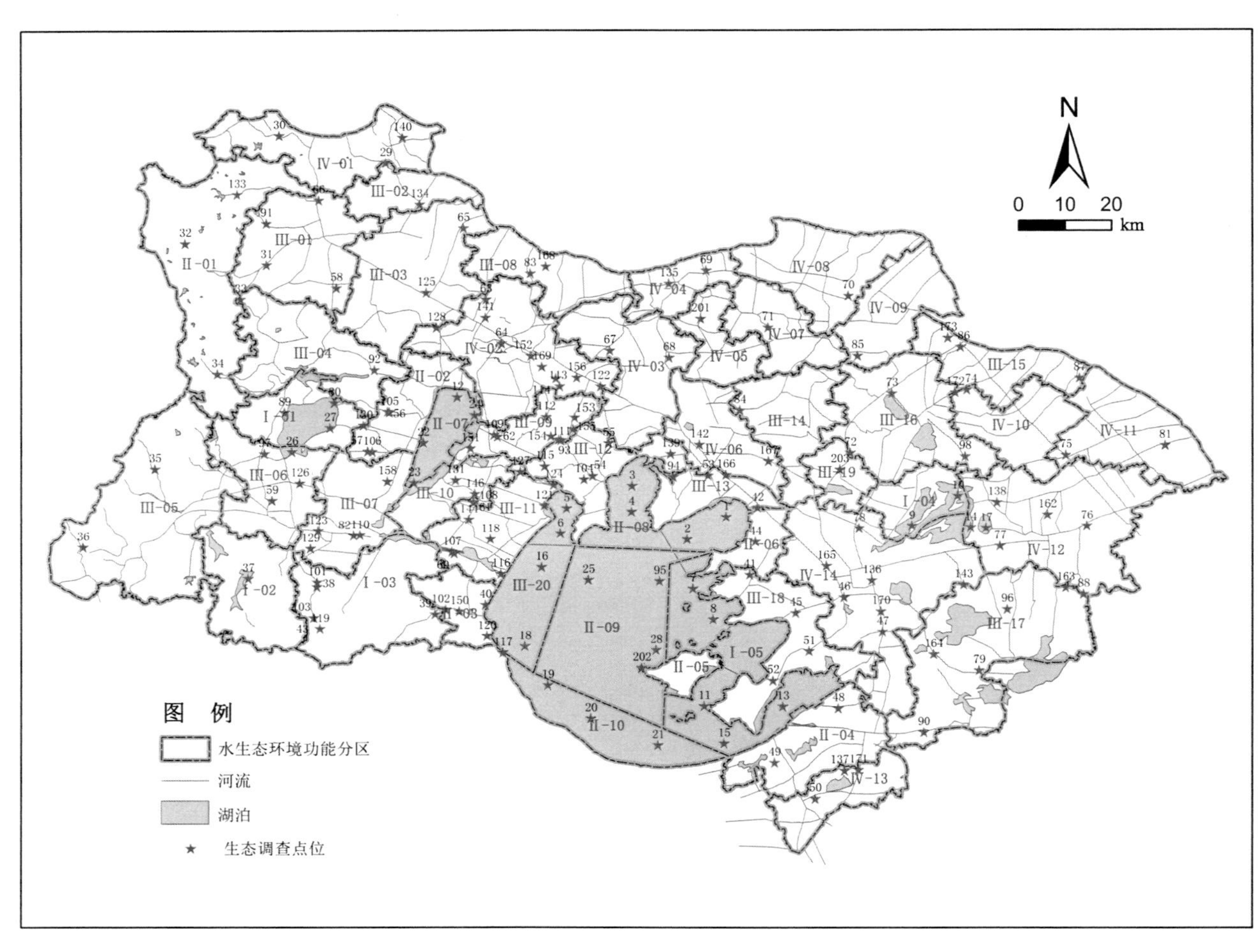

附图 9-1 太湖流域（江苏）生态调查点位分布

［审图号：苏 S（2017）017 号］

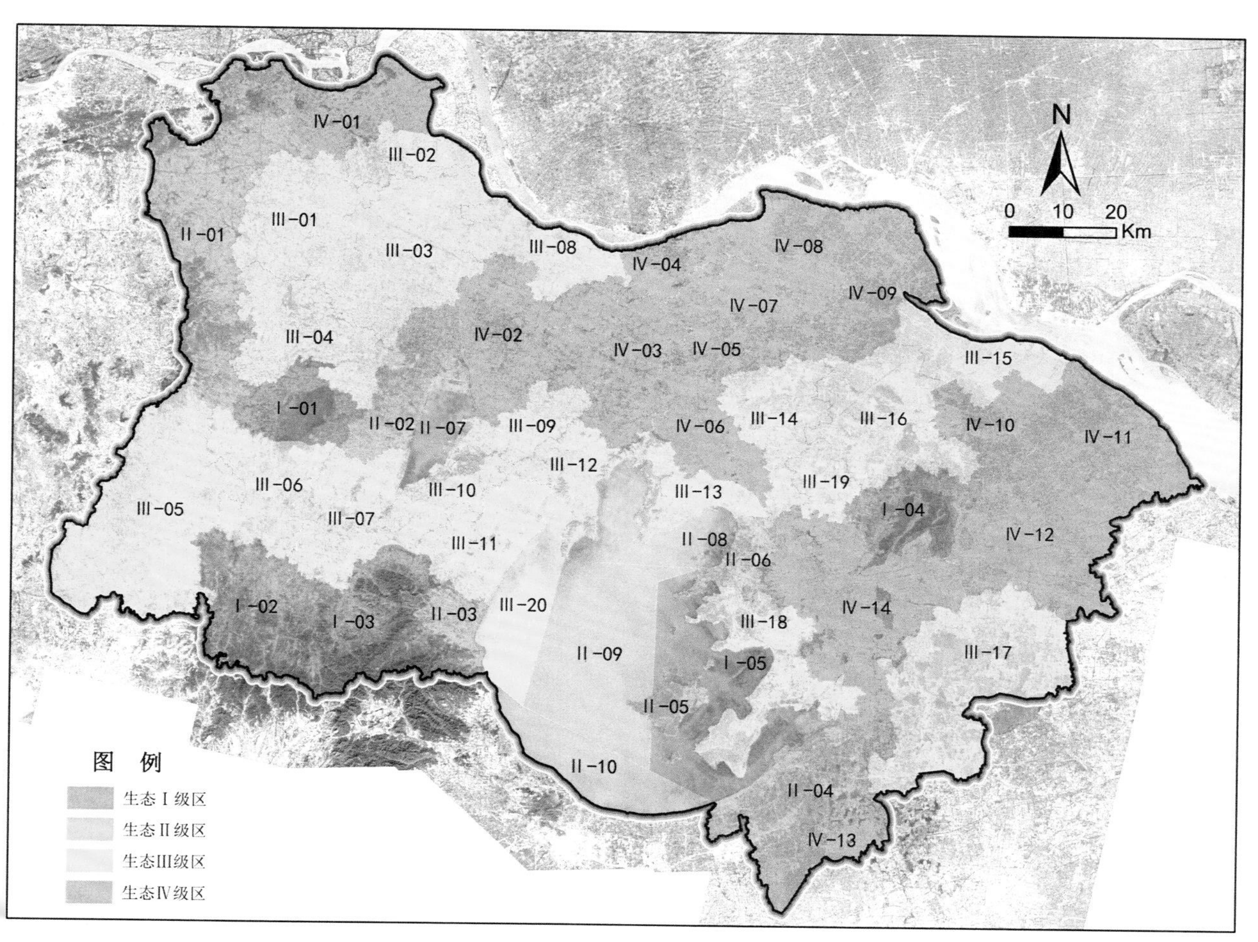

附图 9-2　太湖流域（江苏）生态功能综合评价结果

［审图号：苏 S（2017）017 号］

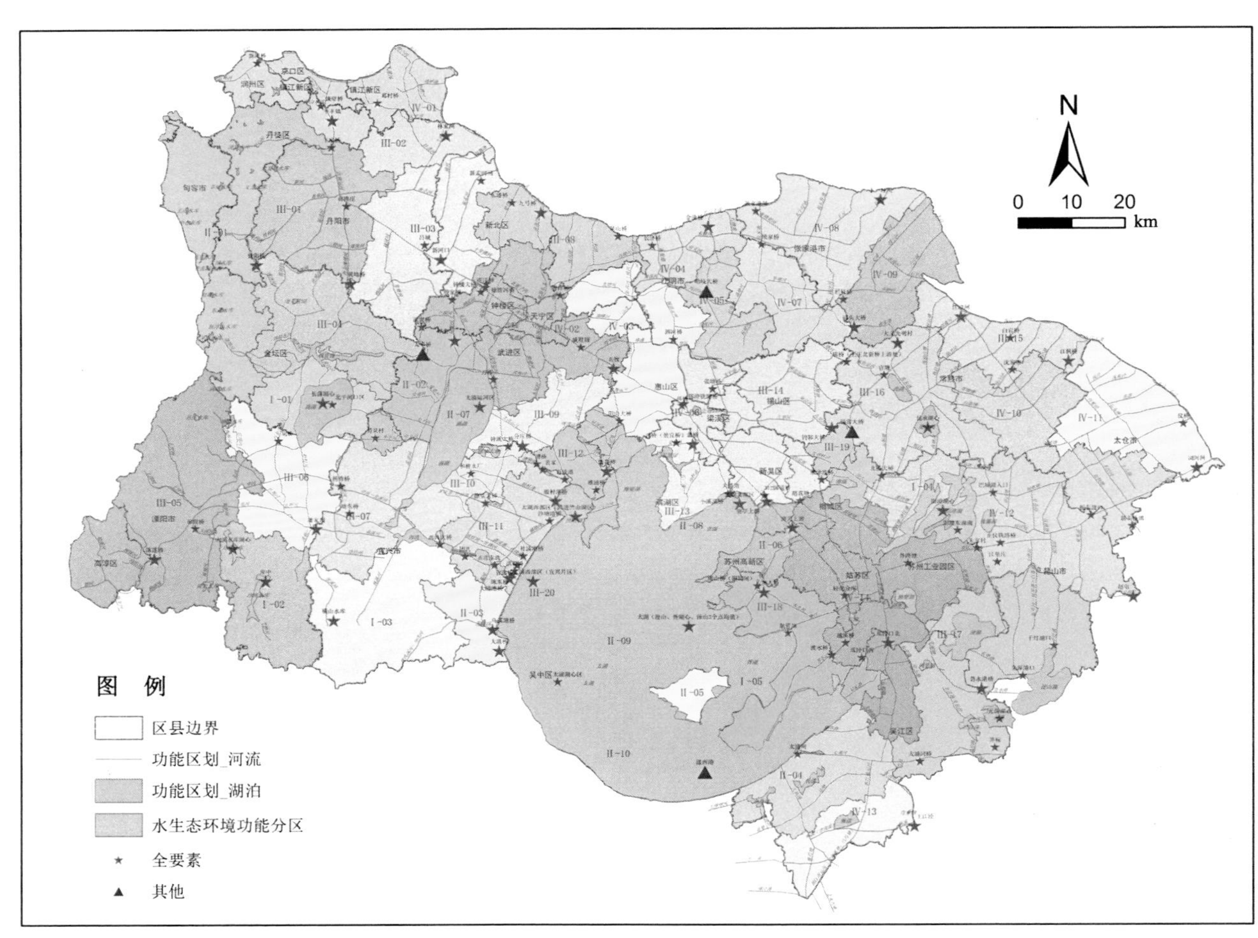

附图 9-3 太湖流域水生态环境功能分区水质、水生态考核断面布设

［审图号：苏 S（2017）017 号］